Spring Boot
开发与测试实战

李泳◎编著

人民邮电出版社

北 京

图书在版编目（CIP）数据

Spring Boot开发与测试实战 / 李泳编著. -- 北京：
人民邮电出版社，2022.11
ISBN 978-7-115-59733-5

Ⅰ. ①S… Ⅱ. ①李… Ⅲ. ①JAVA语言－程序设计
Ⅳ. ①TP312.8

中国版本图书馆CIP数据核字(2022)第126057号

内 容 提 要

本书首先介绍 Spring、Spring Boot、Spring MVC 和 Spring Security 等技术，然后以一个简易的在线书店管理系统为例，全面讲解采用 JPA/MyBatis、MySQL、Thymeleaf 与 Bootstrap 技术栈开发应用程序的过程。开发过程中引入菱形测试模型，覆盖单元测试、接口测试、功能测试和探索测试等方法，并开展关键字驱动测试和数据驱动测试。本书基于分层测试框架，结合实践案例说明如何实施测试，有助于项目研发人员提高测试效率和产品成熟度。

本书不仅适合测试人员、开发人员阅读，还可作为相关培训机构的教材。

◆ 编　著　李　泳
　　责任编辑　谢晓芳
　　责任印制　王　郁　焦志炜
◆ 人民邮电出版社出版发行　　北京市丰台区成寿寺路 11 号
　　邮编　100164　　电子邮件　315@ptpress.com.cn
　　网址　https://www.ptpress.com.cn
　　三河市君旺印务有限公司印刷
◆ 开本：800×1000　1/16
　　印张：19.5　　　　　　　　2022 年 11 月第 1 版
　　字数：447 千字　　　　　　2022 年 11 月河北第 1 次印刷

定价：89.80 元

读者服务热线：(010)81055410　　印装质量热线：(010)81055316
反盗版热线：(010)81055315
广告经营许可证：京东市监广登字 20170147 号

前　　言

编写背景

　　敏捷开发和精益开发等方法的推广使用，促使测试不断转型，尤其是在敏捷开发过程中，几乎没有单一的测试角色，开发人员即测试人员，测试人员即开发人员。敏捷开发要求团队成员都是"多面手"，需要他们具备满足开发和测试需求的技术，因此，团队成员需要了解系统的开发和测试过程。

　　在实际的产品或项目开发过程中，大部分的测试只停留在业务层面。为了增加产品测试的深度和广度，测试人员需要更多地参与到系统架构设计、功能设计、代码实现和性能优化等开发活动中，这就体现了"测试左移"。在这个过程中，开发人员的角色和测试人员的角色互换，可促进双方的沟通、互动，并从不同的角度来探查和审视产品质量，评估产品质量，提升产品质量。

　　当前，大多数企业级应用程序是基于 Spring 开发的。Spring 中的开源框架 Spring Boot 极大地提高了企业级应用程序开发的效率，如今已经成为流行的开发框架。市面上与 Spring 开发相关的图书大多缺少对测试过程的详细介绍，讲解测试过程的图书主要围绕 Python 开发和接口测试展开，而本书就是一本针对 Java 技术栈的测试图书。实际上，在企业级应用程序开发中，Spring 开发占了较大比例，Spring Boot 已成为开发 Web 应用程序的标配，因此充分了解 Spring Boot 的开发过程和细节不仅能够帮助测试人员有效提高测试覆盖率，还能帮助开发人员有针对性地对代码进行检查，从而提高产品上线版本的成熟度。

本书内容

　　本书共 21 章。

　　第 1 章～第 3 章分别介绍了 Spring Boot、Spring MVC 和 Spring Boot 程序。

　　第 4 章讲解 JPA 和 MyBatis。

　　第 5 章介绍了前端开发框架 Bootstrap。

　　第 6 章介绍模板框架 Thymeleaf。

　　第 7 章介绍 Spring Security。

　　第 8 章讲解 Spring Boot 测试框架。

　　第 9 章～第 15 章对案例进行需求分析，介绍如何创建案例项目，如何对用户管理模块、角色权限、图书管理模块、订单管理模块进行数据库设计和后端接口设计，如何实现前端代码，如何实现 RESTful API。

第 16 章讲解分层测试框架。

第 17 章讲解如何结合案例特点进行测试工具选型。

第 18 章～第 21 章分别讲解单元测试脚本开发、接口测试脚本开发、功能测试脚本开发和探索测试。

学习建议

在阅读本书之前，读者需要有一些 Java 使用经验，并需要了解一些 HTTP 和 HTML 知识。具体的学习建议如下。

- 编写代码并执行。学习编程的好办法是读者按照书上的代码自己写一遍，然后运行。
- 观察代码运行结果，分析代码运行过程中可能产生的问题。通过观察并分析，读者可以不断总结经验，加深对编程的理解。

本书特色

本书具有以下特色。

- 通俗易懂，适合初学者。本书是一本关于 Spring Boot 应用程序开发和测试的入门图书，从分析案例需求开始介绍，覆盖了需求分析、项目创建、模块设计、单元测试、接口测试和功能测试等环节。
- 内容实用。本书内容实用，可以帮助读者快速了解 Spring Boot 应用程序开发过程和测试分层脚本设计过程。通过学习如何用代码实现具体的接口，读者可掌握开发框架和测试分层模型的应用。
- 可操作性强。针对案例，本书从搭建环境入手，详细介绍如何编写代码和测试脚本，并结合源代码实现测试过程，帮助读者一步步了解整个测试过程。读者可跟随本书中的案例进行实践，因此本书是一本操作性强的图书。

致谢

感谢我的家人和好友在本书编写过程中提供的大力支持！同时，感谢人民邮电出版社的编辑给予我的支持和写作指导！

建议反馈

由于本人水平有限，因此书中难免出现一些不足或不准确的地方。若读者在阅读本书过程中发现任何问题或需要帮助，欢迎提出，我将尽力给予解答或帮助。

李 泳

服务与支持

本书由异步社区出品，社区（https://www.epubit.com）为您提供后续服务。

提交勘误信息

作者和编辑尽最大努力来确保书中内容的准确性，但难免会存在疏漏。欢迎您将发现的问题反馈给我们，帮助我们提升图书的质量。

当您发现错误时，请登录异步社区，按书名搜索，进入本书页面，单击"提交勘误"，输入错误信息，单击"提交"按钮即可。本书的作者和编辑会对您提交的错误信息进行审核，确认并接受后，您将获赠异步社区的 100 积分。积分可用于在异步社区兑换优惠券、样书或奖品。

与我们联系

我们的联系邮箱是 contact@epubit.com.cn。

如果您对本书有任何疑问或建议，请您发邮件给我们，并请在邮件标题中注明本书书名，以便我们更高效地做出反馈。

如果您有兴趣出版图书、录制教学视频，或者参与图书翻译、技术审校等工作，可以发邮件。

如果您所在的学校、培训机构或企业想批量购买本书或异步社区出版的其他图书，也可以发邮件给我们。

如果您在网上发现有针对异步社区出品图书的各种形式的盗版行为，包括对图书全部或部分内容的非授权传播，请您将怀疑有侵权行为的链接通过邮件发送给我们。您的这一举动是对作者权益的保护，也是我们持续为您提供有价值的内容的动力之源。

关于异步社区和异步图书

"异步社区"是人民邮电出版社旗下 IT 专业图书社区，致力于出版精品 IT 图书和相关学习产品，为作译者提供优质出版服务。异步社区创办于 2015 年 8 月，提供大量精品 IT 图书和电子书，以及高品质技术文章和视频课程。更多详情请访问异步社区官网

https://www.epubit.com。

　　"异步图书"是由异步社区编辑团队策划出版的精品 IT 专业图书的品牌，依托于人民邮电出版社几十年的计算机图书出版积累和专业编辑团队，相关图书在封面上印有异步图书的 Logo。异步图书的出版领域包括软件开发、大数据、人工智能、测试、前端、网络技术等。

异步社区

微信服务号

目　　录

第1章 Spring Boot

Spring 是一个开源的 Java EE（Java Enterprise Edition）应用程序开发框架，是为应对企业级应用程序开发复杂性而创建的，其设计初衷是替代当时非常"笨重"的企业 Java 组件（Enterprise Java Beans，EJB），让 Java EE 应用程序开发变得更加简单、灵活。

Spring 包含很多子项目，如 Spring MVC、Spring Security 和 Spring Data 等，几乎可以满足项目开发的所有需求。这是它能够成为 Web 项目开发首选框架的原因之一。

1.1 Spring 框架的优势

框架的主要作用是把大量最佳实践的经验固化，从而降低开发人员的使用成本，让开发人员专注于做什么，而不是怎么做。例如，常见的 Web 分层框架通常将技术或接口的实现细节隐藏，不仅让架构师和开发人员关注项目技术结构设计，还让开发人员更关注某一层业务与功能的实现。

Spring 的核心功能是将所有模块和组件整合成一个应用程序。这个过程中，首先读取配置说明（如 XML 配置、Java 的配置等），然后在应用程序上下文中初始化 Bean，将 Bean 注入依赖它们的其他 Bean。

Spring 的主要优势如下。

- 轻量级。Spring 基于 POJO（Plain Ordinary Java Object）模型，是轻量级框架。
- 非侵入式方法。Spring 并不强制扩展类或接口。
- 低耦合。由于使用依赖注入（Dependency Injection，DI），因此 Spring 对象是低耦合的。
- 模块化。Spring 采用模块化设计，只能使用所需的模块。
- 易于测试。依赖注入和 POJO 模型使应用程序易于测试。
- 事务管理。Spring 为事务管理提供事务管理接口。
- 不需要应用程序服务器。以前的 Struts 或 EJB 应用程序需要运行应用程序服务器，但 Spring 应用程序不需要应用程序服务器。

- 模型-视图-控制器（Model-View-Controller，MVC）框架。无缝集成 Spring MVC 框架，这让程序员更加关注业务逻辑。

1.2　Spring 基本概念

对于初学者，想要了解 Spring，需要先熟悉一些术语，如容器、POJO、Bean、耦合度、依赖、依赖注入等，下面分别进行介绍。

1. 容器

生活中的容器是用于盛放东西的器具。从程序的角度来看，容器是装"对象"的对象，管理对对象的整个生命周期，即负责从创建、获取到回收的全过程。

2. POJO

POJO 即简单旧式 Java 对象，是指那些不依赖任何特定环境的类或接口。POJO 没有从任何类继承，没有实现任何接口，也没有被其他框架注入。

3. Bean

Bean 就是由容器初始化、装配和管理的对象。Spring 的核心是 IoC 容器。容器的职能包括对应用程序对象进行实例化、初始化和装配，以及在对象的整个生命周期中 Spring 的其他功能。这些被容器创建和管理的标准 Java 对象称为 Bean。这些 Java 对象都是 POJO。Bean 的作用如下。

- 以某种方式配置 Spring（数据库连接参数、安全性等）。
- 使用依赖注入避免硬编码依赖项，以便代码的类保持独立且可进行单元测试。

4. 配置元数据

配置元数据用于向容器提供相关的信息，以便实例化 Bean 并制订对这些 Bean 进行装配的方法。配置元数据的传统格式是 XML，可以选择注解，或基于 Java 的配置元数据。容器首先获取应用程序中编写的类，并与配置元数据结合，然后创建和装配 Bean。

5. 依赖

Spring 的重要特性是依赖注入。想要了解依赖注入，需要先了解什么是依赖。我们先看架构层的依赖。一个典型的 Java 应用程序的体系结构包含 Web 层、业务层和数据层。其中，Web 层依赖业务层，业务层是 Web 层的依赖项；业务层依赖数据层，数据层是业务层的依赖项。关于类级别的依赖例子如下列代码所示，BookImpl 是业务类，它的实现方法需要使用 productDo 和 itemDo 这两个数据层类，因此 productDo 和 itemDo 是 BookImpl 的依赖项。

```
@Service
public class BookImpl implemented Book {
    @Autowired
    Product productDo;
    @Autowired
    Item itemDo;
    @Override
    public int getBookSum(int isdn) {
```

```
    ...
}
```

6. 非侵入式设计

从程序角度来看，如果不需要继承框架提供的类，这种设计就可以看作非侵入式设计。如果继承了框架提供的类，并且想要更换框架，则无法重用之前的代码。如果程序采用了非侵入式设计，那么旧的代码任何时候都可以进行重用。

7. 轻量级

轻量级设计一般是指非侵入式设计，依赖项比较少，容易部署和使用。和轻量级设计相对应的是重量级设计，它一是侵入式指设计，通常很难对它进行重构。

8. 依赖注入

依赖注入是指在 Spring 创建对象的过程中，将对象所依赖的属性注入。依赖注入让相互协作的软件保持松耦合，其目的是提高组件重用的频率，并为系统搭建一个灵活可扩展的框架。通过依赖注入机制，只需要简单的配置，无须任何代码，就可指定目标需要的资源，完成自身的业务逻辑，而不需要关心具体的资源来自何处、由谁实现。

9. 耦合度

耦合度表示结合的紧密程度。在程序中，耦合度是指模块间关联和依赖的程度。耦合度的高低取决于模块间接口的复杂度、调用模块的方式，以及通过界面传送数据的规模。模块间的耦合是指模块之间的依赖关系，包括控制关系和调用关系、数据传递关系。模块间联系越多，其耦合度越高，同时表明其独立性越弱，降低耦合度，可以增强其独立性。

10. 控制反转

Spring 框架最重要的特性是依赖注入。所有 Spring 模块的核心是依赖注入或控制反转。当正确使用依赖注入时，我们可以开发出低耦合的应用程序，同时，可以轻松地对该低耦合的应用程序进行单元测试。

控制反转是指创建的对象责任的反转，就是将原本在程序中手动创建对象的控制权交由容器管理，由容器创建对象并将它们注入应用程序。把对象的创建交给外部容器完成的过程称为控制反转。为什么称为控制反转呢？因为传统的方法是直接在对象内部通过 new()方法创建对象，是主动创建依赖对象的方式，而现在由容器来创建对象并注入依赖对象。

控制反转的优点如下。

- 控制反转使代码低耦合。
- 控制反转可以帮助程序员轻松地编写出色的单元测试用例。

下面先看一个没有控制反转的例子（传统的实现方法）。

```java
@RestController
public class WelcomeController {
    private WelcomeService service = new WelcomeService();
    @RequestMapping("/welcome")
    public String welcome() {
        return service.retrieveWelcomeMessage();
    }
}
```

上面的代码中，WelcomeController 依赖 WelcomeService，从而获取欢迎消息。WelcomeController 类直接创建了一个实例 WelcomeService，这意味着它们紧密关联。这是传统的实现方法。这种方法在代码中直接创建一个依赖对象，代码产生了高耦合。在这种情况下，当进行单元测试时，为 WelcomeService 创建一个模拟的对象很困难。接下来，我们看一个用控制反转实现低耦合的例子（使用 Spring 解耦）。

```
@Component
public class WelcomeService {
    ...
}

@RestController
public class Welcome Controller {
{
    @Autowired
    WelcomeService service;

    @RequestMapping("/welcome")
    public String welcome() {
        return service.retrieveWelcomeMessage();
    }
}
```

在上面的例子中，使用 Spring 的两个简单的注解——@Component 和@Autowired。首先，通过@Component 通知 Spring 框架，这里有一个需要管理的 Bean。然后，通过@Autowired 通知 Spring 框架，需要找到这个特定 Bean 的正确匹配并自动加载它。在上面的代码中，Spring 将为 WelcomeService 创建一个 Bean，并将其自动加载到 WelcomeController 中。在单元测试中，要求 Spring 将 WelcomeService 的模拟实例自动连接到 WelcomeController。在 Spring Boot 中，使用@MockBean 实现，具体过程请参考下文。现在，Spring 框架自动装配 WelcomeService 到 WelcomeController 的依赖关系。在为 WelcomeController 编写单元测试用例时，使用 WelcomeService 模拟对象而不是实际依赖项。

11. AOP

在面向对象的编程过程中，不可避免地会出现代码重复问题。面向切面编程（Aspect Oriented Programming，AOP）对这些重复代码进行管理，将解决某个切面问题的代码单独放在某个模块中，再植入程序。简单来说，AOP 允许你把遍布应用程序各处的功能分离以形成可重用的组件。

1.3　Spring 核心模块

Spring 本身具有非常好的模块化架构，包含了 20 多个模块。这些模块可以单独使用，也可以组合使用，所有模块通过依赖注入组合在一起。依赖注入使设计和测试低耦合的软件模块变得更容易。Spring 模块如图 1-1 所示。

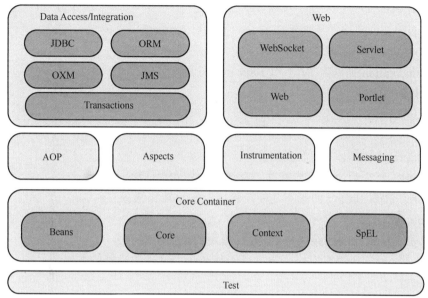

▲图1-1 Spring 模块

下面对关键模块进行介绍。

1. Data Access/Integration（数据访问和集成）

Spring 为实现数据和集成层提供了多种选择，包括以下重要的数据访问模块。

- JDBC：使用 JDBC 与关系数据库通信，简化访问过程。
- ORM：提供与所有 ORM（对象关系映射，如 Hibernate 和 MyBatis）框架的良好集成。
- JMS：提供了通过队列与另一个应用程序通信的能力，Spring 与 JMS 有很好的集成。
- OXM：在需要对象到 XML 映射的场景中提供良好的集成。
- Transactions：数据访问和集成功能的重要组成部分。Spring 对事务管理有很好的支持。

2. Web

Spring 对开发 Web 应用程序提供了很好的支持。

- WebSocket：提供 Socket 通信功能支持。
- Servlet：提供 Spring MVC 框架实现支持。
- Web：提供框架所需的核心类，包括自动载入 Web Application Context 特性的类、Struts 集成类、文件上传的支持类、Filter 类和大量辅助工具类。
- Portlet：提供 Web 模块功能的聚合功能支持。

3. AOP

AOP 提供面向切面的编程实现，它提供了定义方法拦截器的工具。

AOP 对达到安全性和实现日志记录等非常有用。Spring 中的 AOP 提供基本的 AOP 功能。Spring 提供了与 AspectJ 框架的良好集成，以执行高级 AOP。

4. Aspects

它是面向切面模块的重要组成部分，提供对 AspectJ 框架的整合支持。

5. Instrumentation

Instrumentation 提供对 JVM 和 Tomcat 的检测。

6. Messaging

Messaging 提供消息处理功能。

7. Core Container（核心容器）

这是 Spring 中使用次数最多的部分，包括以下模块。

- Beans：管理应用程序依赖项，Beans 模块提供了 BeanFactory。
- Core：提供 Spring 的基本功能，包括控制反转和依赖注入。
- Context：维护应用程序的上下文模块，提供一种访问任何对象的方法。ApplicationContext 接口是 Context 模块的重要组成部分。
- SpEL：表达式语言模块，提供了一种在运行时操作对象的方法。

8. Test

Spring 的 Test 模块为单元测试和集成测试提供了很好的支持，并提供了大量模拟对象来支持它们。

1.4　企业级应用程序开发的痛点

随着 Spring 的深入应用，烦琐的配置问题日益突出，每次在构建项目的时候都在不断地重复进行环境配置。同时，在框架整合过程中，对于一些共同依赖的 JAR 包，存在着潜在的冲突和风险，这使一些复杂的整合任务变得困难起来。

为了解决此类问题，产生了 Spring Boot 这一全新框架。Spring Boot 用来简化 Spring 应用程序的搭建和开发过程。该框架致力于实现免 XML 配置，提供便捷、独立的运行环境，实现一键运行满足快速开发应用程序的需求。

1.5　Spring Boot 的优势

Spring Boot 是一种能够轻松创建具有最小配置或零配置的应用程序的方法。它是 Spring 的一站式解决方案。它简化了使用 Spring 的难度。Spring Boot 受到关注与推崇的原因如下。

- 简化依赖管理：在 Spring Boot 中，提供了一系列的启动器 POM，对各种功能性模块进行划分与封装，让用户可以轻松地添加所需的依赖项，有效地避免用户在构建传统 Spring 应用程序时维护大量依赖关系而引发的 JAR 冲突等问题。
- 自动化配置：Spring Boot 为每一个启动器都提供了自动化的 Java 配置类，用来替代传统 Spring 应用程序在 XML 中烦琐且并不需要太大变化的 Bean 配置；同时借助一系列的条件注解修饰，使用户能轻松地替换这些自动化配置的 Bean 并进行扩展。
- 遵循默认配置方法，以减轻开发人员的工作量。Spring Boot 提供了嵌入式 HTTP 服务器，如 Tomcat、Jetty 等，可用于轻松地开发和测试 Web 应用程序。
- 生产级的监控端点：Spring-Boot-starter-actuator 是 Spring Boot 在 Spring 基础上的另一个重要创新，它有助于 Spring 应用程序的工程化。虽然该模块不能帮助我们实现任何业务功能，但是能在架构运维层面给予我们更多的支持。通过该模块提供的 HTTP 接口，我们可以轻松地了解 Spring Boot 应用程序的运行情况并加以控制。
- 方便集成：Spring Boot 应用程序与 Spring JDBC、Spring ORM、Spring Data、Spring Security 等 Spring 模块的集成非常方便。
- 提供 CLI（命令行界面）工具：通过命令提示符快速运行和测试 Spring Boot（Java 或 Groovy）应用程序。
- 提供许多插件：使用 Maven 和 Gradle 等构建工具轻松地开发和测试 Spring Boot 应用程序。

虽然 Spring Boot 是基于 Spring 构建的，但是通过支持上面这些特性，改变了我们使用 Spring 的方式，极大地简化了构建企业级应用程序的配置操作。对于很多初学者来说，这使 Spring Boot 变得更加容易入门和使用。

1.6 Spring Boot 核心组件

Spring Boot 有 5 个核心组件。

1. Spring Boot Starter

Spring Boot Starter 的主要作用是将一组公共或相关的依赖项组合成单个依赖项。我们使用 Tomcat WebServer 开发 Spring Web 应用程序，然后在 Maven 的 pom.xml 文件中添加以下最小 JAR 包依赖项。

```xml
<dependency>
    <groupId>org.Springframework</groupId>
    <artifactId>Spring-core</artifactId>
    <version>4.3.12.RELEASE</version>
</dependency>
```

```
<dependency>
    <groupId>org.Springframework</groupId>
    <artifactId>Spring-Web</artifactId>
    <version>4.3.12.RELEASE</version>
</dependency>
<dependency>
    <groupId>org.Springframework</groupId>
    <artifactId>Spring-Webmvc</artifactId>
    <version>4.3.12.RELEASE</version>
</dependency>
```

这需要我们在构建文件中定义很多依赖项？对于开发人员，这是一项烦琐的工作，同时增加了构建文件中配置的内容。

如何避免在构建文件中定义这么多依赖项？使用 Spring Boot Starter。

Spring Boot Starter 将所有相关的 JAR 组合成单个 JAR 包，以便我们能将 JAR 包依赖项添加到构建文件中。我们只需要添加一个 JAR 包——Spring-Boot-starter-Web，而不是将上述这几个 JAR 包都添加到构建文件中。

```
<dependency>
<groupId>org.Springframework.Boot</groupId>
<artifactId>Spring-Boot-starter-Web</artifactId>
<version>2.1.3.RELEASE</version>
</dependency>
```

当我们将 Spring-Boot-starter-Web 依赖项添加到构建文件中时，Spring Boot 将自动下载所有必需的 JAR 包依赖项并添加到项目类路径中。Spring Boot Starter 避免了定义许多依赖项，降低了项目构建的依赖性。

2. Spring Boot AutoConfigurator

Spring Boot AutoConfigurator 的主要作用是减少 Spring 的配置。如果我们在 Spring Boot 中开发 Spring 应用程序，那么不再需要定义单个 XML 配置，只定义少量注解就可以达到配置的目的，Spring Boot AutoConfigurator 负责提供这些信息。如果声明一个 Spring MVC 应用程序，那么需要定义很多 XML 配置，如视图解析器等。如果我们使用 Spring Boot，那么 Spring Boot AutoConfigurator 将帮助我们避免进行那些烦琐的 XML 配置，如果我们在构建文件中包含 Spring-Boot-starter-Web 依赖项，那么 Spring Boot AutoConfigurator 将自动解析视图并查看视图解析器等。另外，Spring Boot 还减少了注解配置的内容。如果我们在类级别使用 @SpringBootApplication 注解，那么 Spring Boot AutoConfigurator 将自动添加所有必需的注解。

@SpringBootApplication 注解的定义如下。

```
@Target(value=TYPE)
@Retention(value=RUNTIME)
@Documented
@Inherited
@Configuration
@EnableAutoConfiguration
@ComponentScan
public @interface SpringBootApplication
```

也就是说，@SpringBootApplication = @Configuration + @ComponentScan + @EnableAuto Configuration。

Spring Boot Starter 依赖 Spring Boot AutoConfigurator。Spring Boot Starter 会自动触发 Spring Boot AutoConfigurator。

3. Spring Boot CLI

Spring Boot CLI 是一个 Spring Boot 软件，通过命令提示符运行和测试 Spring Boot 应用程序。当我们使用 Spring BootCLI 运行 Spring Boot 应用程序时，它在内部使用 Spring Boot Starter 和 Spring Boot AutoConfigurator 来解析所有依赖项并执行应用程序。

4. Spring Initializr

要快速构建新的 Spring Boot 项目，使用 Spring 官网的"spring initializr"页面。

5. Spring Boot Actuator

Spring Boot Actuator 为 Spring Boot 应用程序提供管理端点并管理应用程序指标。

当我们使用 Spring Boot CLI 运行 Spring Boot 应用程序时，Spring Boot Actuator 会自动使用主机名"localhost"，默认端口号为"8080"。我们可以使用"http://localhost:8080/"访问此应用程序。

1.7　Spring Boot 程序创建方法

Spring Boot 应用程序的创建方法有很多，本节介绍其中的 3 种。

- 使用 Spring Boot CLI。
- 使用 Spring STS IDE。使用 IDEA 或 Eclipse 提供的 STS（Spring Tool Suite，Spring 开发工具套件）选择相关的 Spring Boot Starter。
- 使用 Spring 官网提供的"spring initializr"页面来初始化程序信息并创建程序，然后下载自动生成的项目文件的 ZIP 压缩包并导入开发工具。

1.8　小结

Spring Boot 框架是 Spring 的扩展。它是为消除开发 Spring 应用程序所需的样板配置而推出的，有助于用户快速、有效地设置应用程序。它提供了开箱即用的配置，可以开发不同类型的 Spring 应用程序。但将现有的 Spring 项目迁移到 Spring Boot 并不容易，建议用户将 Spring Boot 主要用于新开发应用程序。

简而言之，Spring Boot 只是 Spring 本身的扩展，主要作用是使开发、测试和部署变得更加方便，极大地缩短应用程序的开发时间。

第2章 Spring MVC

Spring MVC 是一个实现了 Web MVC 设计模式请求驱动的轻量级 Web 框架。它是 Spring 的一个子框架，与 Spring 无缝集成。

Spring MVC 的优势如下。

- 可以进行更简洁的 Web 层开发。
- 提供强大的约定大于配置的契约式编程支持。
- 容易与其他视图技术集成。
- 支持静态资源。
- 支持 RESTful 风格等。

2.1 典型的 Java Web 应用程序架构

Spring MVC 通过协同工作将组件组合在一起，从而构建一个功能齐全的用户界面。通常，Java Web 应用程序架构包括以下 3 层。

- DAO 层：数据映射（域对象或实体类）定义。
- 服务层：也称为业务层，定义业务处理逻辑。
- 表示层：用户操作界面展示。

2.2 创建一个 Spring MVC 程序

Spring MVC 程序可采用 Java 配置方式和 XML 配置方式创建。

2.2.1 Java 配置方式

使用 Java 配置方式创建一个 Spring MVC 程序的步骤如下。

1. 创建一个新的 Maven 项目

（1）启动 Eclipse，创建一个新的 Maven 项目。

（2）在菜单栏中，选择"File"→"New"→"New Maven Project"。

（3）选中"Create a simple project"复选框，单击"Next"按钮。

（4）在"Group Id"文本框中，输入"com.jeff"，在"Artifact Id"文本框中，输入"hello"，从"Packaging"下拉菜单中选择"war"，单击"Finish"按钮，Maven 项目的相关信息如图 2-1 所示。

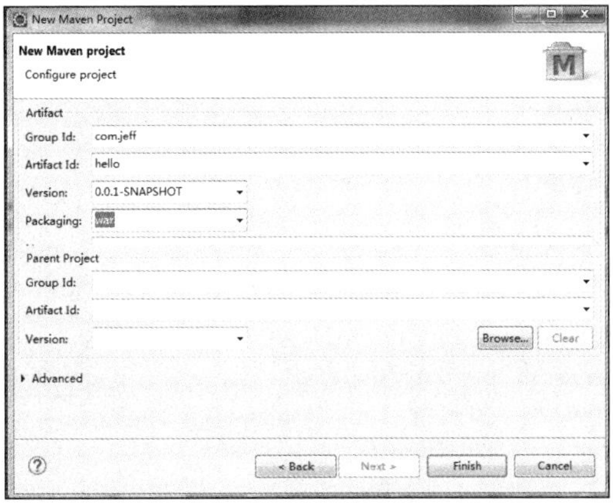

▲图 2-1　Maven 项目的相关信息

2. 使用 Maven 将 Spring 及其依赖的组件自动添加到 Maven 项目中

打开 Maven 项目的根目录中的 pom.xml 配置文件，添加 Spring 依赖的组件，如 Servlet API、Spring Core 和 Spring MVC 等。Maven 会将 Spring 及其依赖的组件自动下载到 Eclipse 项目的 Maven Dependencies 目录中。

```xml
<build>
    <finalName>Spring</finalName>
     <plugins>
        <plugin>
           <groupId>org.apache.maven.plugins</groupId>
                <artifactId>maven-war-plugin</artifactId>
                <version>2.5</version>
            <configuration>
                <failOnMissingWebXml>false</failOnMissingWebXml>
            </configuration>
        </plugin>
     </plugins>
</build>

<dependencies>
  <dependency>
    <groupId>Javax.servlet</groupId>
    <artifactId>Javax.servlet-api</artifactId>
    <version>3.1.0</version>
```

```
        </dependency>

    <dependency>
        <groupId>org.Springframework</groupId>
        <artifactId>Spring-context</artifactId>
        <version>4.3.14.RELEASE</version>
    </dependency>

        <dependency>
        <groupId>org.Springframework</groupId>
        <artifactId>Spring-Webmvc</artifactId>
        <version>4.3.14.RELEASE</version>
        </dependency>
</dependencies>
```

3. 创建配置类 AppConfig

AppConfig 是一个 Spring 配置类，它是一个标准的 Java 类。右击 Maven 项目文件，选择"New"→"Package"，单击"New Java package"，输入"com.jeff.config"。然后，在新建的包下，创建类，类名为"AppConfig"。在该类中，添加如下代码。

```
import org.Springframework.context.annotation.ComponentScan;
import org.Springframework.context.annotation.Configuration;
import org.Springframework.Web.servlet.config.annotation.EnableWebMvc;
@Configuration    //声明为 Spring 配置类
@EnableWebMvc  //这使 Spring 能够接受和处理 Web 请求
@ComponentScan (basePackages = {"com.jeff.controller"}) //扫描指定包
public class AppConfig {


}
```

4. 在 com.jeff.config 包中，创建 ServletInitializer 类

ServletInitializer 类是 Spring 的服务端程序 Servlet 的配置类，它取代了 web.xml 配置文件。它将由 SpringServletContainerInitializer 类自动检测，可由任何 Servlet 自动调用。

ServletInitializer 类扩展了 AbstractAnnotationConfigDispatcherServletInitializer 抽象类和实现所需的方法。

```
import org.Springframework.Web.servlet. support.
AbstractAnnotationConfig DispatcherServletIn itializer;

public class ServletInitializer extends AbstractAnnotationConfig Dispatcher
ServletInitializer {
    @Override
    protected Class<?>[] getRootConfigClasses() {
        return new Class<?>[0];
    }
    @Override
    protected Class<?>[] getServletConfigClasses() {//声明了 Spring 配置类
        return new Class<?>[]{AppConfig.class};
    }
```

```
@Override
protected String[] getServletMappings() {//声明了 Servlet 根路径的 URL
    return new String[]{"/"};
}
}
```

5. 创建一个控制器类，返回"Hello, world!"信息

控制器类是处理 HTTP 请求的方法的类，带@Controller 注解。每个处理程序都使用 @RequestMapping 进行注解，并提供了调用信息。

在 com.jeff.controller 包中，创建了一个控制器类 HelloWorld 和方法 hello()，代码如下。

```
import org.Springframework.stereotype.Controller;
import org.Springframework.Web.bind.annotation.RequestMapping;
import org.Springframework.Web.bind.annotation.ResponseBody;

@Controller
public class HelloWorld {
    @RequestMapping("hello")
    @ResponseBody
    public String hello() {
    return "Hello, world!";
    }
}
```

使用/hello 路由的请求将调用 hello()方法。

6. 运行 Spring Web 应用程序

具体操作如下。

（1）在 Eclipse 的"Package Explorer"视图中，选择"hello"文件夹。在菜单栏中，选择 "Run"→"Maven install"，在 target 目录下生成 spring.war 文件。

（2）将该文件复制到 Tomcat 的 webapps 文件夹中。

（3）启动 Tomcat，Tomcat 将检测到 sping.war 文件，并自动加载应用程序。

（4）在浏览器中访问 http://localhost:8080/spring/hello，程序运行结果如图 2-2 所示。

▲图 2-2　运行结果

http://localhost:8080/spring/hello 的组成部分介绍如下。

- http 是超文本传输协议。
- localhost 是应用程序服务器所在机器域名或 IP 地址。
- 8080 是可以访问应用程序服务器的端口号。
- spring 是 Web 应用程序的上下文。
- /hello 是请求映射值。

2.2.2　XML 配置方式

XML 配置方式创建 Spring MVC 程序的步骤如下。

（1）创建一个新的 Maven 项目。

（2）使用 Maven 将 Spring 及其依赖的组件添加到 Maven 项目中。打开 pom.xml 文件并将以下 JAR 依赖包添加到 Maven 项目中。注意，此处与 2.2.1 节的配置略有不同，具体代码如下。

```xml
<build>
    <finalName>Springxml</finalName>
      <plugins>
         <plugin>
           <groupId>org.apache.maven.plugins</groupId>
                <artifactId>maven-war-plugin</artifactId>
                <version>2.5</version>
         </plugin>
      </plugins>
</build>

<properties>
     <maven.compiler.target>1.8</maven.compiler.target>
     <maven.compiler.source>1.8</maven.compiler.source>
</properties>

<dependencies>
<dependency>
        <groupId>Javax.servlet</groupId>
        <artifactId>Javax.servlet-api</artifactId>
        <version>3.1.0</version>
</dependency>

<dependency>
        <groupId>org.Springframework</groupId>
        <artifactId>Spring-context</artifactId>
        <version>4.3.14.RELEASE</version>
    </dependency>

    <dependency>
     <groupId>org.Springframework</groupId>
     <artifactId>Spring-Webmvc</artifactId>
     <version>4.3.14.RELEASE</version>
     </dependency>

</dependencies>
```

（3）创建新的 Spring 配置文件 web.xml。在 src/main/webapp 文件夹中新建目录 WEB-INF，然后在新建的目录中创建配置文件 web.xml。web.xml 文件的内容如下。

```xml
<?xml version="1.0" encoding="UTF-8"?>
<Web-app xmlns:xsi="http://www.w3.org/2001/XMLSchema-instance"
      xmlns="http://xmlns.jcp.org/xml/ns/Javaee"
```

```xml
        xsi:schemaLocation="http://xmlns.jcp.org/xml/ns/Javaee
    http://xmlns.jcp.org/xml/ns/Javaee/Web-app_3_1.xsd"
    id="WebApp_ID" version="3.1">
    <!-- 配置加载 Spring 文件的监听器-->
    <!-- 配置文件所在位置 -->


    <!-- 编码过滤器 -->
    <filter>
        <filter-name>encoding</filter-name>
        <filter-class>
             org.Springframework.Web.filter.CharacterEncodingFilter
        </filter-class>
        <init-param>
            <param-name>encoding</param-name>
            <param-value>UTF-8</param-value>
        </init-param>
    </filter>
    <filter-mapping>
        <filter-name>encoding</filter-name>
        <url-pattern>*.action</url-pattern>
    </filter-mapping>


    <!-- 配置 Spring MVC 前端核心控制器 -->
    <servlet>
        <servlet-name>Springmvc</servlet-name>
        <servlet-class> org.Springframework.Web.servlet.DispatcherServlet</
    servlet-class>
            <init-param>
            <param-name>contextConfigLocation</param-name>
            <param-value>/WEB-INF/Springmvc-config.xml</param-value>
        </init-param>
        <!-- 配置服务器启动后立即加载 Spring MVC 配置文件 -->
    <!--将使用名为 contextConfigLocation 的参数初始化，该参数包含 XML 配置的路径 -->

            <load-on-startup>1</load-on-startup>
    </servlet>
    <servlet-mapping>
    <servlet-name>Springmvc</servlet-name>
    <!--/:拦截所有请求（除 JSP）-->
    <url-pattern>/</url-pattern>
```

通过 Servlet 映射，我们将 Servlet 类绑定到一个 URL 模式，该模式指定它将处理哪些 HTTP 请求。load-on-startup 是一个整数值，指定多个 Servlet 的加载顺序。因此，如果需要声明多个 Servlet，则可以定义它们的初始化顺序。

在 web.xml 配置文件中配置 Spring 监听器 ContextLoaderListener 并启动 Web 容器后，将自动装配 ApplicationContext 接口的配置信息，若找不到配置信息，那么应用程序会抛出配置信息异常。

```xml
<listener>
    <listener-class>org.Springframework.Web.context.ContextLoaderListener</listener
```

```
        -class>
    </listener>
```

（4）创建新的 Spring 配置文件 springmvc-config.xml。

```
<Beans xmlns="http://www.Springframework.org/schema/Beans"
  xmlns:xsi="http://www.w3.org/2001/XMLSchema-instance"
  xmlns:mvc="http://www.Springframework.org/schema/mvc"
  xmlns:context="http://www.Springframework.org/schema/context"
  xmlns:tx="http://www.Springframework.org/schema/tx"
  xsi:schemaLocation="http://www.Springframework.org/schema/Beans
  http://www.Springframework.org/schema/Beans/Spring-Beans-4.3.xsd
  http://www.Springframework.org/schema/mvc
  http://www.Springframework.org/schema/mvc/Spring-mvc-4.3.xsd
  http://www.Springframework.org/schema/context
  http://www.Springframework.org/schema/context/Spring-context-4.3.xsd">
        <!-- 配置包扫描器，扫描@Controller 注解的类 -->
        <context:component-scan base-package="com.jeff.hellowithxml" />

        <!-- 加载注解驱动 -->
        <mvc:annotation-driven />
</Beans>
```

（5）创建一个控制类 Hello WorldXml，返回"Hello, world!"信息。

```
package com.jeff.hellowithxml;

import org.Springframework.stereotype.Controller;
import org.Springframework.Web.bind.annotation.RequestMapping;
import org.Springframework.Web.bind.annotation.ResponseBody;

@Controller
Public class HelloWorldXml {
        @RequestMapping("hello")
        @ResponseBody
        Public String hello() {
        return "Hello, world!";
        }
}
```

（6）运行 Spring Web 应用程序。浏览器中访问 http://localhost:8080/springxml/hello，程序运行结果与图 2-2 一致。

2.3 Spring MVC 运行过程

　　Spring Web 应用程序使用模型-视图-控制器（Model-View-Controller，MVC）设计模式来处理 HTTP 请求。如图 2-3 所示，用户发起 HTTP 请求（如路由到/user/list），然后执行控制器方法。控制器（Controller）是 POJO 用@Controller 注解的简单 Bean，每个控制器类都包含通过@RequestMapping 映射到请求 URL 的方法注解，用于处理不同的 HTTP 请求。最后，呈现视图（如 JSP 文件），并返回生成的 HTML 页面作为响应。

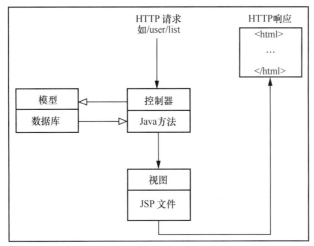

▲图 2-3　HTTP 请求处理过程

　　下面介绍 HTTP 请求的处理机制。其中一个核心组件是前端控制器 DispatcherServlet，它是每个 Spring Web 应用程序的入口。DispatcherServlet 将 HTTP 请求转换为控制器组件的命令，然后将命令分派给处理程序，并管理呈现的数据。它充当了整个应用程序的前端控制器。

　　DispatcherServlet 通常在 web.xml 中进行定义，默认使用 WebApplicationContext 作为上下文，Spring 默认配置文件为/WEB-INF/servlet.xml。Spring MVC 请求的处理机制如图 2-4 所示。

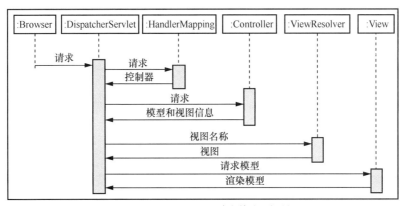

▲图 2-4　Spring MVC 请求的处理机制

请求的处理过程如下。

（1）用户发送请求到前端控制器 DispatcherServlet。

（2）DispatcherServlet 接收用户的请求，通过映射处理（HandlerMapping）确定哪个控制器可以处理请求。通常在 XML 或注解中查找控制器，然后将请求传递给该控制器。

（3）控制器执行业务逻辑（可以将请求委托给服务或业务逻辑处理器）并返回一个可以渲染模型的视图的名称，同时向 DispatcherServlet 返回一些信息，用于用户响应。注意，此时并不直接发送信息（模型）给用户。

（4）DispatcherServlet 把视图的名称传递给 ViewResolver 以进行视图解析，返回解析后的物理视图。

（5）DispatcherServlet 将模型对象传递给视图。通过这种方式，DispatcherServlet 就从视图实现中分离出来了。

（6）通过视图渲染模型。视图可以是 JSP 页面、Servlet 或任何可呈现的组件。

（7）DispatcherServlet 向用户响应结果。

2.4　小结

Spring MVC 是基于 MVC 设计模式构建的，Spring Web 应用程序中的入口是 DispatcherServlet，它是一个应用程序的前端控制器，其作用是拦截 HTTP 请求并将它们分派给将处理请求的组件。

Spring 有两种配置方式——Java 配置方式和 XML 配置方式。因为 XML 配置方式需要进行烦琐的 Servlet 和过滤器（filter）的配置，以及 Spring Boot 的普及，所以 XML 配置方式基本不再使用。但考虑到兼容性，Spring 保留了 XML 配置方式。

第3章 Spring Boot 程序

本章开始介绍 Spring Boot 程序的开发过程。

3.1 创建一个 "Hello World" 程序

下面通过创建一个 "Hello World" 程序来说明 Spring Boot 的使用方法。具体步骤如下。

（1）访问 Spring 官网，在 "spring initializr" 页面中创建 Maven 项目。如图 3-1 所示，在 "Project" 选项组中，选择 "Maven Project"，在 "Language" 选项组中，选择 "Java"，在 "Spring Boot" 选项组中选择版本 "2.7.0"，填写组名 "com.jeff" 和项目名称 "springboothelloworld"。选择依赖项，因为我们要开发一个 Web 应用程序，所以需要选择 Spring Web 组件。最后，单击 "GENERATE" 按钮，生成项目文件 springboothelloworld.zip。

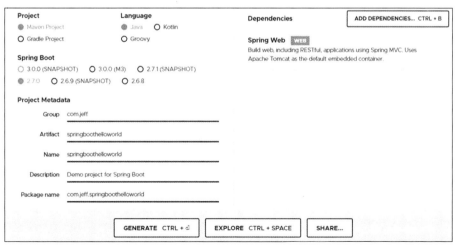

▲图 3-1　新建 Maven 项目时的相关信息

（2）解压缩 springboothelloworld.zip 文件到指定的目录。

（3）启动 Eclipse，选择"File"→"Import"，在弹出的界面中，选择"Maven"→"Existing Maven Projects"，选择 springboothelloworld.zip 的解压缩文件夹，将程序导入 Maven 项目，如图 3-2 所示。

▲图 3-2　导入 Maven 项目

（4）导入 springboothelloworld 文件夹，生成 Maven 项目的目录，如图 3-3 所示。

▲图 3-3　项目目录

（5）若导入的 pom.xml 文件中提示"unknown error"错误，则说明 Eclipse 和 Maven 中的插件不兼容。我们可以通过增加 maven-jar-plugin.version 的配置信息来解决此类问题。首先，打开 pom.xml 文件，然后，在<maven-jar-plugin.version>标签中添加版本信息。

```xml
<?xml version="1.0" encoding="UTF-8"?>
<project xmlns="http://maven.apache.org/POM/4.0.0"
xmlns:xsi="http://www.w3.org/2001/XMLSchema-instance"
    xsi:schemaLocation="http://maven.apache.org/POM/4.0.0
    https://maven.apache.org/xsd/maven-4.0.0.xsd">
    <modelVersion>4.0.0</modelVersion>
    <parent>
        <groupId>org.springframework.boot</groupId>
```

```xml
                <artifactId>spring-boot-starter-parent</artifactId>
                <version>2.7.0</version>
                <relativePath/><!-- lookup parent from repository -->
        </parent>
        <groupId>com.jeff</groupId>
        <artifactId>springboothelloworld</artifactId>
        <version>0.0.1-SNAPSHOT</version>
        <name>springboothelloworld</name>
        <description>Demo project for Spring Boot</description>
        <properties>
                <java.version>17</java.version>
                <maven-jar-plugin.version>3.1.1</maven-jar-plugin.version>
        </properties>
<dependencies>
                <dependency>
                        <groupId>org.springframework.boot</groupId>
                        <artifactId>spring-boot-starter-web</artifactId>
                </dependency>

                <dependency>
                        <groupId>org.springframework.boot</groupId>
                        <artifactId>spring-boot-starter-test</artifactId>
                        <scope>test</scope>
                </dependency>
        </dependencies>

        <build>
            <plugins>
                <plugin>
                        <groupId>org.springframework.boot</groupId>
                        <artifactId>spring-boot-maven-plugin</artifactId>
                </plugin>
            </plugins>
        </build>

</project>
```

spring-boot-starter-parent 提供了 Spring Boot 项目所需的所有 Maven 默认值。spring-boot-starter-web 用于开发 Spring Web 应用程序或提供 RESTful 服务。spring-boot-starter-test 通过 Spring Test、Mockito 和 JUnit 提供单元测试和集成测试功能。

spring-boot-maven-plugin 提供了 Spring Boot 的 Maven 支持，作用如下。

• 它收集类路径上的所有 JAR 并构建一个可运行的 JAR 包。

• 它搜索程序中的 public static void main()方法，并将该方法标记为可运行类的方法。

• 它提供了一个内置的依赖项解析器，通过设置版本号以匹配 Spring Boot 依赖项。

（6）右击项目，在弹出的快捷菜单中依次选择"Maven"→"Update Project"→"Update dependencies"，在弹出的界面中，勾选"Force Update of Snapshots/Releases"复选项，更新项目信息，如图 3-4 所示。

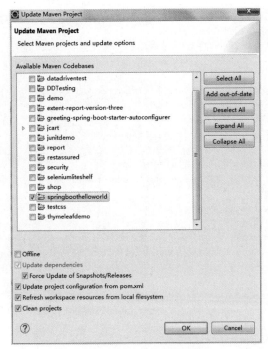

▲图 3-4　更新 Maven 项目信息

（7）在 src/main/java 文件夹中，创建一个名为 com.jeff.springboothelloworld.controller 的包，如图 3-5 所示。

▲图 3-5　创建包

（8）创建一个名为 HelloWorldController 的控制器类，如图 3-6 所示。

▲图 3-6 创建 HelloWorldController 类

（9）编写一个简单的 RESTful 接口方法 hello(),该方法返回一个字符串，具体代码如下。

```
package com.jeff.springboothelloworld.controller;
import org.springframework.web.bind.annotation.RequestMapping;
import org.springframework.web.bind.annotation.ResponseBody;
import org.springframework.web.bind.annotation.RestController;
@RestController
public class HelloWorldController {
    @RequestMapping("/hello")
    @ResponseBody
    public String hello() {
        return "Spring Boot Hello world!";
    }
}
```

在 HelloWorldController 类的上方添加@RestController 注解。@RestController 注解将 HelloWorldController 类定义为控制器类；通知 Spring 将结果字符串直接返回给调用者。@RequestMapping 注解用于提供路由的信息，并把 HTTP 请求映射到对应的处理程序。在此处，当/hello 的 HTTP 请求映射到 hello()方法时，将执行对应的 hello 程序，hello()方法应该返回字符串 "Spring Boot Hello world!"。

（10）若要运行程序，则右击并选择 "Run As" → "Spring Boot App"，如图 3-7 所示。若出现图 3-8 所示的信息，则表示在 Spring Boot 中嵌入的 Tomcat 已启动并在 localhost 的 8080 端口上运行了。

report	Remove from Context	Ctrl+Alt+Shift+Down	1 Run on Server	Alt+Shift+X, R
restassured	Build Path		2 Java Application	Alt+Shift+X, J
security [boot	Source	Alt+Shift+S ▶	Ju 3 JUnit Test	Alt+Shift+X, T
seleniumlitesh	Refactor	Alt+Shift+T ▶	m2 4 Maven build	Alt+Shift+X, M
Servers			m2 5 Maven build...	
shop [boot]	Import...		m2 6 Maven clean	
SpringBootBa	Export...		m2 7 Maven generate-sources	
springboothe	Refresh	F5	m2 8 Maven install	
springboothe	Close Project		m2 9 Maven test	
src/main/j	Close Unrelated Projects		Spring Boot App	Alt+Shift+X, B
com.jet	Assign Working Sets...		Spring Devtools Client	
Hell			TestNG Test	Alt+Shift+X, N
com.jet	Coverage As	▶		
Spr	Run As	▶	Run Configurations...	

▲图 3-7 运行 springboothelloworld 程序

```
[in] org.apache.catalina.core.StandardEngine  : Starting Servlet engine: [Apache Tomcat/9.0.63]
[in] o.a.c.c.C.[Tomcat].[localhost].[/]        : Initializing Spring embedded WebApplicationContext
[in] w.s.c.ServletWebServerApplicationContext  : Root WebApplicationContext: initialization completed
[in] o.s.b.w.embedded.tomcat.TomcatWebServer   : Tomcat started on port(s): 8080 (http) with context p
[in] c.j.s.SpringbothelloworldApplication      : Started SpringbothelloworldApplication in 2.945 seco
[-1] o.a.c.c.C.[Tomcat].[localhost].[/]        : Initializing Spring DispatcherServlet 'dispatcherServ
[-1] o.s.web.servlet.DispatcherServlet         : Initializing Servlet 'dispatcherServlet'
[-1] o.s.web.servlet.DispatcherServlet         : Completed initialization in 2 ms
```

▲图 3-8 springboothelloworld 启动信息

（11）打开浏览器，访问 http://localhost:8080/hello，运行结果如图 3-9 所示。

▲图 3-9 springboothelloworld 程序运行结果

当浏览器发起上述链接请求时，首先进入 dispatcherServlet，然后把它重定向到控制器类
HelloWorldController，执行 hello()方法。

3.2 创建一个可执行的 JAR 包

创建一个可执行的 JAR 包的步骤如下。

首先，选中项目 Springboothelloworld，然后右击它，在弹出的菜单中，选择"Run As"→Maven

install",如图 3-10 所示。

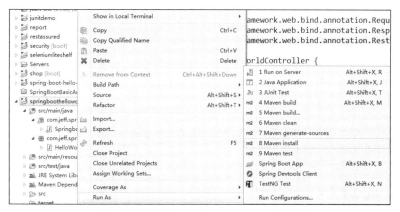

▲图 3-10 选择 "Run As" →Maven install" 选项

若遇到如下运行错误,则说明出现 Java 的版本冲突问题。

```
[ERROR] Failed to execute goal org.apache.maven.plugins: maven-compiler-
plugin:3.8.1:compile (default-compile) on project springboothelloworld: Fatal
error compiling: 无效的目标发行版: 17 -> [Help 1]
```

下面介绍一下该问题的解决方法。首先,在命令行中,输入 "java –version" 命令,查看
Java 版本,如图 3-11 所示。

```
C:\Users\Administrator>java -version
java version "1.8.0_161"
Java(TM) SE Runtime Environment (build 1.8.0_161-b12)
Java HotSpot(TM) 64-Bit Server VM (build 25.161-b12, mixed mode)
```

▲图 3-11 查看 Java 版本

然后,将 pom.xml 文件中 java.version 的值修改为 1.8。

```
<properties>
        <java.version>1.8</java.version>
        <maven-jar-plugin.version>3.1.1</maven-jar-plugin.version>
</properties>
```

接着,先执行 Maven clean,再执行 Maven install,提示如下错误。

```
[ERROR] Failed to execute goal org.apache.maven.plugins:
maven-surefire-plugin:2.22.2:test (default-test) on project
springboothelloworld: There are test failures.
```

按照错误提示,添加 maven-surefire-plugin 依赖项,具体代码如下。

```
<build>
    <plugins>
        <plugin>
            <groupId>org.springframework.boot</groupId>
            <artifactId>spring-boot-maven-plugin</artifactId>
        </plugin>
```

```
            <plugin>
            <groupId>org.apache.maven.plugins</groupId>
            <artifactId>maven-surefire-plugin</artifactId>
            <version>2.22.2</version>
            <configuration>
            <testFailureIgnore>true</testFailureIgnore>
            </configuration>
            </plugin>
        </plugins>
    </build>
```

再次执行 Maven install，运行结果如图 3-12 所示。此时，就创建了一个可执行的 JAR 包。

```
[INFO] --- maven-install-plugin:2.5.2:install (default-install) @ springboothelloworld ---
[INFO] Installing D:\dt\springboothelloworld\springboothelloworld\target\springboothelloworld-0.0.1-SNAPSHOT.
[INFO] Installing D:\dt\springboothelloworld\springboothelloworld\pom.xml to C:\Users\Administrator\.m2\repos
[INFO] ------------------------------------------------------------------------
[INFO] BUILD SUCCESS
[INFO] ------------------------------------------------------------------------
[INFO] Total time: 49.595 s
```

▲图 3-12　运行结果

创建可执行的 JAR 包后，进入 target 目录，执行图 3-13 所示的命令。

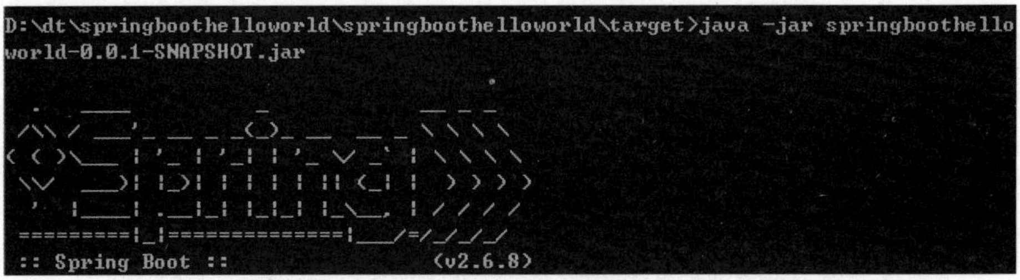

```
D:\dt\springboothelloworld\springboothelloworld\target>java -jar springboothello
world-0.0.1-SNAPSHOT.jar
```

▲图 3-13　执行 JAR 包

现在看一下控制台，Tomcat 在端口 8080（HTTP）上启动。然后，打开 Web 浏览器并访问 http://localhost:8080/hello，运行结果如图 3-14 所示。

Hello world from Spring Boot

▲图 3-14　JAR 包执行结果

Spring Boot 项目与传统项目最大的区别：传统项目中，打包生成 WAR 包并部署到服务器上，需要额外的 Servlet 容器；而 Spring Boot 项目中，直接打成 JAR 包，并内置 Servlet 容器，也就是说，通过命令 Java -jar xx.jar 直接运行 JAR 包，不需要额外的 Servlet 容器。

在解压缩 springboothelloworld-0.01-SNAPSHOT.jar 后，我们看一下 JAR 包中 META/INF/MANIFEST.MF 文件的内容，其中的 Start-Class 指定要启动的实际入口类（即包含 main()方法

的类）。对于入口类，推荐将它放在项目的顶层包中，其他的类放在顶层包的子包中。
MANIFEST.MF 文件的内容如图 3-15 所示。

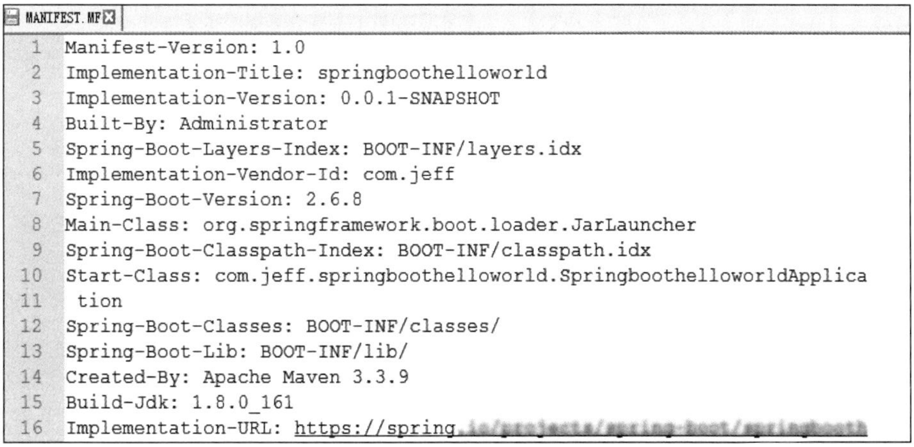

```
MANIFEST.MF ✕
  1  Manifest-Version: 1.0
  2  Implementation-Title: springboothelloworld
  3  Implementation-Version: 0.0.1-SNAPSHOT
  4  Built-By: Administrator
  5  Spring-Boot-Layers-Index: BOOT-INF/layers.idx
  6  Implementation-Vendor-Id: com.jeff
  7  Spring-Boot-Version: 2.6.8
  8  Main-Class: org.springframework.boot.loader.JarLauncher
  9  Spring-Boot-Classpath-Index: BOOT-INF/classpath.idx
 10  Start-Class: com.jeff.springboothelloworld.SpringboothelloworldApplica
 11   tion
 12  Spring-Boot-Classes: BOOT-INF/classes/
 13  Spring-Boot-Lib: BOOT-INF/lib/
 14  Created-By: Apache Maven 3.3.9
 15  Build-Jdk: 1.8.0_161
 16  Implementation-URL: https://spring.io/projects/spring-boot/springboot
```

▲图 3-15 MANIFEST.MF 文件的内容

spring-boot-loader 模块允许 Spring Boot 支持可执行的 JAR 和 WAR 包。在 MANIFEST.MF
文件中，将 Main-Class 属性设置为程序 JAR 包的启动类 JarLauncher，实现 Spring Boot 应用程序
的启动。

3.3 Spring Boot 运行入口类

Spring Boot 应用程序的入口类是包含 @SpringBootApplication 注解和 main 方法的类，主
类文件位于 src/Java/main 目录中，默认包为 com.jeff.springboothelloworld。主类使用
@SpringBootApplication 注解，这是启动 Spring Boot 应用程序的入口点。

```
package com.jeff.springboothelloworld;
import org.springframework.boot.SpringApplication;
import org.springframework.boot.autoconfigure.SpringBootApplication;
@SpringBootApplication
public class SpringboothelloworldApplication {

    public static void main(String[] args) {
    SpringApplication.run(SpringboothelloworldApplication.class, args);
    }
}
```

在 main()方法中，SpringboothelloworldApplication.class 作为参数传递给 run()方法。run()
方法读取 springboothelloApplication.class 中的注解并实例化一个上下文，然后引导应用程序并
启动 Spring，随后启动自动配置的 Tomcat Web 服务器。

3.4　Spring Boot 注解简介

在上述"Hello World"程序代码中，@SpringBootApplication 注解发挥了关键作用。@SpringBootApplication 注解开启了 Spring Boot 的各项功能，如自动配置、组件扫描等。

该注解在 org.springframework.boot.autoconfigure 包中的定义如下。

```
@Target(ElementType.TYPE)
@Retention(RetentionPolicy.RUNTIME)
@Documented
@Inherited
@SpringBootConfiguration
@EnableAutoConfiguration
@ComponentScan(excludeFilters = {
 @Filter(type = FilterType.CUSTOM, classes = TypeExcludeFilter.class),
 @Filter(type = FilterType.CUSTOM, classes = AutoConfiguration
 ExcludeFilter.class)
})
public @interface SpringBootApplication {

 @AliasFor(annotation = EnableAutoConfiguration.class)
 Class <<?> [] exclude() default {};

 @AliasFor(annotation = EnableAutoConfiguration.class)
 String[] excludeName() default {};

 @AliasFor(annotation = ComponentScan.class, attribute = "basePackages")
 String[] scanBasePackages() default {};

 @AliasFor(annotation = ComponentScan.class, attribute = "basePackageClasses")
 Class <<?> [] scanBasePackageClasses() default {};
}
```

从上面的定义可以看出，@SpringBootApplication 注解实际封装了 3 个注解。

1）@SpringBootConfiguration 注解：配置类注解

该注解用于标记包含 Spring 配置定义的类，允许在上下文中注册额外的 Bean 或导入其他配置类。该注解在 org.springframework.boot 包中的定义如下。

```
@Target(value=TYPE)
@Retention(value=RUNTIME)
@Documented
@Configuration
public @interface SpringBootConfiguration
```

@Configuration 注解在 org.springframework.context.annotation 中的定义如下。

```
@Target(value=TYPE)
@Retention(value=RUNTIME)
@Documented
@Component
public @interface Configuration
```

从上面关于注解的定义可以看出，@SpringBootConfiguration 注解实际上是包装过的 @Component 注解，二者实现的功能其实是一样的。@Component 注解的功能是把普通的 POJO 实例化到 Spring 容器中，相当于传统 XML 配置文件中的<Bean id="class="/>。Spring 容器可以扫描出在代码中添加的任何@Component 注解的类。

2）@EnableAutoConfiguration 注解：启动 Spring Boot 的自动配置机制

这个注解是 Spring Boot 的核心注解，它位于 org.springframework.boot.autoconfigure 包中。它的定义如下。

```
@Target(value=TYPE)
@Retention(value=RUNTIME)
@Documented
@Inherited
@AutoConfigurationPackage
@Import(value=AutoConfigurationImportSelector.class)
public @interface EnableAutoConfiguration
```

该注解可以启动 Spring 应用程序上下文的自动配置机制。Spring Boot 发现并配置应用程序可能需要的 Bean。自动配置类通常基于应用程序的类路径和定义的 Bean 来判断。例如，类路径中包含 tomcat-embedded.jar，因此可能需要 TomcatServletWebServerFactory。

在 Spring MVC 中，即使运行一个简单的 Hello World 程序，也需要在 web.xml 配置文件中配置 Servlet，并在该配置文件中定义所有的 Bean，同时设置视图解析器以解析视图。但在 Spring Boot 中，它将自动配置进行调度，并自动在 src/main/resources/template 文件夹中搜索视图文件。

3）@ComponentScan 注解：组件扫描注解

该注解在 org.springframework.context.annotation 包中的定义如下。

```
@Target(value=TYPE)
@Retention(value=RUNTIME)
@Target(value=TYPE)
@Documented
@Repeatable(value=ComponentScans.class)
public @interface ComponentScan
```

该注解的主要功能是通知 Spring 对哪个包进行扫描，然后 Spring 会自动扫描该包中被该注解标注的类，并且将它们注册到 Bean 容器中。该注解的功能和 XML 配置文件中的<context:component-scan>相同。

在 Spring Boot 中，如果不显式地使用@ComponentScan 注解指定对象扫描的包，则默认自动扫描当前启动类所在的 package 根包中存在的所有类及其子类的路径。例如，启动程序在 com.jeff 主类中，则会自动扫描其子控制器类（com.jeff.controller）、服务类（com.jeff.service）和实体类（com.jeff.repository）。

我们可以通过 basePackageClasses()或 basePackages()来定义要扫描的特定包。

```
@ComponentScan(basePackages = "com.jeff.newproject")
@SpringBootApplication
public class SpringBootApplication { }
```

3.5　小结

本章中，我们首先创建了一个简单的 Spring Boot 程序，然后创建了一个可执行的 JAR 包，并对 JAR 包信息进行了说明，最后对@SpringBootApplication 注解进行了简单分析。

第4章 JPA 和 MyBatis

4.1 JPA 简介

JPA（Java Persistence API，Java 持久性 API）定义了实现 ORM（Object Relational Mapping，对象关系映射）的一种方法。JPA 是面向对象的域模型和关系数据库之间的"桥梁"，开发人员可以通过它将关系数据库中的数据映射、存储、更新和检索链接到 Java 对象。

JPA 简化了现有的持久化开发工作并整合了 ORM 技术，结束现在 Hibernate、TopLink、JDO 等 ORM 框架"各自为营"的局面。

Hibernate 和 JPA 经常被混为一谈。与 Java Servlet 规范一样，JPA 提供了许多兼容的工具和框架，Hibernate 只是其中之一。Hibernate 由 Gavin King 开发，于 2002 年年初发布，是一个用于 Java 的 ORM 库，如今 Hibernate ORM 是最成熟的 JPA 实现之一。

JPA 体系结构如图 4-1 所示。

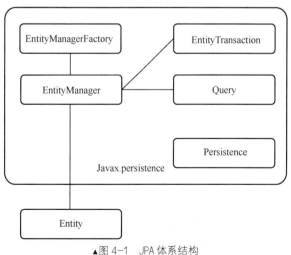

▲图 4-1 JPA 体系结构

JPA 的核心类和接口如下。

- EntityManagerFactory 类：用于创建和管理 EntityManager 接口的多个实例。
- EntityManager 接口：一个用于管理对象的持久性操作的接口。
- Entity 类：用于将持久性对象作为记录存储在数据库中。
- EntityTransaction 接口：用于管理本地持久性操作的事务接口。
- Persistence 接口：用于将数据持久存储到数据库的接口。
- Query 接口：用于获取满足特定条件的关系对象的接口。

通过上述类和接口，我们可以将实体存储为数据库的记录，这可以让软件工程师少编写一些冗余"代码"，使他们能够专注于业务逻辑代码。使用接口的示例代码如下。

```
public class App {
    public static void main(String[] args) {
//使用 Persistence 类获取 EntityManagerFactory,通常缓存工厂以便重复使用
        EntityManagerFactory entityManagerFactory =
        Persistence.createEntityManagerFactory("PERSISTENCE");
//从工厂获取 EntityManager
        EntityManager entityManager = entityManagerFactory.
        createEntityManager();

//更新发生在事务中
    EntityTransaction entityTransaction = entityManager.getTransaction();
        entityTransaction.begin();
        Student student = new Student("walt", "male");
        entityManager.persist(student);
//提交操作并关闭资源和工厂
        entityManager.getTransaction().commit();
        entityManager.close();
        entityManagerFactory.close();
    }
}
```

通常，访问数据库的方式有两种：一种以 Java 的实体为中心，将实体和实体的关系对应到数据库中表和表的关系，如使用 Hibernate；另一种以原生 SQL 为中心，操作上更加灵活、便捷，如使用 MyBatis。

本章主要介绍 JPA 和 MyBatis，并分别提供相关的实例。

4.2　Spring Data JPA 简介

使用 JPA 创建存储库是一个烦琐的过程，需要花费大量时间并且需要许多样板代码。

Spring Data JPA 是 Spring 基于 ORM 框架在 JPA 规范的基础上封装的一套 JPA 应用框架，可以让开发人员用简洁的代码实现对数据的访问和操作。它提供了包括增、删、改、查等在内的常用操作，且易于扩展。使用 Spring Data JPA 可以极大地提高开发效率。它的主要优点如下。

- 为 JPA 规范提供了更好的实现。
- 可降低与应用程序的数据访问层相关的复杂度,减少程序化的数据库操作,如获取连接、启动事务、提交事务和关闭连接等。
- 易于测试。利用 Spring 的依赖注入特性,可以轻松测试应用程序。
- 更好的异常处理。Spring 为 ORM 框架的异常处理提供了相关的 API。
- 支持基于 XML 的实体映射。
- 支持分页和动态查询执行。
- 支持集成自定义数据访问代码。
- 引入 @EnableJpaRepositories 注解,简化 Spring JPA 的代码配置。

4.2.1 常用注解

JPA 常用注解如下。
- @Entity 注解:标记为实体类。
- @Table 注解:指定对应实体类的表名。
- @Id 注解:声明一个属性映射到主键的字段。
- @GeneratedValue 注解:设定主键生成策略,自增可用 AUTO 或 IDENTITY。
- @Column 注解:表明属性对应数据库的一个字段。
- @ManyToOne 注解:定义了多对一的关系,默认 fetch = FetchType.EAGER。
- @JoinColumn 注解:与 @ManyToOne 注解搭配,指明外键字段。
- @OneToMany 注解:定义了一对多的关系,通过 mappedBy 来声明多端对象的字段。

4.2.2 常用接口

Repository 是 Spring Data 的核心,它提供如下接口。
- CrudRepository 接口:继承于 Repository 接口,实现了基本的增、删、改、查功能,是批量操作接口。
- PagingAndSortingRepository 接口:继承于 CrudRepository 接口,提供附加的分页查询功能。
- JpaRepository 接口:继承于 PagingAndSortingRepository 接口,实现一组与 JPA 规范相关的方法。

JpaRepository 接口不需要我们编码实现,在 Spring Boot 底层,采用 Hibernate 实现。

4.3 Spring Data JPA 集成实例

在 Spring Boot 中,通过引用 Spring-data-jpa 来集成 Spring Data JPA 功能,具体步骤如下。

（1）使用 Spring 官网提供的"spring initializr"页面创建 Spring Data JPA 项目，如图 4-2 所示。

① 在"Project"选项组中，选择"Maven Project"。

② 在"Language"选项组中，选择"Java"。

③ 在"Spring Boot"选项组中，选择"2.6.8"。

④ 在"Group"文本框中，输入组名"com.jeff"；在"Artifact"文本框中，输入项目名称"bookjpa"。

⑤ 在"Dependencies"选项组中，选择"Spring Data JPA"和"MySQL Driver"。

⑥ 单击"GENERATE"按钮，生成项目文件 bookjpa.zip。

▲图 4-2 新建 Spring Data JPA 项目

（2）将 bookjpa.zip 压缩包解压缩到指定的文件夹。

（3）启动 Eclipse，依次选择"File"→"Import"→"Maven"→"Existing Maven Projects"，选择 bookjpa.zip 的解压缩目录，将程序导入项目。

（4）启动 MySQL，在命令行中，执行命令"net start mysql57"，启动 MySQL 服务，如图 4-3 所示。

▲图 4-3 启动 MySQL 服务

（5）使用 Navicat 工具新建数据库，数据库名为"mybookstore"，指定字符集和排序规则，如图 4-4 所示。

（6）在 Navicat 的"查询编辑器"中，输入图 4-5 所示的 SQL 语句，单击"运行"按钮，生成 mybooklist。

▲图 4-4　指定字符集和排序规则

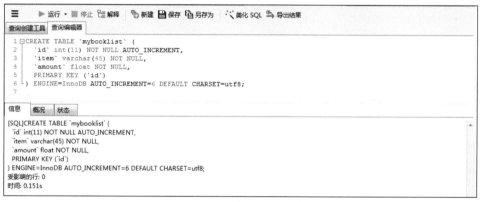

▲图 4-5　生成 mybooklist 表

（7）在 pom.xml 文件中，检查主要的依赖项。Spring-Boot-starter-data-jpa 是一个 ORM 框架，简单来说，它的作用就是为对象和数据库中的数据建立映射关系。MySQL-connector-Java 是一个实现 Java 数据库连接（JDBC）API 和 MySQL 连接的驱动程序。

```xml
<dependencies>
    <dependency>
        <groupId>org.Springframework.Boot</groupId>
        <artifactId>Spring-Boot-starter-data-jpa</artifactId>
    </dependency>

    <dependency>
        <groupId>MySQL</groupId>
        <artifactId>MySQL-connector-Java</artifactId>
        <scope>runtime</scope>
    </dependency>
</dependencies>
```

（8）打开 Eclipse，导入 Maven 项目，选择 bookjpa.zip 解压缩目录，生成的项目信息如图 4-6 所示。在 src/main/resources 目录中，新建配置文件 application.properties 来配置数据库连接属性。

▲图 4-6　bookjpa 项目的信息

```
Spring.jpa.hibernate.ddl-auto=none
Spring.jpa.hibernate.naming.physical-strategy=
org.hibernate.Boot.model.naming.PhysicalNamingStrategyStandardImpl
Spring.datasource.url=jdbc:MySQL://localhost:3306/mybookstore?useUnicode=
true&characterEncoding=utf8&serverTimezone=GMT
Spring.datasource.username=root
Spring.datasource.password=000000
Spring.datasource.driver-class-name=com.MySQL.cj.jdbc.Driver
logging.level.root=WARN
```

我们对上述配置信息进行简要说明。

- Spring.jpa.hibernate.ddl-auto = none：默认禁用 DDL Auto 功能。当 Spring.jpa.hibernate. ddl-auto 设置为 create 时，允许 Hibernate 自动创建数据库和表模式。

- Spring.jpa.hibernate.naming.physical-strategy=org.hibernate.Boot.model.naming.Physical NamingStrategyStandardImpl：数据库表字段采用大驼峰命名法（如 UserID），Spring Data JPA 自动更新之后，User ID 变成 user_id，造成表字段不对应。在 Hibernate 中，默认的生成关系是将大驼峰命名的实体转换为小写，实体之间用下画线连接。

- Spring.datasource.*：指定数据库连接属性，如数据库的 IP 地址、用户名称、密码和时区等。

- logging.level.root=WARN：将日志记录级别设置为 WARN 以避免详细输出。

（9）在 src/main/Java 目录中，使用以下代码在 com.jeff.bookjpa 包下创建 MyBookList 类，如图 4-7 所示。

```
Package com.jeff.bookjpa;
import javax.persistence.Entity;
import javax.persistence.GeneratedValue;
import javax.persistence.GenerationType;
import javax.persistence.Id;

@Entity
public class MyBookList {
```

```
    @Id
        @GeneratedValue(strategy = GenerationType.IDENTITY)
        private Long id;
        private String item;
        private float amount;

        protected MyBookList() {
        }

        protected MyBookList(String item, float amount) {
            this.item = item;
            this.amount = amount;
        }

        @Override
        public String toString() {
            return id + ". " + item + " - " + amount + " RMB";
        }
    }
}
```

▲图 4-7　创建 MyBookList 类

注意如下几点。

- @Entity 注解表示 MyBookList 类是实体对象，该类映射到数据库中的 mybooklist 表。
- @ID 注解指定主键，@GeneratedValue 注解指定主键值的生成策略。@Id 注解和
  @GeneratedValue 注解将字段 id 映射到表的主键列。假设 MyBookList 类的所有字段都
  与数据库表中的列名相同。
- MyBookList 是一个简单的域模型类，用于映射数据库中的表信息，类名及其属性名与
  表名相同，这样的字段名使映射变得简单。

（10）创建 Java 接口 BookRepository，如图 4-8 所示。

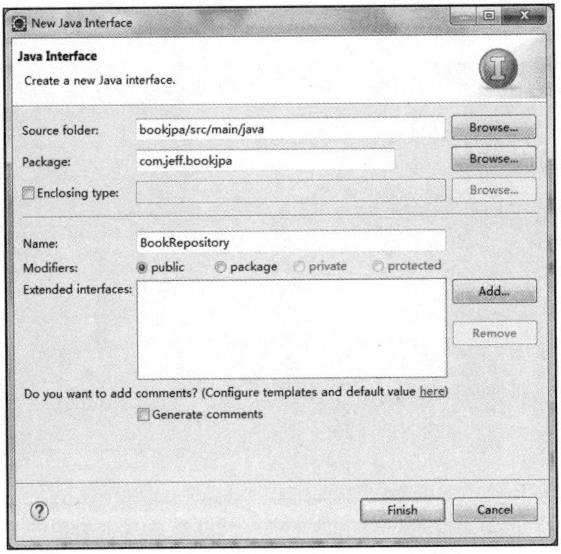

▲图 4-8　创建 BookRepository 接口

BookRepository 接口的具体代码实现如下。

```
package com.jeff.bookjpa;
import java.util.List;
import org.springframework.data.jpa.repository.Query;
import org.springframework.data.repository.CrudRepository;
import org.springframework.data.repository.query.Param;

public interface BookRepository extends CrudRepository<MyBookList, Long> {
    public List<MyBookList>findByItem(String item);
    @Query("SELECT e FROM MyBookList e WHERE e.amount>= :amount")
    public List<MyBookList>bookPriceless(@Param("amount") float amount);
}
```

BookRepository 接口扩展了 CrudRepository 接口，它是 Spring Data JPA 定义的特殊接口。类型参数< MyBookList, Long>指定域模型类的参数是 MyBookList，主键的类型是 Long。

在上述代码中，声明了如下两个自定义方法。

- public List<MyBookList> findByItem(String item)。此方法遵循 finder 方法 findByXXX() 的约定，其中 XXX 是域模型类中的属性名称，属性返回方法参数对应的索引对象。Spring Data JPA 将在运行时生成实现代码。
- public List<MyBookList> bookPriceless(@Param("amount") float amount)。此方法将返回金额大于指定值的图书项。

注意，此处只对方法进行了声明，没有实际代码，Spring Data JPA 在运行时将自动创建实现代码。

（11）编写 Spring Boot 应用程序类。

```java
package com.jeff.bookjpa;
import java.util.List;
import org.springframework.beans.factory.annotation.Autowired;
import org.springframework.boot.CommandLineRunner;
import org.springframework.boot.SpringApplication;
importorg.springframework.boot.autoconfigure.SpringBootApplication;

@SpringBootApplication
public class BookjpaApplication implements CommandLineRunner {
    @Autowired
    BookRepository repository;
    public static void main(String[] args) {
        SpringApplication.run(BookjpaApplication.class, args);
    }
    @Override
    public void run(String... args) throws Exception {
        repository.save(new MyBookList("Spring in Action_ 5th Edition", 80));
        repository.save(new MyBookList("Complete Guide to Test Automation", 60));
        repository.save(new MyBookList("Head First HTML and CSS_ 2nd Edition", 120));
        repository.save(new MyBookList("Head First jQuery", 150));
        repository.save(new MyBookList("Learning Python Testing", 50));

        Iterable<MyBookList> iterator = repository.findAll();

        System.out.println("All book expense items: ");
        iterator.forEach(item ->System.out.println(item));

        List<MyBookList> breakfast = repository.findByItem("Learning Python Testing");
        System.out.println("\nHow does Learning Python Testing cost?: ");
        breakfast.forEach(item ->System.out.println(item));

        List<MyBookList>expensiveItems = repository.bookPriceless(100);
        System.out.println("\n the expensive books are: ");
        expensiveItems.forEach(item ->System.out.println(item));

    }
}
```

其中，Spring Boot 提供了一个 CommandLineRunner 接口，Spring 在应用程序运行 run()方法之前调用这个接口。接下来，利用@Autowired 注解声明 BookRepository 的对象，将 BookRepository 的对象实例在运行时注入 BookjpaApplication 类。然后，在 run()方法中，新建 5 条图书记录，使用存储库接口分别查询图书清单明细和指定图书信息，最后查找售价超过 100 元的图书项。

（12）测试 Spring Data JPA 应用程序。

① 在 Eclipse 中，选中项目下的 BookjpaApplication 类，右击它，并在弹出的菜单中选择 "Run As" → "2 Java Application"，如图 4-9 所示。

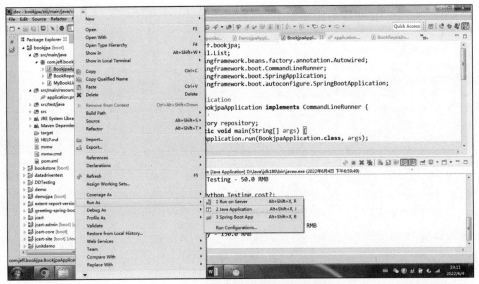

▲图 4-9　运行 BookjpaApplication 类

② 运行 BookjpaApplication 类，我们可以在 Eclipse 的控制台中看到图 4-10 所示的输出。

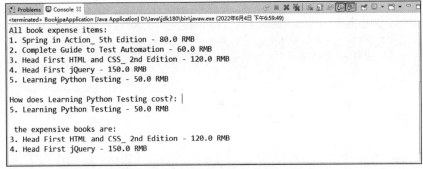

▲图 4-10　BookjpaApplication 类的运行结果

③ 查询 mybooklist，结果如图 4-11 所示。

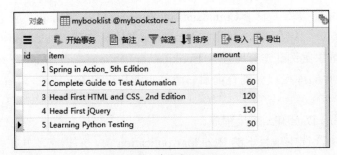

▲图 4-11　查询表 mybooklist

MyBatis 是一个优秀的持久层框架,它支持定制化 SQL、存储过程和高级映射。MyBatis 使用简单的 XML 或注解来配置和映射原生信息,将接口和 Java 的 POJO 映射成数据库中的记录。

我们通常在简单的业务项目中使用 Spring Data JPA 来提高开发效率。然而,具备易用和动态 SQL 解耦特点的 MyBatis 也能很好地满足项目要求。

下面介绍 MyBatis 集成实例中两种配置 SQL 语句的方式。

- 利用注解,基于注解的查询配置,不需要数据库映射配置 Mapper XML。
- 利用 Mapper XML,创建 Mapper XML 文件来定义相应 Mapper 接口方法的映射 SQL 语句的查询。

注解方式不需要额外的 XML 文件,代码比较简洁,但 SQL 语句和代码混合在一起后,耦合度太高,若以后需要通过修改 SQL 语句进行优化,就需要重新编译代码。使用 Mapper XML 则比较灵活,SQL 语句和代码是分离的,我们可以修改 SQL 语句,而不用重新编译代码。

4.4.1 注解方式

下面介绍注解方式。

(1) 在 Spring 官网的"spring initializr"页面中,创建 MyBatis 项目,如图 4-12 所示。

▲图 4-12 创建 MyBatis 项目

- 在"Project"选项组中,选择"Maven Project"。
- 在"Language"选项组中,选择"Java"。
- 在"Spring Boot"选项组中,选择版本"2.6.8"。
- 在"Project Metadata"选项组的"Group"中,输入组名"com.jeff.mybatis";在"Artifact"

中，输入项目名称"mybatisdemo"。

- 在"Dependencies"选项组中，选择"MyBatis Framework"和"MySQL Driver"。

（2）单击"GENERATE"按钮，生成 mybatisdemo.zip 项目文件，解压缩该文件到指定的文件夹，导入 Eclipse。

（3）打开 mybatisdemo 项目下的 pom.xml 文件，修改后的文件内容如下。

```xml
<properties>
    <java.version>1.8</java.version>
    <maven-jar-plugin.version>3.1.1</maven-jar-plugin.version>
</properties>
<dependencies>
    <dependency>
        <groupId>org.mybatis.spring.boot</groupId>
        <artifactId>mybatis-spring-boot-starter</artifactId>
        <version>2.2.2</version>
    </dependency>
```

（4）在 src/main/resources 目录下创建 application.properties 文件，具体代码如下。

```
spring.datasource.url=jdbc:mysql://localhost:3306/mybookstore?useUnicode=true&charact
erEncoding=utf8&serverTimezone=GMT
spring.datasource.username=root
spring.datasource.password=000000
spring.datasource.driver-class-name=com.mysql.cj.jdbc.Driver
logging.level.root=WARN
```

（5）创建域模型实体类 MyBookList，如图 4-13 所示。

▲图 4-13　创建 MyBookList 类

MyBookList 类的具体实现如下。

```java
package com.jeff.mybatis.mybatisdemo;
public class MyBookList {
    private int id;
    private String item;
    private float amount;

    public MyBookList() {
    }

    public MyBookList(String item, float amount) {
        this.item = item;
        this.amount = amount;
    }

    public int getId()
    {
        return id;
    }

    public void setId(int id)
    {
        this.id = id;
    }

    public String getItem()
    {
        return item;
    }

    public void setItem(String item)
    {
        this.item = item;
    }

    public float getAmount()
    {
        return amount;
    }

    public void setAmount(float amount)
    {
        this.amount = amount;
    }

}
```

（6）创建 MyBatis 映射接口 BookListAnnotationMapper，如图 4-14 所示。

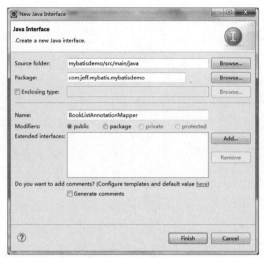

▲图 4-14　创建 BookListAnnotationMapper 接口

BookListAnnotationMapper 接口的实现代码如下。

```
package com.jeff.mybatis.mybatisdemo;
import java.util.List;
import org.apache.ibatis.annotations.Insert;
import org.apache.ibatis.annotations.Options;
import org.apache.ibatis.annotations.Select;

public interface BookListAnnotationMapper {
    @Insert("insert into mybooklist(item,amount) values(#{item},#{amount})")
    @Options(useGeneratedKeys=true, keyProperty="id")
    void insertBookList(MyBookList booklist);

    @Select("select id, item, amount from mybooklist WHERE id=#{id}")
    MyBookList findMyBookListById(Long id);

    @Select("select id, item, amount from mybooklist")
    List<MyBookList>findAllMyBookList();
}
```

（7）创建入口点类 MybatisdemoApplication，并在 run()方法中创建 MyBookList 实体记录。

```
package com.jeff.mybatis.mybatisdemo;
import org.mybatis.spring.annotation.MapperScan;
import org.springframework.beans.factory.annotation.Autowired;
import org.springframework.boot.CommandLineRunner;
import org.springframework.boot.SpringApplication;
import org.springframework.boot.autoconfigure.SpringBootApplication;

@SpringBootApplication
@MapperScan("com.jeff.mybatis.mybatisdemo")
public class MybatisdemoApplication implements CommandLineRunner{
    @Autowired
    BookListAnnotationMapper repository;
```

```
public static void main(String[] args) {
    SpringApplication.run(MybatisdemoApplication.class, args);
}
@Override
public void run(String... args) throws Exception {
    repository.insertBookList(new MyBookList("Spring in Action_ 5th Edition", 80));
    repository.insertBookList(new MyBookList("Complete Guide to Test Automation", 80));
    repository.insertBookList(new MyBookList("Head First HTML and CSS_ 2nd Edition", 150));
    repository.insertBookList(new MyBookList("Head First jQuery", 120));
    repository.insertBookList(new MyBookList("Learning Python Testing", 50));

    Iterable<MyBookList> iterator = repository.findAllMyBookList();
    System.out.println("All book expense items: ");
    iterator.forEach(item ->System.out.println(item.getItem()));
}
}
```

（8）运行 MybatisdemoApplication 程序，运行结果如图 4-15 所示。

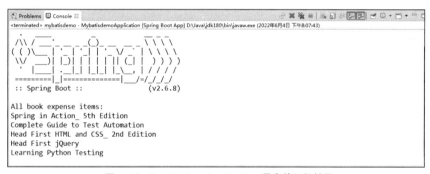

▲图 4-15　MybatisdemoApplication 程序的运行结果

（9）查询数据库，我们会发现产生了 5 条新记录。

4.4.2　使用 Mapper XML

Mapper XML 包含一组用于配置各种 SQL 操作（如查询、插入、更新和删除）的语句，它们称为映射语句或映射 SQL 语句。所有语句都有唯一的 ID，要执行这些语句中的任何一条，只需要将适当的 ID 传递给 Java 应用程序中的方法。所有这些映射的 SQL 语句都驻留在名为 <mapper> 的标签内。该标签包含一个名为“命名空间”的属性。

针对注解方式中的项目，采用 Mapper XML 配置程序的主要步骤如下。

（1）在 src/main/resources/mappers 下创建一个 Mapper XML 文件 BookListAnnotationMapper.xml，其内容如下。

```
<!DOCTYPE mapper
    PUBLIC "-//MyBatis.org//DTD Mapper 3.0//EN"
    "http://MyBatis.org/dtd/MyBatis-3-mapper.dtd">
```

```
<mapper namespace="com.jeff.MyBatis.MyBatisDemo.BookListAnnotationMapper">

<select id="findAllMyBookList" resultType="com.jeff.MyBatis.MyBatisDemo.
MyBookList">
        select id, item, amount from mybooklist
</select>

<select id="findMyBookListById" resultType="com.jeff.MyBatis. MyBatisDemo.
MyBookList">
        select id, item, amount from mybooklist WHERE id=#{id}
</select>

<insert id="insertBookList" parameterType="com.jeff.MyBatis.MyBatisDemo.
MyBookList" useGeneratedKeys="true" keyProperty="id">
        insert into mybooklist(item,amount) values(#{item},#{amount})
</insert>
</mapper>
```

（2）在应用程序配置文件 src/main/resources/application.properties 中进行映射配置。

```
MyBatis.mapperLocations=classpath*:mappers/*.xml
```

（3）定义接口，接口名称和 XML 文件中映射器的名称保持一致。

```
public interface BookListAnnotationMapper {
    void insertBookList(MyBookList booklist);
    MyBookList findMyBookListById(Long id);
    List<MyBookList> findAllMyBookList();
}
```

（4）在主程序 MyBatisDemoApplication 中，利用@MapperScan 注解进行扫描识别，再利用动态代理技术运行接口功能来创建 My Book List 实体记录。

```
package com.jeff.my batis.mybatisdemo;
import org.mybatis.spring.annotation.MapperScan;
import org.springframework.beans.factory.annotation.Autowired;
import org.springframework.boot.SpringApplication;
import org.springframework.boot.CommandLineRunner;
import org.springframework.boot.autoconfigure.SpringBootApplication;

@SpringBootApplication
@MapperScan("com.jeff.mybatis.mybatisdemo")
public class MyBatisDemoApplication implements CommandLineRunner{

    @Autowired
    BookListAnnotationMapper repository;

    public static void main(String[] args) {
        SpringApplication.run(MyBatisDemoApplication.class, args);
    }

    @Override
    public void run(String... args) throws Exception {
        repository.insertBookList(new MyBookList("Spring in Action_ 5th Edition", 80));
        repository.insertBookList(new MyBookList("Complete Guide to Test Automation", 80));
```

```
repository.insertBookList(new MyBookList("Head First HTML and CSS_2nd Edition", 150));
repository.insertBookList(new MyBookList("Head First jQuery", 120));
repository.insertBookList(new MyBookList("Learning Python Testing", 50));

Iterable<MyBookList> iterator = repository.findAllMyBookList();
System.out.println("All book expense items: ");
iterator.forEach(item->System.out.println(item.getItem()));
    }
}
```

4.5 小结

　　JPA 为 Java 开发人员管理 Java 应用程序中的关系数据提供了一种对象与关系映射工具，它本身不是一个工具或框架，它只定义了一组可以由任何工具或框架实现的规范。JPA 的对象关系映射（ORM）模型最初基于 Hibernate，对于业务简单的中小型项目，使用 SpringDataJPA 开发是快速的，但是 MyBatis 具备容易用和动态 SQL 解耦的特点，让人更容易接受，同时对于业务复杂且对性能要求较高的项目，通过优化持久层框架 MyBatis 映射文件的 SQL 语句提升数据库的访问效率。

第 5 章　Bootstrap

5.1　Bootstrap 简介

  Bootstrap 最初是由 Twitter 的设计师和开发人员在 2010 年创建的。它是一个功能强大、移动优先、响应快速的前端开源框架，使用 CSS、HTML 和 JavaScript 进行快捷的 Web 开发。它包括基于 HTML 和 CSS 的设计模板，用于创建常见的用户界面组件。

  Bootstrap 的优点如下。

- 属于开源框架，用户可以免费下载、安装和使用。
- 易于使用，任何具备 HTML、CSS 和 JavaScript 基本知识的人都可以使用 Bootstrap 进行开发。
- 具有很多现成的组件和可用资源，可以为开发人员节省大量时间和精力，并使开发人员专注于其他开发工作。
- 与几乎所有的现代浏览器兼容。
- 可用于轻松地创建响应式网站，这类网站能够在不同的设备和不同分辨率的屏幕上显示，无须更改标记。
- 提供了丰富的文档，这对初学者和资深的开发人员很有帮助。
- 可以与各种框架和平台集成。

5.2　Bootstrap 的组成、安装和使用

  Bootstrap 的组成部分如下。

- 网格系统、链接样式和背景。
- 全局的 CSS 样式，基本的 HTML 标签均可通过 class 设置样式并实现增强的效果。
- 丰富的可重用组件，如表单、按钮、导航栏、下拉菜单、警告条、选项卡和提示框等。

- 自定义 jQuery 插件。

Bootstrap 的安装和使用步骤如下。

（1）从 Bootstrap 官网下载编译版本的 Bootstrap，解压缩下载的 ZIP 文件，将会得到如下目录结构。

```
Bootstrap/
├── css/
│   ├── Bootstrap.css
│   ├── Bootstrap.css.map
│   ├── Bootstrap.min.css
│   └── Bootstrap.min.css.map
│   └── Bootstrap-grid.css
│   └── Bootstrap-grid.css.map
└── js/
    ├── Bootstrap.js
    └── Bootstrap.min.js
```

从上述目录结构可以发现，Bootstrap 包含已编译的 CSS 文件和 JavaScript 文件（Bootstrap.*），以及已编译和缩小版本的 CSS 文件和 JavaScript 文件（Bootstrap.min.*）。当使用 Bootstrap.min.css 和 Bootstrap.min.js 文件时，由于 HTTP 请求和下载规模较小，因此将有效提高网站的响应速率并节省网络带宽。

编译并下载包含 CSS 文件和 JavaScript 文件的编译与缩小版本，可以快捷地进行 Web 开发。但是编译后的版本不包含任何可选的 JavaScript 依赖项，如 jQuery 和 Popper.js，而源代码下载包含所有 CSS 和 JavaScript 的原始源文件。如果 JavaScript 插件要有 Bootstrap 的全部功能，那么需要包含 jQuery，并加载 jQuery 库。用户可以从 jQuery 官网下载 jQuery 安装包，然后将它解压缩到项目文件夹，最后在 HTML 文件中使用 "<script src = "jquery- 3.4.1.min.js"> </script>" 进行引用。

（2）创建一个 HTML 页面。在 Bootstrap 的解压缩目录中，创建一个 index.html 文件。我们可以使用任意文本编辑器（如 Notepad ++）打开这个文件，然后将下面的代码复制并粘贴到其中。

```html
<!DOCTYPE html>
<html lang="en">
<head>
  <title>Bootstrap </title>
  <meta charset="utf-8">
  <meta name="viewport" content="width=device-width, initial-scale=1">
</head>
<body>
 <h1>Hello, world!</h1>
</body>
</html>
```

为了保证 HTML 页面在移动设备上的显示效果，我们需要在<head>标签中添加 viewport 元数据标签。

- width=device-width：表示宽度是移动设备的屏幕的宽度。

- initial-scale=1：表示初始的缩放比例。

（3）将上述 HTML 文件设置为 Bootstrap 模板。Bootstrap 主要由样式表和脚本组成，为了使上述普通的 HTML 文件成为 Bootstrap 模板，只需要在</body>之前添加 CSS 文件和 JavaScript 文件，以及必需的 jQuery。此处引入两个文件 Bootstrap.min.css（Bootstrap 4 的核心 CSS 文件）和 jquery.min.js（jQuery 文件，必须在 Bootstrap. min.js 之前引入）。

```
<!DOCTYPE html>
<html lang="en">
  <head>
    <title> Bootstrap Example Page </title>
    <meta charset="utf-8">
    <meta name="viewport" content="width=device-width, initial-scale=1">
    <link rel="stylesheet" href="Bootstrap/css/Bootstrap.min.css">
  </head>
<body>
<h1>Hello, world!</h1>
<script src="jquery-3.4.1.min.js"></script>
<script src="Bootstrap/js/Bootstrap.min.js"></script>
</body>
</html>
```

（4）保存和查看文件。现在，我们将这个 HTML 文件另存为 Bootstrap-template.html。如果我们稍后使用浏览器打开该文件，就会发现它自动加载了 Bootstrap 资源。

5.3　Bootstrap 网格

　　Bootstrap 网格是进行响应式网页布局时较便捷和简单的方法。在图形设计中，网格是一种二维结构，它由一系列用于分隔内容的相交线段（垂直和水平线段）组成，广泛用于网页页面的布局设计和内容结构设计。

　　Bootstrap 包括一个响应式、可移动的高级网格系统，这个系统可随设备屏幕尺寸的增加而适当地扩展至 12 列，它包括用于轻松布局选项的预定义类，以及用于生成更多语义布局的强大混合器。

　　Bootstrap 4 是移动设备首选的页面框架，用于较小的屏幕（如手机、平板电脑）布局以及较大的屏幕（如笔记本计算机、台式计算机）布局。

　　Bootstrap 网格系统通过一系列容纳内容的行和列来进行页面布局。它的工作方式如下。

- 将行放置在 container 类中，以便正确地进行对齐和填充。
- 使用行创建水平的列组。
- 内容应放在列中。
- 预定义的网格类（如.row 和.col-xs-4）可用于快速进行网格布局。
- 通过指定 12 个可用的列创建网格列，如 3 个间隔相等的列将使用 3 个.col-xs-4。

下面是 Bootstrap 网格的基本结构。

```
<div class = "container">

    <div class = "row">
      <div class = "col-*-*"></div>
      <div class = "col-*-*"></div>
    </div>

    <div class = "row">...</div>

</div>

<div class = "container">
    ...
</div>
```

5.4 Bootstrap 实例

下面我们创建一个"诗词学习"首页，包括导航栏、菜单栏和有 3 列内容的展示区域等。操作步骤如下。

（1）在任意网页编辑器中，新建 poem.html 文件，在该文件中添加如下代码以添加导航栏。在首页顶部，添加一个导航栏，这使用户可以在浏览某一页面时通过单击跳转到其他页面。因此，我们可以使用 navbar 类，它是 Bootstrap 的默认类之一。它会创建一个导航元素，默认是响应式布局方式，在小屏幕上浏览时会自动折叠。

```
<body>
  <!-- Navigation -->
  <nav class="navbar navbar-expand-lg navbar-dark bg-dark fixed-top">
    <div class="container">
      <a class="navbar-brand" href="#">诗词学习</a>
      <button class="navbar-toggler" type="button" data-toggle="collapse"
      data-target="#navbarResponsive" aria-controls="navbarResponsive"
      aria-expanded="false" aria-label="Toggle navigation">
        <span class="navbar-toggler-icon"></span>
      </button>
      <div class="collapse navbar-collapse" id="navbarResponsive">
        <ul class="navbar-nav ml-auto">
          <li class="nav-item active">
            <a class="nav-link" href="#">主页
              <span class="sr-only">(current)</span>
            </a>
          </li>
          <li class="nav-item">
            <a class="nav-link" href="#">关于</a>
          </li>
          <li class="nav-item">
```

```
        <a class="nav-link" href="#">服务</a>
      </li>
      <li class="nav-item">
        <a class="nav-link" href="#">联系</a>
      </li>
    </ul>
  </div>
  </div>
 </nav>
```

下面我们对上述代码进行说明。

- 添加导航栏类名"navbar"来创建一个标准的导航栏。
- navbar-expand-lg 表示将导航栏扩展为全尺寸的水平栏。
- navbar-dark bg-dark fixed-top 指定导航栏的背景颜色为黑色，并且导航栏一直在顶部。
- navbar-brand 指定图标样式。

（2）包含自定义 CSS。要更改默认样式，不必查询冗长的样式表库，添加自己的 CSS 文件以覆盖默认样式即可。为了达到这个目的，用户只需要使用文本编辑器创建一个 CSS 文件（此处文件名为 poem-homepage.css，需要注意目录结构），然后采取以下方式引入该 CSS 文件即可。

```
<link rel = " stylesheet" type = " text / css" href = "css/poem-homepage.css" >
```

（3）创建页面内容容器，我们只需要在<navbar>标签下添加<div class="container">。

（4）通过在<title>标签中添加页面标题，识别网页主题。

（5）在页面内容容器内，设置一个 3 列内容展示区域，这是 Bootstrap 网格系统的优势。在 Bootstrap 网格系统中，一行中的所有列的数量为 12，因此，展示 3 列内容意味着它们将占据大、中型尺寸屏幕的 1/4（12/3=4），即在代码中设置为 col-lg-4。

（6）在 poem.html 中，添加如下代码，并保存该文件。

```
<!DOCTYPE html>
<html lang="zh-CN">
<head>
  <meta charset="utf-8">
  <meta name="viewport" content="width=device-width, initial-scale=1,
  shrink-to-fit=no">
  <title>诗词学习首页</title>
  <link href="css/Bootstrap.min.css" rel="stylesheet">
  <link href="css/shop-homepage.css" rel="stylesheet">
</head>

<body>
  <!-- Navigation -->
  <nav class="navbar navbar-expand-lg navbar-dark bg-dark fixed-top">
    <div class="container">
      <a class="navbar-brand" href="#">诗词学习</a>
      <button class="navbar-toggler" type="button" data-toggle="collapse"
data-target="#navbarResponsive" aria-controls="navbarResponsive"
aria-expanded="false" aria-label="Toggle navigation">
```

```
          <span class="navbar-toggler-icon"></span>
      </button>
      <div class="collapse navbar-collapse" id="navbarResponsive">
        <ul class="navbar-nav ml-auto">
          <li class="nav-item active">
            <a class="nav-link" href="#">主页
              <span class="sr-only">(current)</span>
            </a>
          </li>
          <li class="nav-item">
            <a class="nav-link" href="#">关于</a>
          </li>
          <li class="nav-item">
            <a class="nav-link" href="#">服务</a>
          </li>
          <li class="nav-item">
            <a class="nav-link" href="#">联系</a>
          </li>
        </ul>
      </div>
    </div>
</nav>

<!-- Page Content -->
<div class="container">
  <div class="row">
    <div class="col-lg-3">
      <h1 class="my-4">诗词类别</h1>
      <div class="list-group">
        <a href="#" class="list-group-item">诗词：婉约派 </a>
        <a href="#" class="list-group-item">诗词：豪放派</a>
      </div>
    </div>

    <div class="col-lg-9">
      <div class="my-4" >
      </div>
      <div class="row">
        <div class="col-lg-4 col-md-6 mb-4">
          <div class="card h-100">
            <div class="card-body">
              <h4 class="card-title">
                <a href="#">定风波·莫听穿林打叶声</a>
                </h4>
                <h5>宋代：苏轼</h5>
                <p class="card-text">莫听穿林打叶声，何妨吟啸且徐行。竹杖芒鞋轻胜马，谁怕？
                一蓑烟雨任平生。</p>
            </div>
            <div class="card-footer">
              <small class="text-muted">&#9733; &#9733; &#9733; &#9733;
```

```
          &#9734;</small>
        </div>
      </div>
    </div>

    <div class="col-lg-4 col-md-6 mb-4">
      <div class="card h-100">
        <div class="card-body">
          <h4 class="card-title">
            <a href="#">如梦令·昨夜雨疏风骤</a>
          </h4>
          <h5>宋代：李清照 </h5>
          <p class="card-text">昨夜雨疏风骤，浓睡不消残酒。试问卷帘人，却道海
          棠依旧。知否，知否？应是绿肥红瘦。</p>
        </div>
        <div class="card-footer">
          <small class="text-muted">&#9733; &#9733; &#9733; &#9733;
          &#9734;</small>
        </div>
      </div>
    </div>

    <div class="col-lg-4 col-md-6 mb-4">
      <div class="card h-100">

        <div class="card-body">
          <h4 class="card-title">
            a href="#">虞美人·春花秋月何时了</a>
          </h4>
          <h5>五代：李煜</h5>
          <p class="card-text">春花秋月何时了？往事知多少。小楼昨夜又东风，故
          国不堪回首月明中。雕栏玉砌应犹在，只是朱颜改。</p>
        </div>
        <div class="card-footer">
          <small class="text-muted">&#9733; &#9733; &#9733; &#9733;
          &#9734;</small>
        </div>
      </div>
    </div>

    <div class="col-lg-4 col-md-6 mb-4">
      <div class="card h-100">
        <div class="card-body">
          <h4 class="card-title">
            <a href="#">水调歌头·明月几时有</a>
          </h4>
          <h5>宋代：苏轼 </h5>
          <p class="card-text">明月几时有？把酒问青天。不知天上宫阙，今夕是何
          年。我欲乘风归去，又恐琼楼玉宇，高处不胜寒。</p>
        </div>
```

```
            <div class="card-footer">
              <small class="text-muted">&#9733; &#9733; &#9733; &#9733;
              &#9734;</small>
            </div>
          </div>
        </div>


        <div class="col-lg-4 col-md-6 mb-4">
          <div class="card h-100">
            <div class="card-body">
              <h4 class="card-title">
                <a href="#">满江红·写怀</a>
              </h4>
              <h5>宋代：岳飞</h5>
              <p class="card-text">怒发冲冠，凭栏处，潇潇雨歇。抬望眼，仰天长啸，
              壮怀激烈。三十功名尘与土，八千里路云和月。</p>
            </div>
            <div class="card-footer">
              <small class="text-muted">&#9733; &#9733; &#9733; &#9733;
              &#9734;</small>
            </div>
          </div>
        </div>


        <div class="col-lg-4 col-md-6 mb-4">
          <div class="card h-100">
            <div class="card-body">
              <h4 class="card-title">
                <a href="#">念奴娇·赤壁怀古</a>
              </h4>
              <h5>宋代：苏轼 </h5>
              <p class="card-text">大江东去，浪淘尽，千古风流人物。故垒西边，人道
              是，三国周郎赤壁。乱石穿空，惊涛拍岸，卷起千堆雪。</p>
            </div>
            <div class="card-footer">
              <small class="text-muted">&#9733; &#9733; &#9733; &#9733;
              &#9734;</small>
            </div>
          </div>
        </div>
      </div>
    </div>
  </div>
</div>
<!-- /.container -->

<!-- Footer -->
<footer class="py-5 bg-dark">
  <div class="container">
    <p class="m-0 text-center text-white">Copyright &copy; Your Website
```

```
    2020</p>
  </div>
  <!-- /.container -->
 </footer>
</body>
</html>
```

（7）使用任意浏览器打开文件，结果如图 5-1 所示。

▲图 5-1　运行结果

5.5　小结

　　Bootstrap 的核心是布局和网格系统。本章首先介绍了 Bootstrap 的组成、安装和使用，然后介绍了 Bootstrap 网格系统，最后通过一个实例说明 Bootstrap 的使用方法。

第6章　Thymeleaf

Thymeleaf 是一个 Java 模板引擎，类似于以前的 JSP，用于处理和创建 HTML 文件、XML 文件、JavaScript 文件、CSS 文件和文本文件。Thymeleaf 大致的原理是通过在前端 HTML 页面里定义一套标准的数据或逻辑标签，在后端代码中把类字段绑定到定义的数据或逻辑标签上，实现数据交互和信息展示。

Thymeleaf 的最大优势在于，它将服务端模板引擎带到了开发工作流程中。HTML 模板可以直接在浏览器中打开，并且可以正确地呈现为网页。这为开发工作提供了极大的灵活性，开发人员可以快速开发静态原型，而不用浪费时间创建后端服务器。默认情况下，这些模板存储在 src/main/resources/templates 文件夹中。

与其他常用的模板引擎（如 JSP）相比，Thymeleaf 使整个开发过程变得简单和快捷。

Spring Boot 官方推荐使用 Thymeleaf。如果 Spring Boot 在类路径中扫描到 Thymeleaf 库，那么它将自动配置 Thymeleaf，可以在 application.properties 配置文件中修改 Thymeleaf 的默认配置。

6.1　Thymeleaf 标准表达式

本节介绍 Thymeleaf 标准表达式语法。

简单表达式如下。

- 变量表达式：${...}。例如，前端页面接收后端传递的一个 book 对象，如果我们想获取 book 对象的 name 属性，就可以用变量表达式<span th:text="${book.name}">。
- 选择变量表达式：*{...}。选择变量表达式*{...}需要与 th:object 一起使用。使用方式是首先通过 th:object= "${xx.xxx}：获取对象，然后通过 th:xxxx="*{vvvv}" 获取对象 xx.xxx 的属性 vvvv 的值。
- 消息表达式：#{...}。消息表达式#{...}允许从外部源（如.properties 配置文件）中检索特定于语言环境的消息，通过键来引用该消息。例如，在 src/main/resources 目录下，创建文件 messages.properties，Spring Boot 会使用<span th:text="#{welcome.message}" />自动解析上述目录下的这个文件。

- 链接（URL）表达式：@{...}。链接表达式@{...}可以使用相对路径，也可以使用绝对路径。能够使用@{...}的标签主要有 th:action 、th:href、th:src，它们相当于 action、href、src。URL 可以是相对的，也可以是绝对的，示例如下。

```
<form name="userForm" role="form" method="POST" th:object="${accountForm}"
th:action="@{/addAccount}" >
<link rel="stylesheet" type="text/css" th:href="@{/static/css/style.css}"/>
```

字面量包括以下几种。

- 文本。示例如下。

```
<span th:text="'我是测试工程师'">
```

- 数值。示例如下。

```
<p>今年是 <span th:text="2020"></p>
```

- 布尔。示例如下。

```
<div th:if="${user.isAdmin()} == false">...</div>
null: null
<div th:if="${bookname } == null"> ...
```

文字操作包括以下几种。

- 字符串连接：使用+。
- 文字替换：使用$|...|把获取的变量值赋给 th: text 属性。示例如下。

```
<p th:text="信息:+${msg}"></p>//使用 msg 变量信息来动态替换显示的信息
```

算术运算包括以下几种。

- 二元运算符：+、−、*、/、%。
- 减号（一元运算符）：−。

布尔运算包括以下几种。

- 二元运算符：and、or。
- 布尔否定（一元运算符）：!、not。

比较运算包括以下几种。

- 大于（大于或等于）、小于（小于或等于）运算符：>、<、>=、<=。
- 等于和不等于运算符：==、!=。

条件运算符包括以下几种。

- if−then：(if) ? (then)。
- if then-else：(if) ? (then) : (else)。
- default：(value) ?: (default value)。

6.2　使用 Thymeleaf 处理用户输入

当处理用户输入时，使用 th: action ="@ {url}"和 th: object ="$ {object}"属性处理表单输入。th:action 用于指定表单动作的 URL，th:object 用于指定提交的表单数据将被绑定的对象。单个字段可以使用 th: field =" * {name}"属性进行映射，其中 name 是对象的匹配属性。示例如下，对于 Student 类，创建一个输入表单。

```
<form action="#" th:action="@{/saveStudent}" th:object="${student}"
method="post">
    <table border="1">
        <tr>
            <td><label th:text="student id" /></td>
            <td><input type="number" th:field="*{id}" /></td>
        </tr>
        <tr>
            <td><label th:text="student name" /></td>
            <td><input type="text" th:field="*{name}" /></td>
        </tr>
        <tr>
            <td><input type="submit" value="Submit" /></td>
        </tr>
    </table>
</form>
```

在上面的代码中，/saveStudent 是表单操作的 URL，student 是保存提交的表单数据的对象。

6.3　Thymeleaf 中的迭代器与条件判断

6.3.1　迭代器

标准表达式为我们提供了一个有用的迭代器——th:each。它相当于 Java 的 foreach。这个迭代器可以遍历的对象如下。

- 任何实现 Java.util.Iterable 的对象。
- 任何实现 Java.util.Enumeration 的对象。
- 任何实现 Java.util.Iterator 的对象，其值将由迭代器返回，而无须在内存中缓存所有值。
- 任何实现 Java.util.Map 的对象，迭代变量将属于 class Java.util.Map.Entry。
- 任何数组。
- 任何其他对象都将被视为包含该对象本身的单值列表。

例如，要遍历 List 集合中的学生列表，使用 th:each 可以快速完成。使用${}访问 students 属性，学生列表的每个元素都将通过 student 变量传递到循环的主体。

```
<tr th:each="student: ${students}">
    <td th:text="${student.id}" />
    <td th:text="${student.name}" />
</tr>
```

6.3.2　条件判断

用于条件判断的标签主要有 th:if 和 th:unless，其中 th:unless 表示取反，示例如下。

```
<td>
    <th:block th:if="${user.gender eq 'M'}">性别：男<</th:block>
    <th:block th:unless="${user.gender eq 'M'}">性别：女</th:block>
</td>
```

6.4　Thymeleaf 模板片段

片段表达式是表示标记片段并将其在模板中移动的方法。在实际应用中，我们经常需要包含其他模板中的部分，如页脚、页眉、菜单等。为了达到这个目的，我们需要在 Thymeleaf 中定义那些要包含的部分"片段"，这可以使用 th:fragment 标签完成。我们一般在单独的文件或公共文件中定义片段，然后将所有片段放在模板目录 src/main/resources/templates 中。

如果要定义一个可重复使用的页脚组件，把版权信息添加到所有网页中，那么创建一个 footer.html 文件并包含以下内容。

```
<!DOCTYPE html>
<html lang="en" xmlns:th="http://www.thymeleaf.org">
<body>
    <footer th:fragment="footer">
        <p>&copy; 2020 yourWebsite</p>
    </footer>
</body>
</html>
```

上面的代码定义了一个片段 footer，我们可以使用 th:insert 或 th:replace 轻松地将其包含在首页中。

```
<body>
...
<div th:insert="fragments/footer :: footer"></div>
</body>
```

6.5　Thymeleaf 实用方法

Thymeleaf 为我们提供了一组实用方法，这些方法将帮助我们在应用程序中执行常见任务，如处理日期、日历、字符串、对象等。

- #dates：Java.util.Date 对象的实用方法。设置日期的具体格式，如<p th:text="${#dates.format(date, 'dd-MM-yyyy HH:mm')}"></p>。

- #calendars：类似于#dates，用于 Java.util.Calendar 对象，如<p th:text="${#calendars.format(calendar, 'dd-MM-yyyy HH:mm')}"></p>。

- #numbers：用于格式化数字对象的实用方法，如<p th:text="${#numbers. formatDecimal(num,2,3)}"></p>。

- #strings：String 对象的实用方法，如<p th:text="${#strings.isEmpty(string)}"></p>。

- #objects：Java 对象类的实用方法。

- #bools：用于布尔值判断的实用方法。

- #arrays：数组的实用方法。

- #lists：列表的实用方法，如<span th:text="${#lists.isEmpty(myList)}"/>。

- #sets：集合的实用方法。

- #maps：地图的实用方法。

- #aggregates：在数组或集合上创建分组、排序、计算的实用方法。

- #messages：在变量表达式中获取外部消息的实用方法。

6.6　Thymeleaf 实例

Spring Boot 为 Thymeleaf 提供了强大的支持，使 Thymeleaf 的整个集成过程简单明了。我们所要做的只是添加 Thymeleaf 依赖项，因为 Spring Boot 将自动配置使用 Thymeleaf 所需的一切。同时，我们需要添加 Spring Web 依赖项，以便得到 Web 服务的支持。具体操作如下。

（1）在 Spring 官网提供的"spring initializr"页面中，创建 thymeleafdemo 项目，如图 6-1 所示。

▲图 6-1　创建 thymeleafdemo 项目

- 在"Project"选项组中，选择"Maven Project"。
- 在"Language"选项组中，选择"Java"。
- 在"Spring Boot"选项组中，选择版本"2.6.8"。
- 在"Project Metadata"选项组的"Group"中，输入组名"com.jeff"；在"Artifact"中，输入项目名称"thymeleafdemo"。
- 在"Dependencies"选项组中，选择"Spring Web"和"Thymeleaf"组件。

（2）单击"GENERATE"按钮，生成 thymeleafdemo.zip 项目文件，解压该文件到指定的文件夹，导入 Eclipse。

（3）打开 thymeleafdemo 项目下的 pom.xml 文件，修改后的文件内容如下。

```
<properties>
        <java.version>1.8</java.version>
        <maven-jar-plugin.version>3.1.1</maven-jar-plugin.version>
    </properties>
    <dependencies>
        <dependency>
            <groupId>org.springframework.boot</groupId>
            <artifactId>spring-boot-starter-thymeleaf</artifactId>
        </dependency>
        <dependency>
            <groupId>org.springframework.boot</groupId>
            <artifactId>spring-boot-starter-web</artifactId>
        </dependency>
```

（4）右击项目名称，在弹出的菜单中，依次选择"Maven"→"Update Project"，更新依赖信息。

（5）创建模板文件。Thymeleaf Template 是指模板文件，采用 XML、XHTML 或 HTML5 格式。接下来，我们将创建下列 3 个模板文件，然后将它们放在 src/main/resources/templates 文件夹中。

```
index.html                //首页
accountSummary.html       //用户账户显示页面
addAccount.html           //用户账户添加页面
```

（6）创建 Thymeleaf 模板文件——首页 index.html。

```
<!DOCTYPE HTML>
<html xmlns:th="http://www.thymeleaf.org">
    <head>
        <meta charset="UTF-8" />
        <title>欢迎使用</title>
        <link rel="stylesheet" type="text/css" th:href="@{/static/css/style.css}"/>
    </head>
    <body>
        <h1>欢迎使用</h1>
        <h2 th:utext="${message}">..!..</h2>
        <a th:href="@{/accountSummary}">账号汇总</a>
    </body>
```

```
        </html>
```

（7）创建 Thymeleaf 模板文件——用户账户显示页面 accountSummary.html。

```
<!DOCTYPE HTML>
<html xmlns:th="http://www.thymeleaf.org">
    <head>
        <meta charset="UTF-8" />
        <title>用户列表</title>
        <link rel="stylesheet" type="text/css" th:href="@{/static/css/style.css}"/>
    </head>
    <body>
        <h1>用户列表</h1>
        <a href="addAccount">添加用户</a>
        <br/><br/>
        <div>
            <table border="1">
                <tr>
                    <th>用户名 </th>
                    <th>全名</th>
                    <th>密码</th>
                    <th>邮箱</th>
                    <th>地址</th>
                    <th>城市</th>
                    <th>邮编</th>
                    <th>电话</th>
                </tr>
                <tr th:each ="account : ${accounts}">
                    <td th:utext="${account.userid}">...</td>
                    <td th:utext="${account.fullname}">...</td>
                    <td th:utext="${account.password}">...</td>
                    <td th:utext="${account.email}">...</td>
                    <td th:utext="${account.address}">...</td>
                    <td th:utext="${account.city}">...</td>
                    <td th:utext="${account.zip}">...</td>
                    <td th:utext="${account.phone}">...</td>
                </tr>
            </table>
        </div>
    </body>
</html>
```

（8）新建 Thymeleaf 模板文件——用户账户添加页面 addAccount.html。

```
<!DOCTYPE HTML>
<html xmlns:th="http://www.thymeleaf.org">
    <head>
        <meta charset="UTF-8" />
        <title>创建用户</title>
        <link rel="stylesheet" type="text/css" th:href="@{/static/css/sytle.
        css}"/>
    </head>
```

```
    <body>
      <h1>创建用户:</h1>

<form name="userForm" role="form" method="POST" th:object="${accountForm}"
 th:action="@{/addAccount}" >
     <div class="form-group">
        <label for="name">用户</label>
        <input type="text" class="form-control" id="userid" name="userid"
                        th:field="*{userid}"  placeholder="请输入用户名">
    </div>

     <div class="form-group">
        <label for="name">全名</label>
        <input type="text" class="form-control" id="fullname" name="fullname"
                        th:field="*{fullname}" placeholder="请输入全名">。
    </div>

<div class="form-group">
        <label for="name">密码</label>
        <input type="text" class="form-control" id="password" name="password"
                        th:field="*{password}" placeholder="请输入密码">。
    </div>

     <div class="form-group">
        <label for="name">邮箱</label>
        <input type="text" class="form-control" id="email" name="email"
                        th:field="*{email}"      placeholder="请输入邮箱">。
    </div>

     <div class="form-group">
        <label for="name">地址</label>
        <input type="text" class="form-control" id="address" name="address"
                        th:field="*{address}" placeholder="请输入地址">。
    </div>

     <div class="form-group">
        <label for="name">城市</label>
        <input type="text" class="form-control" id="city" name="city"
                        th:field="*{city}" placeholder="请输入城市">。
    </div>

     <div class="form-group">
        <label for="name">邮编</label>
        <input type="text" class="form-control" id=zip" name="zip"
                        th:field="*{zip}" placeholder="请输入邮编">。
    </div>

     <div class="form-group">
        <label for="name">电话</label>
```

```
            <input type="text" class="form-control" id="phone" name="phone"
                            th:field="*{phone}" placeholder="请输入电话">。
    </div>

    <button type="submit" class="btn btn-default">提交</button>
    </form>

      <!-- Check if errorMessage is not null and not empty -->
      <div th:if="${errorMessage}" th:utext="${errorMessage}"
          style="color:red;font-style:italic;">
          ...
      </div>
    </body>
</html>
```

　　注意，所有 HTML 文件都需要声明使用 Thymeleaf 命名空间。在模板文件中，Thymeleaf 的标签属性和变量可用于实现动态显示数据的效果。

```
<!-- Thymeleaf Namespace -->
<html xmlns:th="http://www.thymeleaf.org">
```

　　（9）创建静态资源。静态资源（如 CSS 文件、JavaScript 文件、图像文件）需要放入 src/main/resources/static 文件夹或其子文件夹中。在本例中，我们创建 css 文件夹，并在该文件夹下创建 style.css 文件，该文件可用于定义表格显示样式。

```
h1 {
    color:#0000FF;
}

h2 {
    color:#FF0000;
}

table {
    border-collapse: collapse;
}

table th, table td {
    padding: 5px;
}
```

　　（10）使用 src/main/resources 文件夹中的 application.properties 配置文件设置 Thymeleaf 和 Spring Boot。

```
welcome.message= Hello Thymeleaf
error.message= userid and password is required!
Spring.thymeleaf.cache=true
Spring.thymeleaf.check-template-location=true
Spring.thymeleaf.servlet.content-type=text/html
Spring.thymeleaf.enabled=true
Spring.thymeleaf.encoding=UTF-8
Spring.thymeleaf.excluded-view-names=
Spring.thymeleaf.mode=HTML
```

```
Spring.thymeleaf.prefix=classpath:/templates/
Spring.thymeleaf.suffix=.html
Spring.mvc.static-path-pattern=/static/**
Spring.resources.static-locations=classpath:/static,classpath:/public,class
path:/resources,classpath:/META-INF/resources
```

（11）创建包 com.jeff.thymeleafdemo.model，如图 6-2 所示，在该包下创建实体模型类 Account，如图 6-3 所示。

▲图 6-2　创建包 com.jeff.thymeleafdemo.model

▲图 6-3　创建实体模型类 Account

```java
package com.jeff.thymeleafdemo.model;
public class Account {
    private String userid;
    private String fullname;
    private String password;
    private String email;
    private String address;
    private String city;
    private String zip;
    private String phone;

    public Account(){

    }
    public Account(String id,String name,String pwd,
            String email,String address,String city,
            String zip,String phone){
        this.userid = id;
        this.fullname = name;
        this.password = pwd;
        this.email = email;
        this.address = address;
        this.city = city;
        this.zip = zip;
        this.phone = phone;
    }

    public String getUserid() {
        return userid;
    }

    public void setUserid(String userid) {
        this.userid = userid;
    }

    public String getPassword() {
        return password;
    }

    public void setPassword(String password) {
        this.password = password;
    }

    public String getEmail() {
        return email;
    }

    public void setEmail(String email) {
        this.email = email;
    }
}
```

```
    public String getFullname() {
        return fullname;
    }

    public void setFullname(String fullname) {
        this.fullname = fullname;
    }

    public String getAddress() {
        return address;
    }

    public void setAddress(String address) {
        this.address = address;
    }

    public String getCity() {
        return city;
    }

    public void setCity(String city) {
      this.city = city;
    }

    public String getZip() {
        return zip;
    }

    public void setZip(String zip) {
        this.zip = zip;
    }

    public String getPhone() {
        return phone;
    }

    public void setPhone(String phone) {
        this.phone = phone;
    }
}
```

（12）创建包 com.jeff.thymeleafdemo.form，并在该包下创建 Account 实体对应的表单类 AccountForm。当在 addAccount.html 页面上创建 Account 时，AccountForm 类用于展示表单中的数据。AccountForm 类的具体实现代码如下。

```
package com.jeff.thymeleafdemo.form;
public class AccountForm {
    private String userid;
    private String fullname;
    private String password;
```

```java
    private String email;
    private String address;
    private String city;
    private String zip;
    private String phone;

    public String getUserid() {
        return userid;
    }

    public void setUserid(String userid) {
        this.userid = userid;
    }

    public String getPassword() {
        return password;
    }

    public void setPassword(String password) {
        this.password = password;
    }

    public String getEmail() {
        return email;
    }

    public void setEmail(String email) {
        this.email = email;
    }

    public String getFullname() {
        return fullname;
    }

public void setFullname(String fullname) {
        this.fullname = fullname;
    }

    public String getAddress() {
        return address;
    }

    public void setAddress(String address) {
        this.address = address;
    }

    public String getCity() {
        return city;
    }
```

```
    public void setCity(String city) {
        this.city = city;
    }

    public String getZip() {
        return zip;
    }

    public void setZip(String zip) {
        this.zip = zip;
    }

    public String getPhone() {
        return phone;
    }

    public void setPhone(String phone) {
        this.phone = phone;
    }
}
```

（13）创建 com.jeff.thymeleafdemo.controller，并在该包下创建 AccountController 类。该类负责处理用户的请求并返回需要呈现为响应的视图。

```
@Controller
public class AccountController {
    private static List<Account> account = new ArrayList<Account>();

    static {
        account.add(new Account("Neil","wang","0","neil@example.com",
        "*****","beijing","123456","139******"));
    }

    //从 application.properties 配置文件中获取变量值
    @Value("${welcome.message}")
    private String message;

    @Value("${error.message}")
    private String errorMessage;

    @RequestMapping(value = { "/", "/index" }, method = RequestMethod.GET)
    public String index(Model model) {
        model.addAttribute("message", message);
        return "index";
    }

    @RequestMapping(value = { "/accountSummary" }, method = RequestMethod.GET)
    public String accountSummary(Model model) {
        model.addAttribute("accounts", account);
        return "accountSummary";
    }
```

```
@RequestMapping(value = { "/addAccount" }, method = RequestMethod.GET)

  public String showAddPersonPage(Model model) {
      AccountForm personForm = new AccountForm();
      model.addAttribute("accountForm", personForm);
      return "addAccount";
  }

@RequestMapping(value = { "/addAccount" }, method = RequestMethod.POST)
  public String savePerson(Model model, //
          @ModelAttribute("accountForm") AccountForm accountForm) {

      String userid = accountForm.getUserid();
      String password = accountForm.getPassword();
      String email = accountForm.getEmail();
      String fullname = accountForm.getFullname();
      String address =accountForm.getAddress();
      String city = accountForm.getCity();
      String zip = accountForm.getZip();
      String phone = accountForm.getPhone();


      if (userid != null && userid.length() > 0 //
              && password != null && password.length() > 0) {
          Account newAccount = new Account(userid, fullname, password,
          email,address,city,zip,phone);
          account.add(newAccount);
          return "redirect:/accountSummary";
      }

    model.addAttribute("errorMessage", errorMessage);
      return "addAccount";

  }
}
```

本例中的 AccountController 类包含的 4 个方法如下。

- @RequestMapping(value = { "/","/index" },method = RequestMethod.GET)，该注解用于映射 HTTP GET 请求到 index()方法上，HTTP GET 方法以字符串形式返回视图模板的名称。Thymeleaf 将在默认文件夹（src/main/resources/templates/）中搜索此模板并进行渲染，index() 方法的参数 Model 是一个特殊接口，用于在 Spring Boot 中的控制器和视图之间共享数据。上述代码已将 message 属性添加到 Model 视图模板 index.html 文件所需的对象中。

- 通过 HTTP GET 方法请求端点/accountSummary 来获取账号信息，利用 accountSummary() 方法展示用户账号信息。在该方法中，通过为参数 Model 的属性设置 model.addAttribute ("accounts", account)，将 account 对象的属性传递到前端 accountSummary.html 页面的 accounts 对象中。

- 当通过 HTTP GET 方法请求端点 /addAccount 来添加账号页面信息时，在 showAddPersonPage()方法中，生成一个用于创建用户表单的类对象 personForm，然后通过参数 Model 把新建的类对象公开给视图模板，并返回用户账户添加页面 addAccount.html。
- 当通过 HTTP POST 方法请求端点/addAccount 来提交账号信息时，在用户填写用户信息并提交后，savePerson()方法处理 POST 请求端点/addAccount，接收 AccountForm 类中由表单填充的对象。由于 AccountForm 类的对象是@ModelAttribute，因此在视图模板中访问它并显示结果。

（14）使用 Spring Boot 启动应用程序，通过运行启动类 ThymeleafdemoApplication 来执行程序。

```
import org.Springframework.Boot.SpringApplication;
import org.Springframework.Boot.autoconfigure.SpringBootApplication;

@SpringBootApplication
public class ThymeleafdemoApplication {

    public static void main(String[] args) {
        SpringApplication.run(ThymeleafdemoApplication.class, args);
    }

}
```

（15）thymeleafdemo 项目的目录如图 6-4 所示。

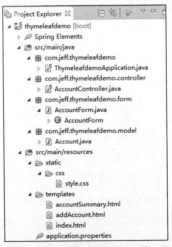

▲图 6-4　thymeleafdemo 项目的目录

（16）通过单击，我们可启动 Spring Boot 应用程序，Tomcat 服务器也将启动。或者，我们可以使用生成的可执行 JAR 包来运行程序。首先，切换到系统命令提示符下，然后转到项目的根目录并执行命令 "mvn clean package"，我们将在目标文件夹中获得可执行的 JAR 包。

运行 JAR 包的命令为 "java -jar target / thymeleafdemo-0.0.1-SNAPSHOT.jar"。

（17）打开浏览器，输入 http://localhost:8080/，运行结果如图 6-5 所示。

▲图 6-5 thymeleafdemo 运行结果

（18）单击 "账号汇总" 链接，我们将进入 "用户列表" 页面，如图 6-6 所示。

▲图 6-6 "用户列表" 页面

（19）单击 "添加用户" 链接，我们将进入 "创建用户" 页面，如图 6-7 所示。

▲图 6-7 "创建用户" 页面

6.7 小结

Thymeleaf 是一个 Java 模板引擎。与其他常见的模板引擎相比，Thymeleaf 使整个开发过程变得简单和快捷。Thymeleaf 现在已经成为 Spring Boot 的标配。当 Spring Boot 在类路径中扫描到 Thymeleaf 库时，它将自动配置 Thymeleaf，在 application.properties 配置文件中修改 Thymeleaf 的默认配置。

第7章　Spring Security

在 Web 应用程序开发过程中，我们需要考虑身份验证、授权（authorization）、访问控制列表（Access Control List，ACL）这 3 种与安全相关的内容。

Spring 是 7 层体系结构，包括核心容器、上下文、AOP、DAO、ORM、Web 和 MVC。为了向所有层提供安全功能，Spring 提供了 Spring Security。Spring Security 实现了用户身份验证和授权，基于角色的授权，数据库配置，以及密码加密等。

Spring Security 是一个为 Spring 企业应用系统提供声明式的安全访问控制解决方案的安全框架。它提供了一组可以在 Spring 上下文中配置的 Bean，充分利用了 Spring 的控制反转、依赖注入和 AOP，为企业应用系统提供了声明式的安全访问控制功能，减少了为企业应用系统的安全控制编写大量重复代码的工作。

Spring Boot Security 对 Spring Security 做了封装，但仅是封装，并没有更改 Spring Security 的内容。

Spring Security 的安全主要包含两个部分，即身份验证（Authentication）和访问授权。用户登录的时候首先传入登录信息，登录验证器完成登录认证并将登录认证信息存储到请求上下文中。在进行其他操作（如接口访问、方法调用）时，权限认证器从请求上下文中获取登录认证信息，然后根据登录认证信息获取权限信息，通过权限信息和特定的授权策略决定是否授权。

简单来说，Spring Security 只做以下两件事情。

- 用户身份认证（通过用户名和密码验证用户是否是系统合法用户）。
- 用户授权（验证用户是否能够执行相关操作）。

7.1 Spring Security 概述

在项目的 pom.xml 文件中，我们通过添加 Spring Security 依赖包提供安全认证机制，具体代码如下所示。

```
<dependency>
        <groupId>org.Springframework.Boot</groupId>
```

```
        <artifactId>Spring-Boot-starter-security</artifactId>
</dependency>
<dependency>
    <groupId>org.hibernate</groupId>
    <artifactId>hibernate-validator</artifactId>
    <version>5.2.4.Final</version>
</dependency>
```

Spring Security 提供了一个用户身份认证的默认登录页面，如图 7-1 所示，用户名是 user，密码在启动的控制台输出。

▲图 7-1 Spring Security 默认登录页面

7.2 HTTP 基本身份验证

HTTP 基本身份验证（Basic Authentication，BA）是一种简单的认证机制，系统采取 HTTP 基本身份验证方式为合法用户提供数据。为了访问受保护的资源，用户必须向 Web 请求的 API 提供包含用户名和密码的 HTTP 标头信息的请求，以访问资源，否则服务器就会发送一个带 401 状态码（未授权）的 HTTP 响应。认证请求过程如图 7-2 所示。

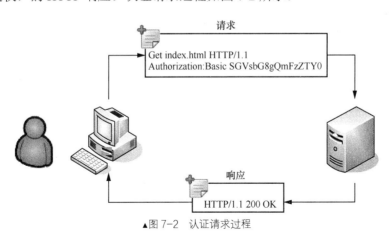

▲图 7-2 认证请求过程

当使用 HTTP 基本身份验证方式进行身份验证时，客户端（如浏览器或 REST 客户端）会用 HTTP 标头域报文参数发送登录凭据。

HTTP 标头域报文参数包含用 Base64 编码的字符串，该字符串是通过将用户名和密码连接起来而创建的。

例如，若用户名是"NeilWang"，密码是"Neil0818"，我们可以使用 Base64 编码将它们连接成"NeilWang:Neil0818"。

服务器在收到这样的 HTTP 请求时，将提取"Authorization"对应参数的值，并使用和验证用户身份相同的编码 Base64 对该参数的内容进行解码。

HTTP 基本身份验证方式并不安全。任何能够拦截该 HTTP 请求的人都可以破解码该密码，因此该密码仅用于测试。在实际对应用程序的 RESTful API 接口进行访问时，通常采取更复杂的基于 OAuth 的摘要身份验证方式。

7.3　Spring Security 实例

下面我们将使用 Spring Security 对 RESTful API 接口调用建立 HTTP 基本身份认证机制。客户端访问 RESTful API 时会进行 HTTP 基本身份认证。我们首先创建一个团队成员的域模型，在域模型中，定义团队成员的名称、职级和薪资信息，然后定义 RESTful API 来访问团队成员信息。员工通过 HTTP 基本身份认证后可以访问自己的信息，团队经理可以访问所有成员的信息，非法用户访问团队信息时接口会收到非授权提示和错误返回消息。具体操作如下。

（1）创建项目。打开 Spring 官网的"spring initializr"页面，设置创建项目的信息，如图 7-3 所示。

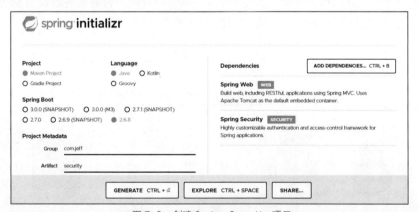

▲图 7-3　创建 Spring Security 项目

- 在"Project"选项组中，选择"Maven Project"。
- 在"Language"选项组中，选择"Java"。
- 在"Spring Boot"选项组中，选择版本"2.6.8"。
- 在"Project Metadata"选项组的"Group"文本框中，输入"com.jeff"；在"Artifact"文本框中，输入"security"。

- 在"Dependencies"选项组中，选择"Spring Web"和"Spring Security"。

（2）单击"GENERATE"按钮，生成 security.zip 项目文件。下载并解压该文件后，打开 Eclipse，将解压缩目录导入 Maven 项目。

（3）打开项目文件，创建 com.jeff.security 包，在该包下新建 model 包，添加 Person 类，用于定义团队成员。

```java
public class Person {
    private Integer id;
    private String fullName;
    private String title;
    private Integer salary;

    public Person() {
    }

    public Person(Integer id, String fullName, String title, Integer salary) {
        super();
        this.id = id;
        this.fullName = fullName;
        this.title = title;
        this.salary = salary;
    }

    public Integer getId() {
        return id;
    }

    public void setId(Integer id) {
        this.id = id;
    }

    public String getFullName() {
        return fullName;
    }

    public void setFullName(String fullName) {
        this.fullName = fullName;
    }

    public String getTitle() {
        return title;
    }

    public void setTitle(String title) {
        this.title = title;
    }

    public Integer getSalary() {
        return salary;
```

```
    }

    public void setSalary(Integer salary) {
        this.salary = salary;
    }
}
```

（4）在 com.jeff.security 包下，添加 Team 类，用于定义团队成员集合。

```
public class Team {
    private List<Person> personList;
    public List<Person> getPersonList() {
        if(personList == null) {
            personList = new ArrayList<>();
        }
        return personList;
    }

    public void setPersonList(List<Person> personList) {
        this.personList = personList;
    }
}
```

（5）建立 dao 包，添加 TeamDAO 类，用于定义团队成员初始化数据和接口信息调用的方法。

```
@Repository
public class TeamDAO {
    private static Team list = new Team();

    static
    {
        list.getPersonList().add(new Person(1,"neil","Manager",3000));
        list.getPersonList().add(new Person(2,"walt","Engineer",3100));
        list.getPersonList().add(new Person(3,"lavi","Engineer",3200));
        list.getPersonList().add(new Person(4,"liang","Engineer",3000));
        list.getPersonList().add(new Person(5,"alex","Engineer",3000));
    }

    public Team getTeamMembers() //团队经理权限
    {
        return list;
    }

    public Person getEngineer()  //团队成员权限
    {
        return list.getPersonList().get(2);
    }

    public void addPerson(Person person) {
        list.getPersonList().add(person);
    }
}
```

（6）建立 controller 包，添加 TeamController 类，用于定义 RESTful API 团队成员信息的

访问接口。

```java
@RestController
public class TeamController {

    @Autowired
    private TeamDAO teamDao;

    @GetMapping(path="/team", produces = "application/json")
    public Team getEmployees()
    {
        return teamDao.getTeamMembers();
    }

    @GetMapping(path="/engineer", produces = "application/json")
    public Person getEngineer()
    {
        return teamDao.getEngineer();
    }
}
```

（7）建立 config 包，添加 SecurityConfig 类，用于定义访问的安全配置信息和权限。

```java
@Configuration
public class SecurityConfig extends WebSecurityConfigurerAdapter {
    @Override
    protected void configure(HttpSecurity http) throws Exception {
        http
            .authorizeRequests().antMatchers("/").permitAll()
            .antMatchers("/team").hasRole("ADMIN")
            .antMatchers("/engineer").hasAnyRole("ADMIN","USER").and()
            .httpBasic().and().csrf().disable();
    }

    @Bean
    public UserDetailsService userDetailsService() {
     InMemoryUserDetailsManager manager = new InMemoryUserDetailsManager();
     String encodedPassword = passwordEncoder().encode("000");
     manager.createUser(User.withUsername("alex").password(encodedPassword)
       .roles("USER").build());
     manager.createUser(User.withUsername("neil").password(encodedPassword)
       .roles("ADMIN").build());
     return manager;
    }

  @Bean
  public PasswordEncoder passwordEncoder() {
    return new BCryptPasswordEncoder();
  }
}
```

为了在 RESTful API 调用中启用身份验证和授权支持，在代码中，Security Config 类继承了 WebSecurityConfigurerAdapter 类，后者是用于编写 Web 安全性代码的 Java 配置类，可以通过重写此类中的方法来配置以下内容。

- 在访问应用程序中的任何 URL 之前，强制用户进行身份验证。
- 创建用户名、密码和角色。
- 启用 HTTP 基本身份验证和基于表单的身份验证。

在 configure()方法中，首先，使用 authorizeRequests()方法告知 HttpSecurity，限制从根路径开始的所有请求。然后，通过请求限制模式匹配，对/team 和/engineer 的请求进行角色认证，只有具有 USER 和 ADMIN 权限的用户才可以访问/engineer 的接口，只有具有 ADMIN 权限的用户才可以访问/team 接口。接下来，告知 HttpSecurity，使用 HTTP 基本身份验证来认证用户。最后，禁用跨站点请求的保护。

UserDetailsService 接口用于加载特定的用户数据。InMemoryUserDetailsManager 是一个内存持久类，Spring Security 使用它来获取要进行身份验证的用户。在上述代码示例中，BCryptPasswordEncoder()方法将编码后的密码传递给 password()方法。

（8）运行程序。打开 Postman 并发送一个 GET 请求，在 Postman 中，选择 GET 方法并将 URL 设置为 http://localhost:8080/engineer。在"Authorization"选项卡中，将"TYPE"设置为"No Auth"，然后发送请求。接口将收到 401 状态码，表示未经授权。非授权用户访问如图 7-4 所示。

▲图 7-4　非授权用户访问

（9）在"Authorization"选项卡的"TYPE"下拉列表中，选择"Basic Auth"，即以基本身份验证作为授权类型，然后添加所需的用户名和密码，再次发送请求，此时将收到一个有效响应。Basic Auth 及响应报文如图 7-5 所示。当通过有效的用户名和密码访问 engineer 接口时，接口响应成功，返回的授权用户访问响应头信息如图 7-6 所示。

（10）TeamDAO 类中定义的 getEngineer()方法始终返回某个团队成员的具体信息，任何具有 USER 角色权限的团队成员都可以访问这个信息。这种方式是有问题的，因为我们定义的原则是具有 USER 权限的团队成员只能够访问自己的信息，具有 ADMIN 权限的团队经理，才可以访问团队成员信息。针对存在的问题，我们对代码进行修改。当用户登录时，通过登录的用户名获取对应接口的用户信息。Spring Security 通过 UserDetails 接口提供了一种简单的方法来完成此任务。获取用户详细信息的简单方法是通过 SecurityContextHolder 获取上下文，然后得到经过身份验证的用户详细信息 UserDetails。 security.core.userdetails.UserDetails 接口由 org.Springframework.security.core.userdetails.User 对象实现，因此将结果强制转换为 UserDetails 接口。

▲图 7-5　Basic Auth 及响应报文

▲图 7-6　授权用户访问响应头信息

（11）在 TeamController 类中，添加方法 getMyInformaiton()，将结果转换为 UserDetails 接口来获取用户登录名，具体代码如下。

```
@GetMapping(path="/myinfo", produces = "application/json")
    public Person getMyInformaiton()
    {
        UserDetails userDetails = (UserDetails) SecurityContextHolder.
        getContext()
                .getAuthentication().getPrincipal();

        return teamDao.getMyinfo(userDetails.getUsername());
    }
```

（12）在 TeamDAO 类中，添加 getMyinfo()方法，具体代码如下。

```
public Person getMyinfo(String user) {
```

```
        for (int i = 0; i < list.getPersonList().size();i++) {
            if (list.getPersonList().get(i).getFullName().equals(user))
                return list.getPersonList().get(i);
                }
        return list.getPersonList().get(5);
    }
```

（13）修改 configure()方法，实现/myinfo 端点的角色访问。

```
protected void configure(HttpSecurity http) throws Exception {
    http
    .authorizeRequests().antMatchers("/").permitAll()
    .antMatchers("/team").hasRole("ADMIN")
    .antMatchers("/myinfo").hasRole("USER")
    .antMatchers("/engineer").hasAnyRole("ADMIN","USER").and()
    .httpBasic().and().csrf().disable();
}
```

（14）修改 SecurityConfig 类中的方法 userDetailsService()，添加不同的角色，具体代码如下。

```
@Bean
public UserDetailsService userDetailsService() {
    InMemoryUserDetailsManager manager = new InMemoryUserDetailsManager();
    String encodedPassword = passwordEncoder().encode("000");
    manager.createUser(User.withUsername("walt").password(encodedPassword)
      .roles("USER").build());
    manager.createUser(User.withUsername("lavi").password(encodedPassword)
            .roles("USER").build());
    manager.createUser(User.withUsername("liang").password(encodedPassword)
            .roles("USER").build());
    manager.createUser(User.withUsername("alex").password(encodedPassword)
            .roles("USER").build());
    manager.createUser(User.withUsername("neil").password(encodedPassword)
      .roles("ADMIN").build());
    return manager;
}
```

（15）再次运行程序，在 Postman 中，访问/myinfo，输入用户名和密码，此处用户名为
walt，请求返回结果为登录用户的相关信息，如图 7-7 所示。

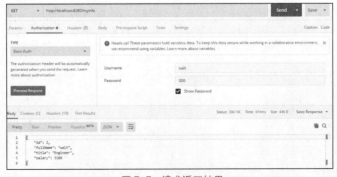

▲图 7-7　请求返回结果

7.4　小结

　　Spring Security 是一个框架，提供各种安全功能。Spring Security 主要用于用户身份验证和用户授权。用户身份验证是认识和识别要访问的用户的过程，授权是允许用户在应用程序中执行操作的过程。

　　Spring Security 支持各种身份验证模型。这些模型由第三方或 Spring Security 本身提供。Spring Security 支持与所有这些模型的集成。

　　Spring Security 允许在每个访问接口端点上添加不同的安全限制。为了在 Spring Boot RESTful API 中启用身份验证和授权支持，应进行如下步骤。

- 包含所需的依赖关系 Spring-Boot-starter-security。
- 配置 WebSecurityConfigurerAdapter 类并添加身份验证详细信息，这用于要求用户在访问应用程序中任何配置的 URL（或所有 URL）之前进行身份验证。
- 重载 configure()方法，对接口访问端点进行角色定义。
- 重载 userDetailsService()方法，添加访问角色初始化数据。

第 8 章　Spring Boot 测试框架集成

　　容器依赖注入是 Spring 的主要功能，可用于方便地进行功能模拟操作，模拟、验证生产环境。

　　在 Spring 框架下，开发人员可以方便地创建简单且松耦合的类和接口，使软件更加健壮，可扩展性更高。Spring 提供了开发单元与工具，使单元测试和集成测试更容易。

8.1　Spring 测试框架简介

8.1.1　单元测试支持类

　　Spring 受欢迎的主要原因是它对单元测试的大力支持。Spring 包含了单元测试的类库。

　　org.Springframework.test.util 包中有多个用于单元测试和集成测试的通用实用程序。ReflectionTestUtils 是基于反射的实用方法的集合，可以在测试需要时更改常量值，设置非公有字段，调用非公有 setter 方法等。例如，Spring 支持注解，如@Autowired、@Inject 和@Resource，它们为私有或受保护字段，setter 方法和配置方法提供依赖注入。

　　AopTestUtils 是 AOP 的相关方法的集合，使用这些方法可以获取基础目标对象的引用。

　　org.Springframework.test.Web 包中有 ModelAndViewAssert 断言库，该断言库可以与各种单元测试框架（如 JUnit、TestNG 等）结合使用，用于对 Spring MVC 的 ModelAndView 类的对象进行单元测试验证，以简化处理 Spring MVC 的 ModelAndView 类的对象的测试场景。

　　断言给定 modelName 下的模型值是否存在并检查其类型，代码如下。

```
static <T> T assertAndReturnModelAttributeOfType(ModelAndView mav, String
modelName, Class<T> expectedType)
```

　　比较列表中的每个条目，代码如下

```
static void assertCompareListModelAttribute(ModelAndView mav, String modelName,
List expectedList)
```

　　断言模型属性是否可用，代码如下。

```
static void assertModelAttributeAvailable(ModelAndView mav, String modelName)
```

断言 Model And View 模型是否包含具有指定名称和值，代码如下。

```
static void assertModelAttributeValue(ModelAndView mav, String modelName,
Object expectedValue)
```

断言 expected Model 模型中的所有元素是否出现并且相等，代码如下。

```
static void assertModelAttributeValues(ModelAndView mav, Map<String,Object>
expectedModel)
```

比较两个列表排序后的每个单独条目，代码如下。

```
static void assertSortAndCompareListModelAttribute(ModelAndView mav, String
modelName, List expectedList, Comparator comparator)
```

断言 ModelAndView 中的视图名称是否与指定的 expectedName 匹配，代码如下。

```
static void  assertViewName(ModelAndView mav, String expectedName)
```

8.1.2　集成测试支持类

Spring 为 Spring-test 模块中的集成测试提供了良好的支持，无须部署到应用程序服务器即可执行集成测试，主要功能如下。

1. 在测试之间管理 Spring IoC 容器缓存

Spring TestContext 集成测试框架（位于 org.Springframework.test.context 包中）实现了 ApplicationContext 和 WebApplicationContext 实例的一致加载，并对这些上下文进行了缓存。支持缓存加载的上下文非常重要，因为启动时间过长可能会成为一个问题。启动时间过长不是因为 Spring 本身的开销，而是因为 Spring 容器实例化对象需要时间。例如，具有 50～100 个 Hibernate 映射文件的项目可能需要 10～20s 来加载映射文件，并且在每个预置测试固件中运行每个测试之前产生的成本会导致整体测试速度变慢，从而降低测试人员的工作效率。

2. 提供测试固件实例 Test Fixtures 的依赖注入

当通过 Spring TestContext 集成测试框架加载应用程序上下文时，我们可以选择使用依赖注入来配置测试类的实例。这提供了一种方便的机制——使用应用程序上下文中的预配置 Bean 来设置测试固件。这样做的一个好处是可以在各种测试场景中重用应用程序上下文（如用于配置 Spring 管理的对象图、事务代理、DataSource 实例等），从而避免为单个测试用例再次进行测试固件的初始化。

3. 提供适合集成测试的事务管理

使用真实数据库进行测试会产生很多隐患。即使在开发数据库上的测试，对持久层状态的更改也可能影响将来的测试，同时，许多操作（如插入或修改持久数据）无法在事务之外执行（或验证）。Spring TestContext 集成测试框架解决了这个问题。默认情况下，Spring TestContext 集成测试框架为每个测试创建事务并回滚，编写假定存在事务的代码，运行代码，测试特定操作后，进行事务回滚，将数据库返回执行测试之前的状态。

4. 提供特定于 Spring 的基类，帮助开发人员编写集成测试用例

Spring TestContext 集成测试框架提供了通用的、注解驱动的单元测试和集成测试支持，而无须部署应用程序或连接到其他基础架构。

Spring TestContext 集成测试框架提供了多个抽象支持类，可以简化集成测试用例的编写。

- Spring JUnit 4 Runner。Spring TestContext 集成测试框架通过自定义运行器（在 JUnit 4.12 或更高版本上支持）提供与 JUnit 4 的完全集成；通过使用 @RunWith (SpringJUnit4ClassRunner.class) 或更短的变体 @RunWith (SpringRunner.class) 来注解测试类，开发人员可以实现标准的基于 JUnit 4 的单元测试和集成测试，同时获得 Spring TestContext 集成测试框架的优势，如支持加载应用程序上下文、测试实例的依赖项注入和事务测试方法执行等。

- JUnit Jupiter 的 SpringExtension。Spring TestContext 集成测试框架提供了与 JUnit 5 中引入的 JUnit Jupiter 的完全集成。通过使用 @ExtendWith (SpringExtension.class) 注解测试类，我们可以实现基于 JUnit Jupiter 的标准单元测试和集成测试。

- TestNG 支持类。org.Springframework.test.context.testng 包为基于 TestNG 的测试用例提供了两个支持类——AbstractTestNGSpringContextTests 和 AbstractTransactionalTestNGSpringContextTests。AbstractTestNGSpringContextTests 类是一个抽象基础测试类，它将 Spring TestContext 集成测试框架与 TestNG 环境中的显式 ApplicationContext 测试集成。在扩展 AbstractTestNGSpringContextTests 类时，我们可以访问受保护的 ApplicationContext 实例变量，该变量可用于执行显式 Bean，查找或测试整个上下文的状态。AbstractTransactionalTestNGSpringContextTests 类是 AbstractTestNGSpring ContextTests 类的抽象事务扩展，它为 JDBC 访问添加了一些便利功能。

8.1.3　常用的测试注解

Spring 提供了下面一组特定于 Spring 的测试注解，我们可以在单元测试和集成测试中结合 Spring TestContext 集成测试框架使用它们。

- @BootstrapWith：类级注解，可用于配置 Spring TestContext 集成测试框架的引导方式。
- @ContextConfiguration：定义类级元数据，用于确定如何加载和配置 ApplicationContext 以进行集成测试。换句话说，@ContextConfiguration 声明应用程序上下文资源的位置或用于加载上下文中带注解的类。
- @WebAppConfiguration：类级注解，可用于声明为集成测试加载的 ApplicationContext 应该是 WebApplicationContext。
- @ActiveProfiles：类级注解，用于在 Spring 集成测试中加载 ApplicationContext 时激活配置文件。
- @TestPropertySource：类级注解，用于加载声明注释的类的属性文件。

8.1.4 典型的 Spring JUnit 测试脚本

下面看一个典型的 Spring JUnit 测试脚本。

```
@RunWith(SpringRunner.class)
@ContextConfiguration(classes=AppConfig.class)
public class UserServiceTests
{
@Autowired
UserService userService;
    @Test
public void should_load_all_users()
{
    List<User> users = userService.getAllUsers();
    assertNotNull(users);
    assertEquals(3, users.size());
}
}
```

其中，@RunWith 的参数是 SpringRunner.class，它是 SpringJUnit4ClassRunner.class 的别名，是一个自定义 JUnit 运行器，为 Spring 集成测试提供支持。SpringRunner 支持加载 ApplicationContext，并将 Bean 自动注入@Autowired，放入测试实例中。上述代码是针对 UserService Bean 的测试，因此，需要将它注入测试，然后在 should_load_all_users( )方法中调用 UserService 的方法，并验证结果。

@ContextConfiguration (classes = AppConfig.class)用来加载 ApplicationContext，此处，我们使用它加载 AppConfig.class 文件中配置的 Spring 应用程序上下文。

8.1.5 Spring MVC 测试特性

Spring 提供了一套实用的 Web 应用程序测试框架——Spring MVC Test，我们可以将其与 JUnit、TestNG 或任何其他测试框架一起使用。它能够模拟 Spring MVC，不需要真实的 Servlet 容器，也能对控制器发送 HTTP 请求。Spring 的 MockMVC 框架模拟了 Spring MVC 的很多功能。它和运行在 Servlet 容器里的应用程序几乎一样。

Spring MVC Test 是构建在 Spring-test 模块的 Servlet API 模拟对象之上的，它通过 Spring TestContext 集成测试框架加载 Spring 配置文件和调用 DispatcherServlet 处理请求。它在调用 Controller 时，重写 Controller，用于执行请求和生成响应。这时仍可以模拟 Controller 依赖的对象，并注入 Controller 中。因此，测试仍可只关注 Web 层。Spring MVC Test 接近全量集成测试，但是不需要启动 Servlet 容器。

Spring MVC 测试基于 Servlet API 的 mock 实现，这样处理请求和生成返回信息就不用启动 Servlet 容器了。除渲染 JSP 页面以外，其他功能可以在 Spring MVC 中测试。

所有包含@ResponseBody 和返回 View 类型（FreeMarker、Velocity、Thymeleaf、JSP）的用于产生 HTML、JSON、XML 内容的方法，都可以在 Spring MVC Test 中如预期一样工作，

并在响应中包含生成的内容。

1. 服务器端测试

Spring MVC Test 的目标是通过执行请求并通过实际的 DispatcherServlet 生成响应来提供测试控制器的有效方法。我们可以使用 JUnit 或 TestNG 为 Spring MVC 控制器设计一个普通的单元测试，实例化控制器，使用功能模拟来注入依赖项，并调用其方法（根据需要，传递 MockHttpServletRequest、MockHttpServletResponse）。

2. 客户端测试

Spring MVC Test 为测试提供了客户端支持。客户端测试模拟服务器响应，声明预期的请求并提供结果响应，无须运行应用服务器，以便测试人员专注于测试代码。

客户端测试需要基于 RestTemplate 编写测试用例，不需要启动一个服务器来响应请求。

8.2　Spring Boot 测试特性

Spring Boot 利用 Spring 测试框架的强大功能，通过增强和添加新的注解与功能，使测试人员更容易进行测试。

如果想开始使用 Spring Boot 的所有测试功能，那么只需要将 Spring-Boot-starter-test 依赖项和范围测试添加到应用程序中。Spring Initializr 服务中已经存在此依赖关系。Spring-Boot-starter-test 依赖项提供了多个测试框架

Spring Boot 提供了许多实用工具和注解来测试应用程序，主要由两个模块提供测试支持。其中，一个是 Spring-Boot-test 包，它是测试的核心模块；另一个是 Spring-Boot-test-autoconfigure，用于支持测试的自动配置。

开发时，只要使用 Spring-Boot-starter-test 依赖项，就能引入以下模块和测试支持库。

- JUnit：Java 应用程序单元测试标准类库。
- Spring Test & Spring Boot Test：Spring Boot 应用程序功能集成化测试支持库。
- AssertJ：一个轻量级的断言类库。
- Hamcrest：一个对象匹配器类库。
- Mockito：一个 Java Mock 测试框架。
- JSONassert：一个用于 JSON 的断言库。
- JsonPath：一个 JSON 操作类库。

Spring-Boot-starter-test 是单元测试的重要依赖项。我们通常在 pom.xml 文件中添加 Spring-Boot-starter-test 依赖项，引入 JUnit、AssertJ、Hamcrest 以及其他一些有用的类库。

```
<dependency>
    <groupId>org.Springframework.Boot</groupId>
    <artifactId>Spring-Boot-starter-test</artifactId>
    <scope>test</scope>
</dependency>
```

<scope>test</scope>说明包括测试范围。这意味着当捆绑并打包应用程序以进行部署时，将忽略使用测试范围声明的任何依赖项。测试范围依赖项仅在开发和 Maven 测试模式下运行时可用。

8.2.1 典型的测试脚本

一个普通类变成一个单元测试类的方法如下。
- 在类定义之前加上@RunWith(SpringRunner.class)和@SpringBootTest 这两个注解。
- 在测试方法中加上@Test 注解。

示例代码如下。

```
@RunWith(SpringRunner.class)
@SpringBootTest
public class SpringBootTestingDemoApplicationTests
{
        @Autowired
        UserService userService;
        @Test
        public void should_load_all_users()
        {
        List<User> users = userService.getAllUsers();
        assertNotNull(users);
        assertEquals(3, users.size());
        }
}
```

Spring Boot 应用程序也是一个 Spring 应用程序，因此可以使用 Spring 的所有测试特性来测试 Spring Boot 应用程序的功能，但是这存在一些限制。如果使用@ContextConfiguration 注解，则无法使用额外的 Spring Boot 功能（如加载外部属性和日志记录）。在测试 Spring Boot 应用程序时，通常不需要使用@ContextConfiguration 注解。

Spring Boot 提供了@SpringBootTest 注解，该注解在后端使用 SpringApplication 加载 ApplicationContext，以便所有 Spring Boot 功能都可用。

8.2.2 使用@WebMvcTest 注解进行单元测试

当对一个 RESTful 服务进行单元测试时，若只想启动特定的控制器和相关的 Spring MVC 组件，而不启动完整的 ApplicationContext，则可使用@WebMvcTest 注解，该注解用于对 Spring MVC 应用程序进行单元测试。

@WebMvcTest 注解禁用完全自动配置，只应用与 Spring MVC 测试相关的配置，用来验证 Spring MVC 控制器是否按预期工作。@WebMvcTest 注解还自动配置 MockMvc。MockMvc 提供了一种快速测试 Spring MVC 控制器的强大方法，无须启动完整的 HTTP 服务器。

@WebMvcTest 通常仅限于单个控制器，并与@MockBean 注解结合使用，为调用者提供模拟实现。

@WebMvcTest(Application.class)自动加载 Spring MVC 的配置、MockMvc 的配置，以及扫描注解类。简单地说，这个注解提供了 MockMvc 所需要的 Bean，自动装配 MockMvc，也就是只启动参数的 Controller 实例，它不会启动整个服务。

下面的单元测试将使用@WebMvcTest 注解自动配置测试环境，并使用注入的 MockMvc 实例执行测试验证。

```
package com.example.demo;
import static org.junit.Assert.assertEquals;
import org.junit.Test;
import org.junit.runner.RunWith;
import org.springframework.beans.factory.annotation.Autowired;
import org.springframework.boot.test.autoconfigure.web.servlet.WebMvcTest;
import org.springframework.context.annotation.ComponentScan;
import org.springframework.test.context.junit4.SpringRunner;
import org.springframework.test.web.servlet.MockMvc;
import org.springframework.test.web.servlet.MvcResult;
import org.springframework.test.web.servlet.request.MockMvcRequestBuilders;
import org.springframework.test.web.servlet.result.MockMvcResultMatchers;

@RunWith(SpringRunner.class)
@ComponentScan(basePackages = {"com.example.demo","com.example.demo.
Controller", "com.example.demo.GreetingService"})
@WebMvcTest(GreetingController.class)
public class CheckWebMvcTest {
    @Autowired
    private MockMvc mvc;

    @Test
    public void contextLoads() throws Exception {

        MvcResult result = mvc.perform(MockMvcRequestBuilders.get ("/greeting"))

                .andExpect(MockMvcResultMatchers.status().isOk())
                .andReturn();

        assertEquals("Hello World",
         result.getResponse(). getContentAsString());
    }
}
```

MockMvc 是服务器端 Spring MVC 测试支持的主要入口点。它允许我们针对测试上下文执行请求。

@WebMvcTest(GreetingController.class) 表示在这个单元测试中，我们只想启动 GreetingController。执行此单元测试时将不会启动其他控制器和映射。

8.2.3 用于集成测试的 TestRestTemplate

TestRestTemplate 是 Spring 的 RestTemplate 的一个替代者，可用于集成测试。如果使用 @SpringBootTest 注解，并使用 WebEnviroment，则可以在测试类中使用完全配置的 TestRestTemplate。

下面代码展示了如何运行完整的服务器，并使用 TestRestTemplate 实例调用/greeting 端点的测试。

```
package com.example.demo;
import java.net.URI;
import java.net.URISyntaxException;
import org.junit.Assert;
import org.junit.Test;
import org.junit.runner.RunWith;
import org.springframework.beans.factory.annotation.Autowired;
import org.springframework.boot.test.context.SpringBootTest;
import org.springframework.boot.test.context.SpringBootTest.WebEnvironment;
import org.springframework.boot.test.web.client.TestRestTemplate;
import org.springframework.boot.web.server.LocalServerPort;
import org.springframework.http.ResponseEntity;
import org.springframework.test.context.junit4.SpringRunner;
@RunWith(SpringRunner.class)
@SpringBootTest(webEnvironment = WebEnvironment.RANDOM_PORT)
public class CheckRestTemplate {
    @LocalServerPort
    int randomServerPort;

    @Autowired
    private TestRestTemplate restTemplate;

    @Test
    public void testGreeting() throws URISyntaxException
    {
        final String baseUrl = "http://localhost:" + randomServerPort +
        "/greeting";
        URI uri = new URI(baseUrl);
        ResponseEntity<String> result = restTemplate.getForEntity(uri,
        String.class);

        //断言请求是否成功
        Assert.assertEquals(200, result.getStatusCodeValue());
        Assert.assertEquals(true, result.getBody().contains("Hello"));

    }

}
```

如果需要启动完整的服务器并进行测试，则在进行嵌入式 Servlet 容器的集成测试时，尽量使用 WebEnvironment.RANDOM_PORT，这样每次进行集成测试时都会随机选取一个可用端口，以便它不会与其他正在运行的应用程序冲突。

8.3　使用 Mockito 来模拟对象

Mockito 是一个流行的模拟框架，可以与 JUnit 一起使用。Mockito 提供模拟外部依赖的功能来支持测试验证能力。

下面介绍如何使用@Mock 等注解来创建模拟对象。

1. @Mock 和@InjectMocks 注解

在 Spring 中进行单元测试时，@Mock 和@InjectMocks 注解用来创建要测试的对象与依赖项。

```
@RunWith(SpringRunner.class)
public class AccountMockDao {
    @Mock
     private AccountMapper accountMapper;
     @InjectMocks
     private AccountService empService;
    @Before
    public void setUp() throws Exception {
        MockitoAnnotations.initMocks(this);
    }

    @Test
     public void getUserMockTest() {
            Account temp;
            Account account = new Account();
account.setUserid("peter");
            account.setFullname("wang");
    when(accountMapper.getUser(Mockito.anyString())).thenReturn(account);
        temp = empService.getUser("anyuser");
            Assert.assertEquals("wang",temp.getFullname());


        }
}
```

@Mock 注解可模拟 AccountMapper 对象的功能实现。

@InjectMocks 注解将把@Mock 注解的模拟注入 AccountService 实例。

在 JUnit 的@Before 注解中，使用 MockitoAnnotations.initMocks (this)进行初始化。

在上述使用 Spring 的@Mock 和@Inject Mocks 注解的测试代码中，输入任何查询用户的信息，都只会返回预置的 Account 实例信息，这样可以达到模拟 DAO 的目的。

2. 使用@MockBean 注解进行单元测试

Spring Boot 测试模块提供了一个@MockBean 注解，它为 ApplicationContext 中的 Bean 定义了 Mockito 模拟。

```
@RunWith(SpringRunner.class)
@SpringBootTest
public class AccountMockDao {
    @MockBean
    private AccountMapper accountMapper;

    @Autowired
    private AccountService empService;


    @Test
    public void getUserMockTest() {
        Account temp;
        Account account = new Account();
account.setUserid("peter");
        account.setFullname("wang");
when(accountMapper.getUser(Mockito.anyString())).thenReturn(account);
        temp = empService.getUser("anyuser");
        Assert.assertEquals("wang",temp.getFullname());


    }
}
```

这里，我们利用 Spring Boot 的@MockBean 注解为 AccountMapper 创建了一个 Mockito 模拟对象，并将它注入 AccountService 的 Bean 中，达到了和使用 Spring 的@Mock 和@Inject Mocks 注解一样的效果，即在测试代码中输入任何查询用户的信息，都只会返回预置的 account 实例信息，达到了模拟 DAO 的目的。

8.4 小结

Spring 使用 JUnit 类运行器 SpringJUnit4ClassRunner 来提供集成测试支持，JUnit 类运行器会加载 Spring 应用程序上下文，把上下文里的 Bean 注入测试。Spring Boot 在 Spring 的集成测试基础上增加了配置加载器，以特定的方式加载应用程序上下文，包括对外置属性的支持和 Spring Boot 日志。

Spring Boot 还支持在容器内测试 Web 应用程序，让开发人员能用和生产环境一样的容器启动 Web 应用程序。这样一来，在测试 Web 应用程序行为的时候，更加接近真实的运行环境。

Spring 鼓励松耦合与接口驱动的设计，这些都能让测试人员轻松地编写单元测试代码。Spring 的 SpringJUnit4ClassRunner 可以在基于 JUnit 的 Web 应用程序测试里加载 Spring 应用程序上下文。

在测试 Spring Boot 应用程序时，Spring Boot 除拥有 Spring 的集成测试支持以外，还开启了自动配置和 Web 服务器，并提供了不少实用的测试辅助工具。

@WebMvcTest 注解可用于控制器层的单元测试，@SpringBootTest 注解则广泛用于集成测试。

第9章　在线书店管理系统需求

对于刚接触 Spring Boot 的人，推荐的学习方式是拿一个项目练练手。本章中的案例是一个简单的在线书店管理系统，适合作为入门开发项目。本章会介绍系统开发的全部流程。本章中，我们首先对系统进行业务需求调研、功能需求分析和非功能需求分析，然后进行需求原型设计、技术选型、系统架构设计、前端页面设计，最后搭建系统运行环境。

9.1　业务需求调研

在调研在线书店管理系统 LiteShelf 的业务需求之前，我们先观察一下日常的图书管理系统或在线书店管理系统有哪些功能。我们从使用角色入手，分析使用系统的主要用户、这些用户通常的活动、这些活动具体的操作流程、操作过程中可能的选择等。

通过观察现有的一些在线书店管理系统，我们发现它们通常具备如下功能。

- 首页。首页显示图书类别列表，以及每个类别中的图书信息。用户可以在首页上选择任何类别并查询该类别下相应的图书信息。用户选择一本书之后，可以查看该书的具体信息，如在详情页面中查看该书的简介，然后，用户可以将该书添加到购物车，并进行结算操作，或者继续浏览其他图书。
- 搜索。首页通常有一个搜索框，用户可以按照图书名称或内容关键字进行搜索，搜索结果为搜索关键字对应的图书列表。
- 详情页面。详情页面显示图书的详细信息和图书的一张或多张图片，并显示"加入购物车"按钮。
- 登录/注册。用户应该能够在系统上登录/注册，以便他们可以查看个人资料和历史订单。
- 购物车。用户可以添加图书到购物车。单击"购物车"图标，购物车页面将显示选择的所有图书的列表明细，用户可以调整图书数量或删除图书，并且购物中车的图书总数可以自动刷新。
- 订单支付。用户对购物车中的图书进行确认，并且提供有效的收货地址和支付方式后，单击"提交"按钮，就可以完成订单支付过程。
- 历史订单。历史订单包括购买图书的名称、金额和订单等。
- 用户账户。用户可以登录系统，查看其个人资料，并修改个人信息等。

9.2　功能需求分析

功能需求分析是项目开发的重要步骤。功能需求是系统用户活动和业务逻辑的映射，此部分定义了程序将要做什么，以及用户和程序是如何交互的。

9.2.1　用户活动分析

简单的在线书店管理系统一般包括两种角色——管理员和普通用户。
管理员的主要活动如图 9-1 所示。
普通用户的主要活动如图 9-2 所示。

9.2.2　系统模块分析

基于上述用户活动分析，我们对系统模块进行划分。
- 用户管理：用户注册、用户登录、用户退出、用户信息修改、用户删除。
- 用户角色：管理员和普通用户。
- 图书管理：添加图书，查询图书，修改图书，删除图书。
- 订单管理：订单查询，订单详情，订单更新，订单支付，订单处理（已经处理、未处理）。

▲图 9-1　管理员的主要活动

▲图 9-2　普通用户的主要活动

9.2.3　业务数据分析

系统中包括用户、图书、订单等信息。
用户需要有登录账号、密码、姓名、邮箱、电话、联系地址等属性。
图书需要有书名、图书类别、出版社、作者、图书概况、定价、折扣、库存数量等属性。其中，图书可以有折扣，如七五折，实际价格由定价乘以折扣确定。
订单需要有订购日期、发货日期、订单价格等属性。一个订单可以包括一种或多种图书，一种图书可以出现在多个订单里。订单价格是由选择购买的图书数量和价格确定的。

9.3 非功能需求分析

性能需求如下。
- 系统首页的响应时间不超过 1s。
- 各个功能页面的响应时间不超过 1s。

安装部署需求如下。
- 支持 JAR 包的运行方式。
- 可以使用 Docker 方式部署。

安全需求如下。

安全是 Web 系统设计中需要关注的重要方面。本系统是一个简单的网站，基于用户的操作和活动，采取了基于角色管理的安全策略。

角色管理策略是使用一个或多个分配的权限创建角色。

具有 ROLE_ADMIN 角色的用户可以创建其他用户，并且可以管理用户，管理图片，管理订单等。

具有 ROLE_USER 角色的用户可以查询图片，购买图片等。

9.4 需求原型设计

在分析系统的业务需求后，有些读者可能认为这些功能都是电商系统的基本功能，诸如促销、优惠管理、配送系统、产品评价等功能都未包含在内。本案例中，我们的目标是构建一个轻量级的在线书店管理系统，并通过这个系统说明如何使用 Spring Boot 相关技术实现用户登录、图书查询、图书购买和订单管理等功能。也就是说，本案例中，我们并没有考虑实现典型电商系统的完整功能。

9.4.1 业务导航图

我们首先基于系统功能梳理并识别业务导航图。业务导航图是针对业务流程的，不描述用户界面。创建业务导航图的主要原因是它可以帮助我们验证最终产品的可用性，了解网站的内部结构，分析业务操作的功能路径是否合理。业务导航图清楚地展示了系统的功能架构，反映了页面和内容元素的关系。它也是开发测试用例的基础。本系统的业务导航图如图 9-3 所示。

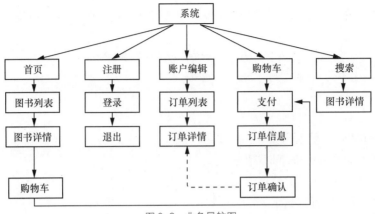

▲图 9-3　业务导航图

9.4.2　页面原型设计

页面原型设计是指进行页面的设计，即根据需求确定功能区布局、菜单项等，以便让开发人员对系统有直观的印象。若页面原型设计发生在实际项目开发过程中，则设计结果需要客户和项目团队共同评审，并基于反馈进行更新。我们可以使用原型工具或手绘方式设计页面原型。首页原型如图 9-4 所示。

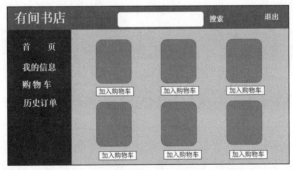

▲图 9-4　首页原型

9.5　技术选型

在完成功能需求分析和需求原型设计之后，我们就会进入技术选型阶段。在技术选型时，选择合适的技术栈相当关键，因为这对顺利完成系统开发起到了非常重要的作用，开发团队有时希望尝试使用当前最新技术架构来进行设计，但又担心新架构的稳定性和学习成本方面的问题。另外，有些开发团队害怕尝试新框架，一直在使用老框架，程序的效率和可扩展性都受到了影响。这两种情况都有各自的局限性。因此，在实际开发活动中，采用哪种解决方案要基于当时的业务场景来决定。在对老的维护项目进行局部的优化和调整时，我们通常不建议采用激进的方式对系统使用新的框架进行重构，这会影响老业务的使用。但对于新开发的项目，我们建议尝试采用新框架。

开发团队选择技术栈时，通常需要考虑的因素如下。

- 项目需求的特点。
- 技术框架的成熟度和稳定性。
- 团队人员当前的技术能力。
- 框架的社区支持程度和文档的完整性。

在 Java 中，Java EE 和 Spring 都是较受欢迎的用于构建 Web 应用程序的技术栈，二者都非常成熟，并得到了相关社区的大力支持。其中，Spring 提供了面向请求和响应的 Spring MVC Web 框架、安全框架 Spring Security，以及面向数据访问的 Spring Data 框架。Spring Boot 可以极大地提高开发团队的开发效率。

本系统采用了 Spring Boot 框架提供的强大功能。开发过程不涉及高级编码技术，开发人员只需要了解常用的 Java 和 SQL 使用方法，通过开发少量的类，就可以实现一个在线书店管理系统。

系统用到的技术栈如下。

- 开发环境：JDK 1.8。
- 开发工具：Eclipse。
- 开发语言：Java。
- 项目构建工具：Maven。
- Web 框架：Spring Boot。
- ORM 框架：MyBatis。
- 数据库：MySQL。
- 前端模板：Thymeleaf。
- 页面样式：Bootstrap。
- 应用服务器：Tomcat。
- 运行环境：Windows 系统。

基于以上技术栈，采用 Spring Boot、Spring MVC、Thymeleaf、MyBatis 与 MySQL 技术组合开发在线书店管理系统。

9.6 系统架构设计

在程序架构方面，本系统遵循多层架构模式，从上到下依次为展示层、控制层、业务逻辑层、数据层。上层可以依赖下层，而下层应减少对上层的依赖。同时，层之间通过接口调用，降低耦合度。

在系统开发过程中，代码也以分层方式组织。

- 展示层是系统展示界面，通常用于接收用户输入信息和展示系统逻辑处理结果。
- 业务逻辑层是整个系统的核心，它主要提供处理业务逻辑的功能，如查询图书、加入图书到购物车、提交订单等。若涉及数据库的访问，则调用数据层。
- 数据层也称为持久层，主要负责数据库的访问，简单来说，它实现对数据表的 Select、Insert、Update 和 Delete 操作。数据层通过将 JPA 或 XML 文件映射到 Java 类的 SQL 来实现持久化。

分层架构的优势是能够减少层之间的依赖，降低各层之间的逻辑依赖。同时，在开发时，团队人员可以仅关注架构中的某一层，如对于前端页面，开发人员只需要考虑用户界面，对于后台设计，开发人员只需要考虑逻辑业务，数据库人员只需要考虑业务数据的 SQL 实现。程序架构如图 9-5 所示。

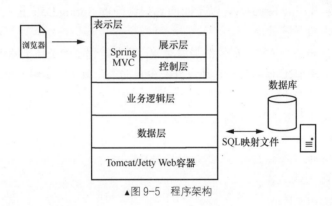

▲图 9-5　程序架构

在本系统中，展示层和控制层使用 Spring MVC 框架实现，数据层和数据库使用 JPA 实现。本系统可以在 Web 容器 Tomcat 或 Jetty 上运行。

9.7　前端页面设计

前端页面采用 Bootstrap 开发。前端页面与后端主要通过 RESTful 接口进行数据交换，具体的接口定义在控制器中，即通过@PostMapping 和@GetMapping 这两个注解来实现前端页面和后端的交互。

9.8　系统运行环境的搭建

9.8.1　JDK 的安装

首先，从 Oracle 官网下载 JDK。然后，单击下载的 JDK 安装包，选择安装路径，此处选择 JDK 1.8，按照提示安装即可。

在安装完 JDK 后，我们需要进行配置环境变量。右击"我的电脑"，选择"属性"，在出现的界面中，选择"高级系统设置"。在弹出的界面中，选择"高级"选项卡，单击"环境变量"按钮。在弹出的界面中，在"系统变量"中，单击"新建"按钮，变量名设置为"JAVA_HOME"。变量值为 JDK 的实际安装目录，如"D:\Java\jdk180"。

接下来，配置系统变量。搜寻到"Path"变量后，选择"编辑"。在变量值最后输入"%JAVA_HOME%\bin;%JAVA_HOME%\JRE\bin"。继续搜寻 CLASSPATH 变量。变量值设置为".;%JAVA_HOME%\lib;%JAVA_HOME%\lib\tools.jar"（注意，最前面有一个点）。

在命令行中，输入下列命令检查 JDK 是否安装成功。

```
C:\> Java -version
```

如果显示版本号 1.8.0，则表示安装成功。

9.8.2 Maven 的安装

Maven 的安装步骤如下。

（1）从 Maven 官网下载最新版本的 Maven 程序。

（2）将下载文件解压到指定目录。

（3）新建环境变量 MAVEN _HOME，将变量值设置为安装目录。

（4）编辑环境变量 Path，在变量值最后追加"%MAVEN_HOME%\bin"。

（5）在命令行状态下，执行 mvn–v 命令，查看版本信息，确认是否安装成功。

9.8.3 MySQL 的安装

MySQL 的安装步骤如下。

（1）下载 MySQL 安装包。MySQL 下载页面如图 9-6 所示。

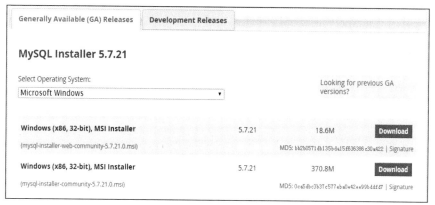

▲图 9-6 MySQL 下载页面

101

（2）安装。其间，要指定用户密码，设置"Config Type"为"Development Machine"，设置协议为"TCP/IP"，设置端口为"3306"。

（3）略过 MySQL Router Configuration。MySQL Router 是一个轻量级中间件，提供了应用程序与后端数据库的透明路由，MySQL 用其实现负载均衡和高可用性。

（4）设置 MySQL 环境变量，新建 MYSQL_HOME 变量，将变量值设置为 MySQL 的安装路径；编辑 Path 系统变量，将"%MYSQL_HOME%\bin"添加到 Path 变量值的最后面。

（5）在命令行状态下，执行 net start MySQL57，启动 MySQL 服务；执行 net stop MySQL57，关闭 MySQL 服务。

（6）在命令行状态下，执行 mysql -u root -p 命令，输入密码就能登录 MySQL。MySQL 登录成功后的界面如图 9-7 所示。

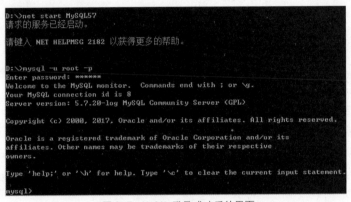

▲图 9-7　MySQL 登录成功后的界面

9.9 小结

本章首先针对 LiteShelf 在线书店管理系统进行了功能需求分析等，并按照项目开发的流程分别介绍了原型设计和技术选型；然后，基于技术选型方案，对系统的架构进行了说明；最后，介绍了程序运行环境的搭建，以便我们在下一章开始编写和调试程序。

第 10 章　案例项目的创建

LiteShelf 是一个基于 Spring Boot、Spring MVC、Thymeleaf、MyBatis、MySQL 的 Web 应用程序。开发一个 Spring Web 应用程序的通用过程如下。

（1）调研业务需求，分析功能需求，定义功能模块和业务导航图。了解用户需求和主要使用对象的活动，基于用户功能分析，汇总功能模块，建立系统业务导航地图，这样我们可以快速了解系统的整体功能结构。

（2）界面原型设计。通过界面原型设计，构建系统前端页面，检查显示效果。

（3）技术选型。在深入了解业务需求特点的基础上，选择合适的技术栈，评估技术框架的成熟度，同时需要考虑团队人员的技术能力和技术框架的学习成本。前 3 个步骤在第 9 章中已介绍。

（4）定义系统数据库表结构。按照业务模型，对系统进行功能模块逻辑划分，并设计对应的表结构来实现数据的存储和交换。

（5）建立 Maven 项目。添加 Spring 配置和 Java 类，建立页面。

（6）设计后端接口，编码，调试。

① 创建实体仓库类。

② 定义服务类接口并实现。

③ 创建业务控制类接口，向前端提供接口调用功能。

④ 编写单元测试用例并进行验证。

（7）设计前端页面，编码，调试。基于模板引擎 Thymeleaf 开发 HTML 页面，并进行后端调试。

（8）测试、验证和发布。开发接口测试和功能脚本，验证基本功能。

10.1　数据表设计

我们了解了业务数据，并对业务数据信息做了初步分析，通过识别实体对象元素，了解了它们之间的关系，接下来，设计数据表结构，进行数据表的字段定义，以及表之间关系的定义。

10.1.1　数据表结构设计

User 表包括用户 ID、用户名、密码、全名、电话、用户地址、银行卡号字段，具体内容如表 10-1 所示。

表 10-1　user 表

字段名	描述	类型	长度/位	是否允许为空	是否为主键
userid	用户 ID	int	10	否	是
username	用户名	varchar	50	否	否
password	密码	varchar	60	否	否
fullname	全名	varchar	50	是	否
phone	电话	varchar	50	是	否
address	用户地址	varchar	120	是	否
bankcard	银行卡号	varchar	80	是	否

book 表存放销售图书的基本信息，包括图书 ID、图书名称、作者和图片等，具体内容如表 10-2 所示。

表 10-2　book 表

字段名	描述	类型	长度/位	是否为空	是否主键
bookid	图书编号	int	10	否	是
bookname	图书名称	varchar	120	否	否
author	作者	varchar	20	否	否
isbn	ISBN	varchar	80	否	否
publisher	出版社	varchar	80	是	否
description	图书简介	varchar	1000	是	否
price	单价	decimal	(5, 1)	否	否
image	图书图片	mediumblob	16MB	是	否
image_content_type	图片类型	varchar	30	是	否
inventory	库存数	int	5	是	否
discount	折扣	decimal	(1, 1)	是	否

orders 表包括订单 ID、用户 ID、订购日期、订单状态和总价，具体内容如表 10-3 所示。

表 10-3　orders 表

字段名	描述	类型	长度/位	允许为空	是否主键
orderid	订单 ID	integer	10	否	是
userid[①]	用户 ID	varchar	10	否	否
orderdate	订购日期	datetime	—	否	否
status	订单状态	bit	1	否	否
totalprice	总价	decimal	(5, 1)	否	否

① userid 作为外键，指向 user 表的 userid 字段。

orderitems 表包括订单 ID、图书编号、购买数量，见表 10-4。

表 10-4　orderitems 表

字段名	描述	类型	长度/位	是否允许为空	是否为主键
orderid[①]	订单 ID	integer	10	否	是
bookid[②]	图书编号	varchar	10	否	是
quantity	购买数量	int	5	否	否

① orderid 作为主键，指向 orders 表的 orderid 字段。
② bookid 作为外键，指向 book 表的 bookid 字段。

permission 表包括用户 ID 和角色，具体内容如表 10-5 所示。

表 10-5　permission 表

字段名	描述	类型	长度/位	是否允许为空	是否为主键
userid	用户 ID	int	10	否	是
role	角色	varchar	50	否	是

roles 表用于定义用户角色名称，具体内容如表 10-6 所示。

表 10-6　roles 表

字段名	描述	类型	长度/位	是否允许为空	是否为主键
rolename	角色名称	varchar	50	否	是

10.1.2　数据表关系图

基于数据表结构分析，各个表之间的关系如图 10-1 所示。

10.1.3　创建数据表脚本

在基本的数据表的结构确定后，我们就可以在 MySQL 中完成数据表的创建。下面给出创建对应数据表的 SQL 脚本。

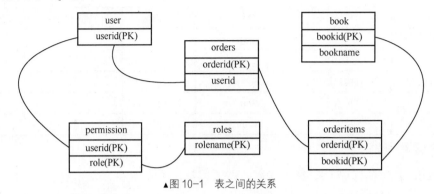

▲图 10-1　表之间的关系

创建 user 表的 SQL 脚本如下。

```sql
CREATE TABLE 'user' (
  'userid' int(10) NOT NULL AUTO_INCREMENT,
  'username' varchar(50) NOT NULL,
  'password' varchar(60) NOT NULL,
  'fullname' varchar(50) DEFAULT NULL,
  'phone' varchar(50) DEFAULT NULL,
  'address' varchar(120) DEFAULT NULL,
  'bankcard' varchar(80) DEFAULT NULL,
  PRIMARY KEY ('userid'),
  UNIQUE KEY 'UK2user' ('username')
) ENGINE=InnoDB AUTO_INCREMENT=77 DEFAULT CHARSET=utf8;
```

创建 book 表的 SQL 脚本如下。

```sql
CREATE TABLE 'book' (
  'bookid' int(10) NOT NULL AUTO_INCREMENT,
  'bookname' varchar(120) NOT NULL,
  'author' varchar(20) NOT NULL,
  'isbn' varchar(80) NOT NULL,
  'publisher' varchar(80) DEFAULT NULL,
  'description' varchar(1000) DEFAULT NULL,
  'price' decimal(5,1) NOT NULL,
  'image' mediumblob,
  'image_content_type' varchar(30) DEFAULT NULL,
  'inventory' int(5) DEFAULT NULL,
  'discount' decimal(1,1) DEFAULT NULL,
  PRIMARY KEY ('bookid')
) ENGINE=InnoDB AUTO_INCREMENT=15 DEFAULT CHARSET=utf8;
```

创建 order 表的 SQL 脚本如下。

```sql
CREATE TABLE 'orders' (
  'orderid' int(10) NOT NULL AUTO_INCREMENT,
  'userid' int(10) NOT NULL,
  'orderdate' datetime NOT NULL,
  'status' bit(1) NOT NULL,
  'totalprice' decimal(5,1) NOT NULL,
  PRIMARY KEY ('orderid'),
```

```
    KEY 'FK2orders' ('userid'),
    CONSTRAINT 'FK2orders' FOREIGN KEY ('userid') REFERENCES 'user' ('userid')
) ENGINE=InnoDB AUTO_INCREMENT=73 DEFAULT CHARSET=utf8;
```

创建 orderitems 表的 SQL 脚本如下。

```
CREATE TABLE 'orderitems' (
    'orderid' int(10) NOT NULL,
    'bookid' int(10) NOT NULL,
    'quantity' int(5) NOT NULL,
    PRIMARY KEY ('orderid','bookid'),
    KEY 'FK2orderitems' ('bookid'),
    CONSTRAINT 'FK2orderitems' FOREIGN KEY ('bookid') REFERENCES 'book' ('bookid'),
    CONSTRAINT 'FK2orderitems2orders' FOREIGN KEY ('orderid') REFERENCES 'orders'
    ('orderid')
) ENGINE=InnoDB DEFAULT CHARSET=utf8;
```

创建 permission 表的 SQL 脚本如下。

```
CREATE TABLE 'permission' (
    'userid' int(10) NOT NULL,
    'role' varchar(50) NOT NULL,
    PRIMARY KEY ('userid','role'),
    KEY 'FK2permission' ('role'),
    CONSTRAINT 'FK2permission' FOREIGN KEY ('role') REFERENCES 'roles' ('rolename'),
    CONSTRAINT 'FK2permission2user' FOREIGN KEY ('userid') REFERENCES 'user' ('userid')
) ENGINE=InnoDB DEFAULT CHARSET=utf8;
```

创建 roles 表的 SQL 脚本如下。

```
CREATE TABLE 'roles' (
    'rolename' varchar(50) NOT NULL,
    PRIMARY KEY ('rolename')
) ENGINE=InnoDB DEFAULT CHARSET=utf8;
```

10.1.4　创建数据库和表

本案例使用数据库客户端工具 Navicat 开发。启动 Navicat，在案例中，由于我们选择的是本地连接数据库，因此选中"localhost"。然后，单击"编辑数据库"，弹出"编辑数据库"对话框，在"常规"选项卡中设置数据库名、字符集和排序规则。通常，字符集选择为"utf8--UTF-8 Unicode"，排序规则选择为"utf8_general_ci"，本例的数据库被命名为"liteshelf"，如图 10-2 所示。最后，单击"确定"按钮。

此时，我们可以看到 liteshelf 数据库创建成功。单击新建的数据库，我们会发现，此时该数据库中尚未创建任何数据表。于是，我们可以选中 liteshelf 数据库，单击"新建查询"，在"查询编辑器"选项卡中，输入 SQL 语句，如图 10-3 所示，单击"运行"，分别创建 user、book、orders 等表。

创建数据库连接。选择"文件"→"新建连接"→"MySQL"，输入连接名称"liteshelf"，输入用户名"root"，输入密码"000000"。

查看新创建的表信息，如图 10-4 所示。

▲图 10-2　编辑数据库

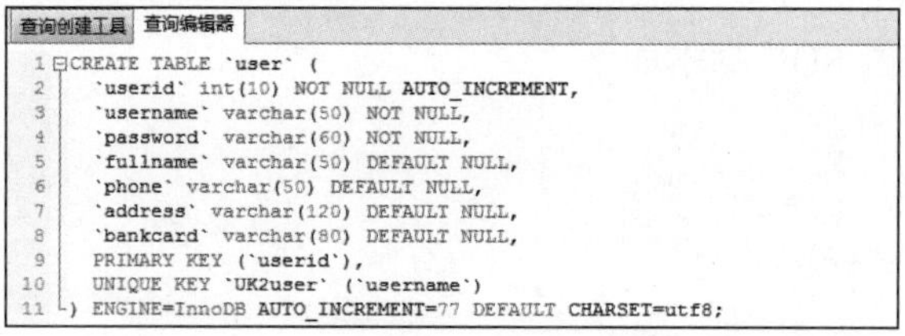

```
1  CREATE TABLE `user` (
2    `userid` int(10) NOT NULL AUTO_INCREMENT,
3    `username` varchar(50) NOT NULL,
4    `password` varchar(60) NOT NULL,
5    `fullname` varchar(50) DEFAULT NULL,
6    `phone` varchar(50) DEFAULT NULL,
7    `address` varchar(120) DEFAULT NULL,
8    `bankcard` varchar(80) DEFAULT NULL,
9    PRIMARY KEY (`userid`),
10   UNIQUE KEY `UK2user` (`username`)
11 ) ENGINE=InnoDB AUTO_INCREMENT=77 DEFAULT CHARSET=utf8;
```

▲图 10-3　创建表

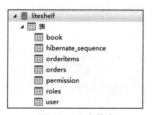

▲图 10-4　表信息

10.2　生成项目

本系统使用 Spring Initializer Web 工具生成新项目。该工具的使用方法简单,用户只需要输入项目详细信息和所需的依赖项,它就会根据用户输入的信息自动生成并下载包含标准 Spring Boot 的 ZIP 文件,具体步骤如下。

(1)访问 Spring 官网,打开"spring initializr"页面。

(2)在"Project"列表中,选择"Maven Project"。

(3)在"Project Metadata"选项组的"Group"文本框中输入"com.book";在"Artifact"文本框中,输入"shop"。

(4)在"Dependencies"选项组中,搜索下列依赖项,然后按"Enter"键将它们添加到项目中。我们还可以向下滚动滚动条以查看所有可用依赖项,并可选择要包含在项目中的依赖项。

- Web: Servlet Web application with Spring MVC and Tomcat。
- Thymeleaf: Thymeleaf templating engine。
- Security: Secure your application via Spring-security。
- MySQL: MySQL JDBC driver。
- JPA persist data in SQL stores with Jave Persistence API using Spring data and Hibernate。

（5）单击"GENERATE"按钮，生成项目，此时将生成包含项目原型的 shop.zip 文件并可供下载。生成的项目原型包含项目目录、应用程序类，以及含选择的所有依赖项的 pom.xml 文件。

（6）将 shop.zip 文件解压到指定文件夹中。

（7）打开 Eclipse，导入 Maven 项目。选择解压缩后的文件夹，即可将项目导入并使用。

10.3 pom.xml 文件

POM（Project Object Model，项目对象模型）使用 XML 表示，文件名是 pom.xml。pom.xml 文件的作用和 Ant 对应的 build.xml 文件类似，但功能更强大。pom.xml 文件包含项目信息，以及 Maven 构建项目所需的所有配置信息，如依赖项、构建目录、源目录、测试源目录、插件和目标等。pom.xml 文件必须放置在项目的根目录下。在执行任务或运行目标程序时，Maven 读取 pom.xml 文件，获取所需的配置信息，然后运行目标程序。导入项目的 pom.xml 文件的主要内容如下。

```
<parent>
    <groupId>org.Springframework.Boot</groupId>
    <artifactId>Spring-Boot-starter-parent</artifactId>
    <version>2.1.3.RELEASE</version>
    <relativePath /> <!-- lookup parent from repository -->
</parent>
<groupId>com.book</groupId>
<artifactId>shop</artifactId>
<version>0.0.1-SNAPSHOT</version>
<name>shop</name>
<description>Demo project for Spring Boot</description>

<properties>
    <Java.version>1.8</Java.version>
</properties>

<dependencies>
    <dependency>
        <groupId>org.Springframework.Boot</groupId>
        <artifactId>Spring-Boot-starter-thymeleaf</artifactId>
    </dependency>
    <dependency>
        <groupId>org.Springframework.Boot</groupId>
```

```xml
            <artifactId>Spring-Boot-starter-Web</artifactId>
    </dependency>
    <dependency>
        <groupId>org.MyBatis.Spring.Boot</groupId>
        <artifactId>MyBatis-Spring-Boot-starter</artifactId>
        <version>2.1.0</version>
    </dependency>

    <dependency>
            <groupId>org.Springframework.Boot</groupId>
            <artifactId>Spring-Boot-starter-data-jpa</artifactId>
    </dependency>

    <dependency>
        <groupId>org.Springframework.Boot</groupId>
        <artifactId>Spring-Boot-starter-test</artifactId>
        <scope>test</scope>
    </dependency>

    <dependency>
        <groupId>MySQL</groupId>
        <artifactId>MySQL-connector-Java</artifactId>
    </dependency>

        <dependency>
                <groupId>org.Springframework.security</groupId>
                <artifactId>Spring-security-test</artifactId>
            <scope>test</scope>
        </dependency>

     <dependency>
                <groupId>org.Springframework.Boot</groupId>
        <artifactId>Spring-Boot-starter-security</artifactId>
    </dependency>
    <dependency>
        <groupId>org.thymeleaf.extras</groupId>
        <artifactId>thymeleaf-extras-Springsecurity5</artifactId>
    </dependency>

        <dependency>
        <groupId>org.Springframework.Boot</groupId>
        <artifactId>Spring-Boot-starter-jdbc</artifactId>
    </dependency>

    <dependency>
            <groupId>com.fasterxml.jackson.core</groupId>
            <artifactId>jackson-databind</artifactId>
    </dependency>
  </dependencies>
</project>
```

10.4　配置文件

在 Spring Boot 的全局配置文件 application.properties 中，我们可修改默认的配置选项。该配置文件通常位于项目的 src/main/resources 目录下。在本例中，我们对下列信息进行更新。

- MySQL 连接配置信息。
- JPA 配置信息。
- 服务器配置信息。
- Thymeleaf 的视图解析配置参数。

具体的配置信息如下。

```
Spring.thymeleaf.cache=false
Spring.thymeleaf.check-template-location=true
Spring.thymeleaf.servlet.content-type=text/html
Spring.thymeleaf.enabled=true
Spring.thymeleaf.encoding=UTF-8
Spring.thymeleaf.excluded-view-names=
Spring.thymeleaf.mode=HTML
Spring.thymeleaf.prefix=classpath:/templates/
Spring.thymeleaf.suffix=.html

Spring.datasource.url=jdbc:MySQL://localhost:3306/liteshelf?useUnicode=true
&characterEncoding=utf8&serverTimezone=GMT
Spring.datasource.username = root
Spring.datasource.password = 000000


# Hibernate Properties
Spring.jpa.properties.hibernate.dialect = org.hibernate.dialect.
MySQL5Dialect
#Spring.jpa.properties.hibernate.current_session_context_class=org.Springfr
amework.orm.hibernate5.SpringSessionContext

server.port=8090
Spring.security.filter.dispatcher-types=ASYNC, FORWARD, INCLUDE, REQUEST,
ERROR
```

10.5　小结

本章中，我们首先设计了数据表结构，并通过创建数据表关系图，分析了表之间的关系，然后创建了数据库和表，最后讲述了生成项目的步骤。

第 11 章　用户管理模块设计及实现

11.1　用户管理需求

对于任何一个管理系统，用户管理功能都是必不可少的。通常，在使用系统之前，用户需要先注册。在使用过程中，往往还存在修改需求，如修改个人联系方式、收货地址等。

LiteShelf 系统中主要有两类用户——普通用户和管理员。

普通用户的操作包括用户注册、用户登录、用户退出和用户个人信息修改等。

管理员的操作包括用户登录、用户退出和用户管理（包括新增普通用户、对普通用户的信息进行编辑和删除普通用户）等。

本章中，我们将实现用户注册、用户登录和用户管理等功能。

普通用户在首次使用系统之前，需要注册，建立个人账户，此时需要提供必要的个人信息，如登录账号、密码、全名、电话、收货地址等，以便完成图书的支付和购买流程。普通用户注册流程如图 11-1 所示。

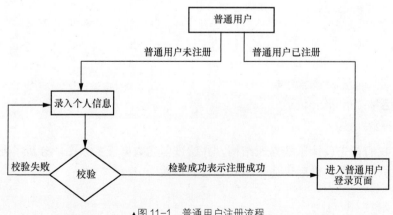

▲图 11-1　普通用户注册流程

用户登录系统，输入用户名和密码后，系统会验证用户角色，因为系统需要知道此时登录的用户是管理员还是普通用户。若系统验证其为普通用户，则进入普通用户登录后的页面；若是管理员，则进入管理员管理页面；否则，系统提示用户名或密码错误的信息。用户登录流程如图 11-2 所示。

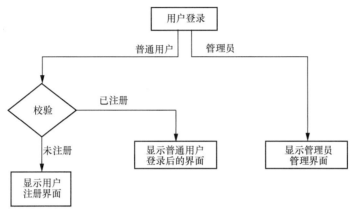

▲图 11-2　用户登录流程

本系统有两种角色，一种是管理员，二种普通用户。管理员可以新增和删除普通用户，并且可以对普通用户信息进行编辑。用户管理流程如图 11-3 所示。

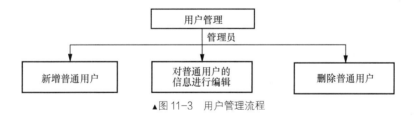

▲图 11-3　用户管理流程

11.2　接口需求分析

针对用户管理需求，我们定义如下接口。

- 用户注册接口。相关信息如下。
  - 接口名称：/registration。
  - 接口参数：User 类的对象。
  - 返回类型：若注册成功，则返回/login 页面；否则，返回 registration（注册）页面。
- 用户信息查询接口。相关信息如下。
  - 接口名称：/profile。利用 GET 方式获取用户信息。
  - 接口参数：用户信息。

- 返回类型：若查询到用户信息，则返回/profile 页面。
- 用户信息编辑接口。相关信息如下。
  - 接口名称：/profile。利用 POST 方式修改用户信息。
  - 接口参数：User 类的对象。
  - 返回类型：若用户信息修改成功，则返回修改后信息的/profile 页面。
- 用户添加接口。相关信息如下。
  - 接口名称：/users/add。利用 POST 方式添加用户信息。
  - 接口参数：User 类的对象。
  - 返回类型：若用户添加成功，则返回/addUser 页面。
- 用户删除接口。相关信息如下。
  - 接口名称：/users/delete/{userId}。利用 DELETE 方式删除用户。
  - 接口参数：userId（用户 ID）。
  - 返回类型：返回用户列表（showAllUsers）页面。

11.3 后端设计及编码

本节介绍用户域模型设计、仓库实现、用户服务接口实现和控制层实现。

11.3.1 用户域模型设计

创建 com.book.shop.model 包，增加 User 类，基于 user 表进行用户域模型的设计，通过定义 User 类的对象实现序列化。

```
@Entity
@Table(name = "user")
public class User implements Serializable{
    private static final long serialVersionUID = 1L;
    @Id
    @GeneratedValue(strategy = GenerationType.AUTO)   //定义主键，自增长类型
    @Column(name = "userid")
    private long userId;

    @NotNull
    @Size(min = 1, max = 50)        //用户名
    @Column(name = "username", length = 50, unique = true, nullable = false)
    private String userName;

    @NotNull
    @Column(name = "password", length = 60)      //用户密码
    private String userPassword;
```

```
    @Size(max = 50)              //用户全名
    @Column(name = "fullname", length = 50)
    private String userFullname;

    @Size(max = 50)              //用户电话
    @Column(name = "phone", length = 50)
    private String userPhone;

    @Size(max = 120)             //用户地址
    @Column(name = "address", length = 120)
    private String userAddress;

    @Size(max = 80)              //用户银行卡号
    @Column(name = "bankcard", length = 80)
    private String userBankcard;

//建立 user 表和 roles 表之间多对多的映射关系
    @ManyToMany(cascade = {CascadeType.PERSIST, CascadeType.MERGE})
    @JoinTable(
            name= "permission",
            joinColumns={@JoinColumn(name = "userid", referencedColumnName =
            "userid")},
            inverseJoinColumns={@JoinColumn(name="role",referencedColumnNam
            e="rolename")}
    )
    private Set<Roles> roles = new HashSet<>(); //用户角色

    public long getUserId() {
        return userId;
    }

    public void setUserId(long userId) {
        this.userId = userId;
    }

    public String getUserName() {
        return userName;
    }

    public void setUserName(String userName) {
        this.userName = userName;
    }

    public String getUserPassword() {
        return userPassword;
    }

    public void setUserPassword(String userPassword) {
        this.userPassword = userPassword;
    }
```

```
    public String getUserFullname() {
        return userFullname;
    }

    public void setUserFullname(String userFullname) {
        this.userFullname = userFullname;
    }

    public String getUserPhone() {
        return userPhone;
    }

    public void setUserPhone(String userPhone) {
        this.userPhone = userPhone;
    }

    public String getUserAddress() {
        return userAddress;
    }

    public void setUserAddress(String userAddress) {
        this.userAddress = userAddress;
    }


    public String getUserBankcard() {
        return userBankcard;
    }

    public void setUserBankcard(String userBankcard) {
        this.userBankcard = userBankcard;
    }


    public Set<Roles> getRoles() {
        return roles;
    }

    public void setRoles(Set<Roles> roles) {
        this.roles = roles;
    }
    @Override
    public boolean equals(Object obj) {            //重载 equals() 方法，实现 User 类
的对象的比较
        if (this == obj) return true;
        if (!(obj instanceof User)) return false;
        User user = (User) obj;
        return Objects.equals(getUserId(), user.getUserId());
    }
```

```
@Override
public int hashCode() {                    //重载 hashCode()方法
    return Objects.hash(getUserId());
}

}
```

11.3.2 用户仓库实现

创建 com.book.shop.repository 包，并增加 UserRepository 接口，该接口继承 JPA 接口 JpaRepository，并增加了两个接口——findByUserName 和 findOneWithRolesByUserName。

```
@Repository
public interface UserRepository extends JpaRepository<User, Long> {

    User findByUserName(String userName);

    @EntityGraph(attributePaths = "roles")
    User findOneWithRolesByUserName(String userName);

}
```

11.3.3 用户服务接口实现

创建 com.book.shop.Webservice 包，并增加 UserService 服务类，实现与用户增、删、改、查操作相关的逻辑处理。

```
@Service
public class UserService {
        private final UserRepository userRepository;
        private final RolesRepository rolesRepository;
        private final BCryptPasswordEncoder bCryptPasswordEncoder;
        private final OrderRepository orderRepository;

        @Autowired
        public UserService(UserRepository userRepository,
                           RolesRepository rolesRepository,
                           BCryptPasswordEncoder bCryptPasswordEncoder,
                           OrderRepository orderRepository ) {

            this.userRepository = userRepository;
            this.rolesRepository = rolesRepository;
            this.bCryptPasswordEncoder = bCryptPasswordEncoder;
            this.orderRepository = orderRepository;
        }

        public User findByUserName(String userName) {
            return userRepository.findByUserName(userName);
        }
```

```
public User registerUser(User user) {
    User newUser = new User();
    Roles role = rolesRepository.findById("ROLE_USER").get();
    Set<Roles> roles = new HashSet<>();
    String encryptedPassword =
    bCryptPasswordEncoder.encode(user.getUserPassword());
    newUser.setUserName(user.getUserName());
    newUser.setUserPassword(encryptedPassword);
    newUser.setUserFullname(user.getUserFullname());
    newUser.setUserPhone(user.getUserPhone());
    newUser.setUserAddress(user.getUserAddress());
    newUser.setUserBankcard(user.getUserBankcard());
    roles.add(role);
    newUser.setRoles(roles);
    userRepository.save(newUser);
    return newUser;
}

public User createUser(UserForm userForm) {
    User user = userForm.toUser();
    return user;
}

public void updateUser(User user) {
    User updatedUser = userRepository.findById(user. getUserId()).
    get();
    updatedUser.setUserFullname(user.getUserFullname());
    updatedUser.setUserPhone(user.getUserPhone());
    updatedUser.setUserAddress(user.getUserAddress());
    updatedUser.setUserBankcard(user.getUserBankcard());
  userRepository.save(updatedUser);

}

public List<User> findAllUsers() {
    return userRepository.findAll();
}

public User findUserById(Long userId) {
    return userRepository.findById(userId).get();
}

public void deleteUserById(Long userId) {
    userRepository.deleteById(userId);
}

public int getUserOrderAmount(Long userId) {
//查询用户对应的订单数量，有订单号的用户不允许删除
    final User user;
```

```
        final List<Order> order;
        user = userRepository.findById(userId).get();
        order = orderRepository.findByUser(user);
        return order.size();
    }
```

11.3.4 用户控制层实现

创建 com.book.shop.Webcontroller 包，并在其下增加 UserController 类，该类用于声明对外提供的用户创建、用户查询、用户修改、用户删除等 API 功能，并对 API 请求进行处理。

```
@Controller
public class UserController {

    private final UserService userService;
    private final OrderService orderService;

    @Autowired
    public UserController(UserService userService, OrderService orderService) {
        this.userService = userService;
        this.orderService = orderService;
    }

    @GetMapping("/login")
    public String login(Principal principal) {
        if (principal == null) {
            return "/login";
        }
            return "redirect:/home";
    }

    @GetMapping("/registration")
    public String registration(Model model) {
        User user = new User();
        model.addAttribute("user", user);
        return "registration";
    }

    @PostMapping("/registration")
    public String createUser(@Valid User user, BindingResult bindingResult,
    Model model) {
        User newUser = userService.findByUserName(user.getUserName());
        if (newUser != null) {
            bindingResult.rejectValue("userName", "error.user","用户已经存在");
        }
        if (!bindingResult.hasErrors()) {
            userService.registerUser(user);
            model.addAttribute("successMessage", "用户注册成功");
            model.addAttribute("user", new User());
        }
```

```java
        return "registration";
    }

    @PostMapping("/users")
    @Secured ("ROLE_ADMIN")
    public String createUser(@RequestBody User user, Model model) {
        if (user.getUserId() != 0) {
            model.addAttribute("message", "用户存在");
        } else if (userService.findByUserName(user.getUserName()) != null) {
            model.addAttribute("message", "用户名存在");
        } else {
            userService.registerUser(user);
            model.addAttribute("message", "用户创建成功");
        }
        return "editUser";
    }

    @GetMapping("/profile")
    public String getCurrentUser(Principal principal, Model model) {
        if (principal == null) {
            return "redirect:/home";
        }
        User user = userService.findByUserName(principal.getName());
        model.addAttribute("user", user);
        return "profile";
    }

    @PostMapping("/profile")
    public String updateUser(@ModelAttribute User user,
                             BindingResult bindingResult,
                             Model model,
                             Principal principal) {
        User userExists = userService.findByUserName(user.getUserName());
        if (userExists != null && !Objects.equals(userExists.getUserName(),
        principal.getName())){
            bindingResult.rejectValue("userName", "error.user","用户名重复");
        }
        if (!bindingResult.hasErrors()) {
            userService.updateUser(user);
            model.addAttribute("successMessage", "用户信息更新成功");
        }
        return getCurrentUser(principal, model);
    }

    @GetMapping("users")
    @Secured ("ROLE_ADMIN")
    public String getUsers(Model model) {
        List<User> users = userService.findAllUsers();
        model.addAttribute("users", users);
        return "showAllUsers";
```

```
    }

@GetMapping("/users/add")
@Secured ("ROLE_ADMIN")
public String addUserPage(Model model) {
    User user = new User();
    model.addAttribute("user", user);
    return "addUser";
}


@PostMapping("/users/add")
@Secured ("ROLE_ADMIN")
public String addUser(@ModelAttribute User user, Model model, BindingResult
bindingResult) {
    User userExists = userService.findByUserName(user.getUserName());
    if (userExists != null) {
        bindingResult.rejectValue("userName", "error.user","用户已存在");
    }
    if (!bindingResult.hasErrors()) {
        User newUser = userService.registerUser(user);
        model.addAttribute("successMessage", "用户创建 " + newUser.
        getUserId());
        model.addAttribute("user", new User());
    }
    return "addUser";
}


@GetMapping("/users/edit/{userId}")
@Secured ("ROLE_ADMIN")
public String editUserPage(@PathVariable Long userId, Model model) {
    User user = userService.findUserById(userId);
    model.addAttribute("user", user);
    return "editUser";
}

@PostMapping("/users/edit")
@Secured ("ROLE_ADMIN")
public String editUser(@ModelAttribute User user, Model model) {
    userService.updateUser(user);
    model.addAttribute("successMessage", "用户更新 " + user.getUserId());
    return editUserPage(user.getUserId(), model);
}

@GetMapping("/users/delete/{userId}")
@Secured ("ROLE_ADMIN")
public String deleteUser(@PathVariable Long userId, Model model) {
    if (userService.getUserOrderAmount(userId)>0) {
        model.addAttribute("Message", "该用户名下有订单，不能删除");
    }else {
        userService.deleteUserById(userId);
```

```
            model.addAttribute("Message", "用户编号 " + userId + "删除成功");
        }
        return getUsers(model);
    }

    @GetMapping("/users/edit/{userId}/completeOrder/{orderId}")
    @Secured ("ROLE_ADMIN")
    public String completeOrder(@PathVariable Long orderId, @PathVariable Long
    userId, Model model) {
        Order order = orderService.findOrderById(orderId);
        order.setOrderStatus(true);
        orderService.updateOrder(order);
        model.addAttribute("successMessage", "订单编号 " + orderId + " 完成");
        return editUserPage(userId, model);
    }

    @GetMapping("/users/edit/{userId}/deleteOrder/{orderId}")
    @Secured ("ROLE_ADMIN")
    public String deleteOrder(@PathVariable Long orderId, @PathVariable Long
    userId, Model model) {
        Order order = orderService.findOrderById(orderId);
        orderService.deleteOrder(order);
        model.addAttribute("successMessage", "订单编号 " + orderId + "删除");
        return editUserPage(userId, model);
    }
}
```

11.4　前端设计及编码

　　基于后端接口，本节中，我们将开发前端页面并进行接口的调用，完成相应的用户调用请求处理，以实现用户管理功能。

11.4.1　用户注册

　　用户首次访问系统前，需要注册，如图 11-4 所示。在用户注册页面中输入用户名和密码即可注册，若注册成功，则跳转到用户登录页面。

▲图 11-4　用户注册页面

用户注册页面 registration.html 的实现代码如下。

```
@Repository
<!DOCTYPE html>
<html xmlns="http://www.w3.org/1999/xhtml" xmlns:th=
"http://www.thymeleaf.org">
<head th:replace="fragments/header :: head">
</head>


<body>
<div th:replace="fragments/header :: navbar"></div>
<div th:fragment="bookForm" class="container">
    <div class="row justify-content-center">
        <div class="col-6">
            <div class="alert alert-success" th:if="${successMessage}"
            th:utext="${successMessage}">
            </div>
            <form name="form" role="form" th:action="@{/registration}"
            th:object="${user}" method="post">
                <div class="form-group">
                    <label class="form-control-label" for="login">用户名
                    </label>
                    <input type="text" class="form-control" id="login"
                    name="login"
                        th:field="*{userName}" required
                        minlength="1" maxlength="50"
                        pattern="^[_'.@A-Za-z0-9-]*$">
                    <div th:if="${#fields.hasErrors('userName')}">
                        <small class="form-text text-danger"
                        th:errors="*{userName}">
                        </small>
                    </div>
                </div>

                <div class="form-group">
                    <label class="form-control-label" for="password">密码
                    </label>
                    <input type="password" class="form-control" id="password"
                    name="password"
                        th:field="*{userPassword}" minlength=4
                        maxlength=50 required>
                    <div th:if="${#fields.hasErrors('userPassword')}">
                        <small class="form-text text-danger" th:errors=
                        "*{userPassword}">
                        </small>
                    </div>
                </div>
                <a class="btn btn-primary" th:href="@{/home}">返回首页</a>
                <button type="submit" class="btn btn-primary">用户注册
                </button>
            </form>
```

```
            </div>
        </div>
</div>
```

11.4.2　用户登录

用户注册成功后，将页面重定位到用户登录页面，如图 11-5 所示。此时，输入用户名和密码，即可进入系统首页。

▲图 11-5　用户登录页面

用户登录页面 login.html 的实现代码如下。

```
@Repository
<!DOCTYPE html>
<html xmlns="http://www.w3.org/1999/xhtml" xmlns:th=
"http://www.thymeleaf.org">
<head th:replace="fragments/header :: head">
</head>
<body>

<div th:replace="fragments/header :: navbar"></div>

<div class="container">
    <h3 class="text-center">欢迎使用 Litehelf! </h3>
    <div class="row justify-content-center">
        <div class="col-6">
            <div class="alert alert-danger" th:if="${param.error}">
                <strong> 无效用户名和密码</strong>
            </div>
        <form class="form" role="form" th:action="@{/login}" method="post">
            <div class="form-group">
                <label for="username">用户名</label>
                <input type="text" class="form-control" name="username"
                    id="username" placeholder="用户名" required>
            </div>
            <div class="form-group">
                <label for="password">密码</label>
```

```
                <input type="password" class="form-control" name=
                "password"
                        id="password" placeholder="密码" required>
            </div>
            <div class = "col-12 text-right">
                    <button type="submit" class="btn btn-primary">登录
                    </button>
                    <a class="btn btn-primary" th:href="@{/registration}">
                    注册</a>
                </div>
            </form>
        <p></p>
    </div>
</div>
<div class="row justify-content-center">
    <div class="col-6">
        <div class="alert alert-warning">
            <span> 还未注册用户吗？ 请先注册:)</span>

        </div>
    </div>
</div>
```

11.4.3 用户个人信息修改

用户登录成功后，可在首页菜单项中，选择"我的信息"，进入"用户个人信息"页面，如图 11-6 所示。在该页面中，用户需要完善用户电话、用户地址、用户银行卡号等信息，以便于系统进行订单处理。

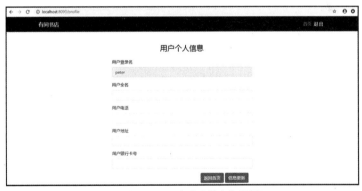

▲图 11-6 "用户个人信息"页面

用户个人信息页面 editUser.html 的实现代码如下。

```
@Repository
div class="container">
    <div class="row">
    <div class="container">
     <h3 class="text-center">用户个人信息</h3>
```

```html
<div class="row justify-content-center">
    <div th:fragment="userForm" class="col-md-4">
     <div class="alert alert-success" th:if="${successMessage}" th:utext=
     "${successMessage}"></div>

        <form name="userForm" role="form" method="post" th:object=
        "${user}" th:action="@{/users/edit}">
            <div class="form-group">
                <input type="hidden" class="form-control" id="id"
                name="id" th:field="*{userId}"/>
            </div>

            <div class="form-group">
                <label class="form-control-label" for="login">用
                户登录名</label>
                <input type="text" class="form-control" id=
                "login" name="login"
                    th:field="*{userName}" readonly >
            </div>

        <div class="form-group">
            <label class="form-control-label" for="userFullname">用户
            全名</label>
            <input type="text" class="form-control" id=
            "userFullname"
                th:field="*{userFullname}" name="userFullname"
                readonly>
            </div>

        <div class="form-group">
            <label class="form-control-label" for="userPhone">用户电
            话</label>
            <input type="text" class="form-control"  id="userPhone"
                th:field="*{userPhone}" name="userPhone" required
                 maxlength="11" pattern="^[0-9]*$">
            <div th:if="${#fields.hasErrors('userPhone')}">
                <small class="form-text text-danger" th:errors=
                "*{userPhone}">
                </small>
            </div>
        </div>

        <div class="form-group">
            <label class="form-control-label" for="userAddress">用户
            地址</label>
            <input type="text" class="form-control"  id="userAddress"
                th:field="*{userAddress}" name="userAddress"
                required
                maxlength="120" pattern= "^[\u4e00-\u9fa5_a-zA-
                Z0-9]*$">
```

```
            <div th:if="${#fields.hasErrors('userAddress')}">
                <small class="form-text text-danger" th:errors=
                "*{userAddress}">
                </small>
            </div>
        </div>

    <div class="form-group">
            <label class="form-control-label" for="userBankcard">用户
            银行卡号</label>
            <input type="text" class="form-control" id=
            "userBankcard"
                    th:field="*{userBankcard}" name="userBankcard"
                    readonly>
        </div>

    <div class = "col-12 text-right">
                <a type="button" class="btn btn-secondary" th:href=
                "@{/users}">返回</a>
                <button type="submit" class="btn btn-primary">信息更新
                </button>
        </div>
    </div>
```

11.4.4 用户管理

当管理员登录后，进入用户管理模块，可以进行用户的新增、删除、编辑。用户信息汇总页面如图 11-7 所示。

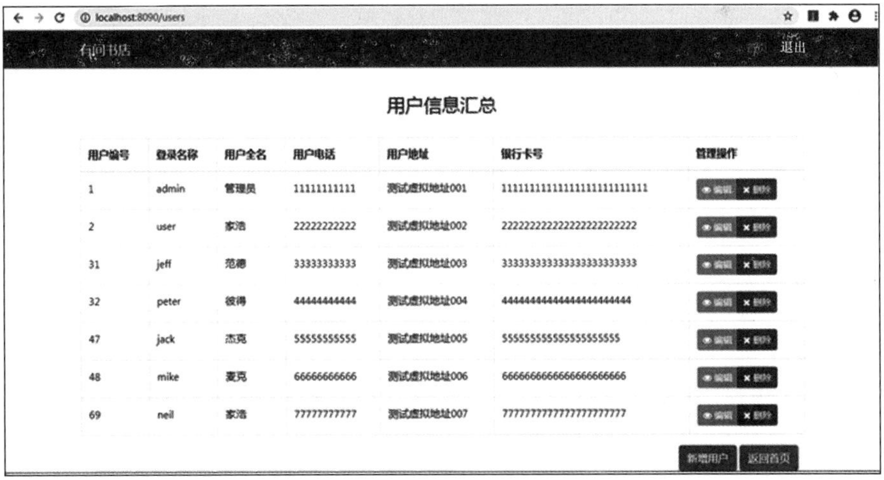

▲图 11-7 用户信息汇总页面

用户信息汇总页面 showAllUsers.html 的实现代码如下。

```
@Repository
```

```html
<div th:replace="fragments/header:: navbar"></div>

<div class="container">
    <h3 class="text-center">用户信息汇总</h3>
    <div class="row">    </div>
    <br/>
    <div class="col-6">
        <div class="alert alert-danger" th:if="${Message}" th:utext=
        "${Message}">
        </div>
    </div>

    <div class="table-responsive">
        <table class="table table-bordered">
            <thead>
            <tr>
                <th>用户编号</th>
                <th>登录名称</th>
                <th>用户全名</th>
                <th>用户电话</th>
                <th>用户地址</th>
                <th>银行卡号</th>
                <th>管理操作 </th>
            </tr>
            </thead>
            <tbody>
            <tr th:each="user : ${users}">
                <td>[[${user.userId}]]</td>
                <td>[[${user.userName}]]</td>
                <td>[[${user.userFullname}]]</td>
                <td>[[${user.userPhone}]]</td>
                <td>[[${user.userAddress}]]</td>
                <td>[[${user.userBankcard}]]</td>
                <td class="text-left">
                    <div class="btn-group flex-btn-group-container">
                        <a th:href="@{'/users/edit/{userId}'(userId=
                        ${user.userId})}"
                                class="btn btn-info btn-sm">
                            <span class="fa fa-eye"></span>
                            <span class="d-none d-md-inline">编辑</span>
                        </a>
                        <a th:href="@{'/users/delete/{userId}'(userId=
                        ${user.userId})}"
                                class="btn btn-danger btn-sm">
                            <span class="fa fa-remove"></span>
                            <span class="d-none d-md-inline">删除</span>
                        </a>
                    </div>
                </td>
            </tr>
```

```
          </tbody>
        </table>
      </div>
  </div>
</div>

  <div class = "col-11 text-right">
        <a class="btn btn-primary" th:href="@{/users/add}">新增用户</a>
        <a class="btn btn-primary" th:href="@{/home}"> 返回首页</a>
  </div>
```

11.4.5 创建用户

管理员创建用户的页面如图 11-8 所示。

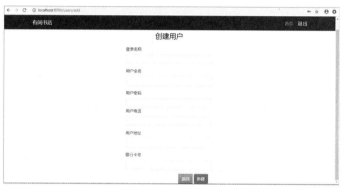

▲图 11-8 创建用户的页面

新增用户页面 addUser.html 的实现代码如下。

```
<!DOCTYPE html>
<html xmlns="http://www.w3.org/1999/xhtml" xmlns:th=
"http://www.thymeleaf.org">
<head th:replace="fragments/header :: head">
</head>
<body>

<div th:replace="fragments/header :: navbar"></div>

<div class="container">
  <h3 class="text-center">新增用户</h3>
    <div class="row justify-content-center">
      <div  class="col-md-4">
        <div class="alert alert-success" th:if="${successMessage}" th:
        utext="${successMessage}">
        </div>
        <form name="userForm" role="form" method="post" th:object=
        "${user}" th:action="@{/users/add}" >
            <div class="form-group">
                    <input type="hidden" class="form-control" id="id"
```

129

```
                                        name="id" th:field="*{userId}"/>
        </div>

            <div class="form-group">
            <label class="form-control-label" for="login">登录名称</label>
                <input type="text" class="form-control" id="login"
            name="login"
                        th:field="*{userName}" required
                        maxlength="50" pattern="^[_'.@A-Za-z0-9-]*$">
                <div th:if="${#fields.hasErrors('userName')}">
                    <small class="form-text text-danger" th:errors=
                    "*{userName}">
                    </small>
                </div>
        </div>
        <div class="form-group">
            <label class="form-control-label" for="userFullname">用户
            全名</label>
            <input type="text" class="form-control"  id=
            "userFullname"
                    th:field="*{userFullname}" name="userFullname"
                    required
                    maxlength="50" pattern="^[\u4e00-\u9fa5]{0,}*$">
            <div th:if="${#fields.hasErrors('userFullname')}">
                <small class="form-text text-danger" th:errors=
                "*{userFullname}">
                </small>
            </div>
        </div>

        <div class="form-group">
            <label class="form-control-label" for="password">用户密码
            </label>
            <input type="password" class="form-control" id="password"
            name="password"
                    th:field="*{userPassword}"  maxlength=50>
            <div th:if="${#fields.hasErrors('userPassword')}">
                <small class="form-text text-danger" th:errors=
                "*{userPassword}">
                </small>
            </div>
        </div>

<div class="form-group">
        <label class="form-control-label" for="userPhone">用户电
        话</label>
        <input type="text" class="form-control"  id="userPhone"
                th:field="*{userPhone}" name="userPhone" required
                maxlength="11" pattern="^[0-9]*$">
        <div th:if="${#fields.hasErrors('userPhone')}">
            <small class="form-text text-danger" th:errors=
```

```
                    "*{userPhone}">
                </small>
            </div>
        </div>

    <div class="form-group">
            <label class="form-control-label" for="userAddress">用户
            地址</label>
            <input type="text" class="form-control"  id="userAddress"
                    th:field="*{userAddress}" name="userAddress"
                    required
                    maxlength="120" pattern=
                    "^[\u4e00-\u9fa5_a-zA-Z0-9]*$">
            <div th:if="${#fields.hasErrors('userAddress')}">
                <small class="form-text text-danger" th:errors=
                "*{userAddress}">
                </small>
            </div>
        </div>

    <div class="form-group">
            <label class="form-control-label" for="userBankcard">银行
            卡号</label>
            <input type="text" class="form-control"  id=
            "userBankcard"
                    th:field="*{userBankcard}" name="userBankcard"
                    required
                     maxlength="80" pattern="^[0-9]*$">
            <div th:if="${#fields.hasErrors('userBankcard')}">
                <small class="form-text text-danger" th:errors=
                "*{userBankcard}">
                </small>
            </div>
        </div>
</div>

 <div class = "col-12 text-right">
            <a type="button" class="btn btn-secondary" th:href=
            "@{/users}">返回</a>
            <button type="submit" class="btn btn-primary">新建
            </button>
    </div>
</form>
```

11.4.6 删除用户

管理员可以删除系统中的普通用户。当用户名下没有订单时，就可以删除；否则，给出提示：该用户名下有订单，不允许删除。

用户信息汇总页面 showAllUsers.html 中删除用户的代码如下。

```
<a th:href="@{'/users/delete/{userId}'(userId=${user.userId})}"
    class="btn btn-danger btn-sm">
    <span class="fa fa-remove"></span>
    <span class="d-none d-md-inline">删除</span>
</a>
```

11.5　小结

　　本章主要介绍了 LiteShelf 的用户管理模块的设计和编码实现。首先，分析了用户管理模块的 3 个需求。然后，围绕模块的需求进行了接口设计，并从后端和前端实现了代码。通过分析用户管理模块的源代码，我们熟悉了用户管理模块的实现过程。在熟悉的过程中，我们掌握了 Spring Boot 的相关特性。

第 12 章　角色权限设计及实现

LiteShelf 系统中有两种角色——用户（ROLE_USER）和管理员（ROLE_ADMIN），LiteShelf 针对这两种角色分别定义了相应的操作权限。本章中，我们将实现管理员角色功能，主要步骤如下。

（1）初始化角色权限数据。

（2）设计用户域模型，创建角色实体对象。

（3）完成权限安全配置，创建用户对象与角色的关系。

（4）完成用户身份认证。

（5）实现权限控制层。

12.1　分析角色需求、权限需求与接口需求

12.1.1　角色功能需求分析

角色管理是常用的管理模块，对于任何一个管理系统的安全管理，它都是必不可少的。通常，角色定义了操作的集合和范围，LiteShelf 系统中的主要角色包括下列两种。

- 普通用户：可以正常访问系统，如提交订单等。
- 管理员：可以进行用户管理、图书管理、订单管理等。

12.1.2　权限需求分析

LiteShelf 系统中，不同角色的用户只能够在相应的权限范围内进行操作。

普通用户的操作权限包括用户注册、用户登录、（查看）我的信息、（查看）我的购物车和（查看）我的历史订单等。

管理员的操作权限如下。

- 用户管理：用户添加、用户信息编辑、用户删除。

- 图书管理：图书添加、图书编辑、图书删除。
- 订单管理：订单处理、订单删除。

12.1.3　接口需求分析

用户登录接口的定义如下。

- 接口名称：/login。
- 接口参数：用户登录名和密码。
- 返回类型：若用户信息输入正确，则返回/home 页面。

12.2　后端设计及编码

要使用 Spring Security，就需要添加如下依赖项。

```
<dependency>
    <groupId>org.Springframework.Boot</groupId>
    <artifactId>Spring-Boot-starter-security</artifactId>
</dependency>
```

12.2.1　初始化角色权限数据

通常，角色是基础数据，在程序操作过程中一般不会发生改变，因此，在程序首次启动时，此类基础数据将被自动导入数据库中。在本案例中，表 roles 只包含一个字段 rolename，该字段表示用户角色，初始值为 ROLE_ADMIN 和 ROLE_USER。实现方式是，首先，把预置的数据添加到初始化 SQL 脚本文件，然后，将初始化 SQL 脚本文件放到项目的 src/main/resources 目录下，并在 application.properties 配置文件中设置 Spring.jpa. hibernate.ddl-auto = update。具体代码如下。

```
DROP TABLE IF EXISTS 'roles';
CREATE TABLE 'roles' (//创建用户角色表
  'rolename' varchar(50) NOT NULL,
  PRIMARY KEY ('rolename')
) ENGINE=InnoDB DEFAULT CHARSET=utf8;

初始化角色权限数据
INSERT INTO 'roles' VALUES ('ROLE_ADMIN');
INSERT INTO 'roles' VALUES ('ROLE_USER');
```

12.2.2　角色域模型设计

在 com.book.shop.model 包下，添加 Roles 实体，它表示操作权限和用户角色。

```
package com.book.shop.model;
```

```
@Entity
@Table(name = "roles")
public class Roles {
    @NotNull
    @Size(max = 50)
    @Id
    @Column(length = 50)
    private String rolename;

    public String getRoleName() {
        return rolename;
    }

    public void setRoleName(String rolename) {
        this.rolename = rolename;
    }

    @Override
    public boolean equals(Object obj) {
        if (this == obj) return true;
        if (!(obj instanceof Roles)) return false;

        Roles roles = (Roles) obj;

        return rolename.equals(roles.rolename);
    }

    @Override
    public int hashCode() {
        return rolename.hashCode();
    }

    @Override
    public String toString() {
        return "Roles{" + "name='" + rolename + '\'' + '}';
    }

}
```

12.2.3 权限安全配置

在 com.book.shop.securityconfig 包中，添加 WebSecurityConfig 配置类，定义安全规则，规定角色可以访问的资源。

```
@Configuration
@EnableWebSecurity
public class WebSecurityConfig extends WebSecurityConfigurerAdapter {

    private final UserDetailsService userDetailsService;
    private final BCryptPasswordEncoder bCryptPasswordEncoder;
```

```
@Autowired
public WebSecurityConfig(UserDetailsService userDetailsService,
BCryptPasswordEncoder bCryptPasswordEncoder) {
    this.userDetailsService = userDetailsService;
    this.bCryptPasswordEncoder = bCryptPasswordEncoder;
}

@Bean
public AccessDeniedHandler accessDeniedHandler(){
    return new LoginAccessDeniedHandler();
}

@Override
protected void configure(HttpSecurity http) throws Exception {
    http.csrf().disable().authorizeRequests()
            .antMatchers("/css/**", "/js/**", "/", "/home", "/bookImage",
            "/registration", "/error").permitAll()
            .antMatchers("/users/**").hasRole("ADMIN")
            .antMatchers("/books/**").hasRole("ADMIN")
            .antMatchers("/orders/**").hasRole("ADMIN")
            .antMatchers("/v1/api/**").hasRole("USER")
            .anyRequest().authenticated()
            .and()
                .formLogin()
                .loginPage("/login")
                .defaultSuccessUrl("/home")
                .permitAll()
            .and()
                .logout()
                .permitAll();
    }

@Override
public void configure(AuthenticationManagerBuilder auth) throws Exception {
    auth.userDetailsService(userDetailsService).passwordEncoder(bCrypt
    PasswordEncoder);
    }

}
```

12.2.4　用户身份认证服务实现

重载 UserDetailsService 接口中的 loadUserByUsername()方法，该方法可根据用户名找到用户。

```
@Service
public class UserDetailsServiceImpl implements UserDetailsService {

    private final UserRepository userRepository;

    @Autowired
```

```
public UserDetailsServiceImpl(UserRepository userRepository) {
    this.userRepository = userRepository;
}

@Override
public UserDetails loadUserByUsername(String userName) throws
UsernameNotFoundException {
    User user = userRepository.findOneWithRolesByUserName(userName);

    if (user == null) {
        System.out.print("error happen and user is null:" + "\n");
        throw new UsernameNotFoundException(userName);
    }

    List<GrantedAuthority> roles = user.getRoles().stream()
            .map(authority -> new SimpleGrantedAuthority (authority.
            getRoleName()))
            .collect(Collectors.toList());

    return new org.Springframework.security.core.userdetails.User
    (user.getUserName(), user.getUserPassword(), roles);
    }
}
}
```

12.2.5　权限控制层实现

我们通常采用@Secured 注解进行权限控制。用户只有被指定至少一个角色，才能访问相对应的方法。这里，@Secured("ROLE_ADMIN")表示只有具备管理员角色的用户才能执行 addUser()方法。

```
@PostMapping("/users/add")
@Secured ("ROLE_ADMIN")
public String addUser(@ModelAttribute User user, Model model, BindingResult
bindingResult)
```

12.3　前端设计及编码

本系统中的管理员可以管理库存，管理订单，管理用户，管理员登录后的首页菜单如图 12-1 所示；普通用户可以查看个人信息、购物车信息和历史订单信息，普通用户登录后的首页菜单如图 12-2 所示。

首页 home.html 中权限模块的实现如下。

```
<div class="container">
    <div class="row">
      <div class="col-md-3">
        <h5 class="my-4"> </h5>
        <ul class="navbar-nav mr-auto sidebar-menu">
```

```
                  <li class="nav-item" >
                      <a class="nav-link" th:href="@{/home}"><i class="icon
                      ion-home"></i>我的首页</a>
                  </li>

            <li class="nav-item" sec:authorize="hasRole('ROLE_USER')">
                    <a class="nav-link" th:href="@{/profile}"><i class="icon
                    ion-person"></i>我的信息</a>
            </li>

            <li class="nav-item" sec:authorize="hasRole('ROLE_USER')">
                    <a class="nav-link" th:href="@{/order}"><i class="icon
                    ion-android-cart"></i>我的购物车</a>
                </li>

            <li class="nav-item" sec:authorize="hasRole('ROLE_USER')" >
                    <a class="nav-link" th:href="@{/historyOrder}"><i class=
                    "icon ion-clipboard"></i>我的历史订单</a>
                </li>

            <li class="nav-item" sec:authorize="hasRole('ROLE_ADMIN')" >
                    <a class="nav-link" th:href="@{/books}"><i class="icon
                    ion-filing"></i>所有库存</a>
            </li>

            <li class="nav-item" sec:authorize="hasRole('ROLE_ADMIN')">
                    <a class="nav-link" th:href="@{/orders/all}"><i class="icon
                    ion-document-text"></i>所有订单</a>
        </li>
        <li class="nav-item" sec:authorize="hasRole('ROLE_ADMIN')">
        <a class="nav-link" th:href="@{/users}"><i class="icon ion- person-
        stalker"></i>所有用户</a>
        </li>
    </ul>
</div>
```

▲图 12-1　管理员登录后的首页菜单

▲图 12-2　用户登录后的首页菜单

12.4 小结

本章介绍了 LiteShelf 系统的角色权限设计及编码实现。我们首先分析了角色权限管理需求，然后在后端和前端分别进行了代码实现。通过分析用户角色权限的源代码，读者可以熟悉角色权限管理的实现过程。在熟悉的过程中，读者掌握 Spring Boot 的相关特性。

第13章 图书管理模块设计及编码实现

13.1.1 图书搜索

用户登录系统后，可以在系统中搜索图书。在用户输入某种图书的书名后，系统自动进行搜索，若系统中存在该书，则用户可以查看该书的名称、描述和单价等信息，并能够将该书添加到购物车中；若该书不存在，则系统提示该书不存在。图书搜索流程如图13-1所示。

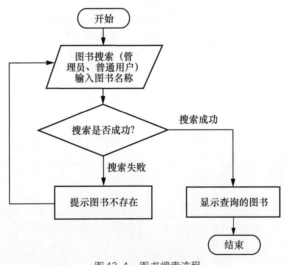

▲图 13-1 图书搜索流程

13.1.2 图书管理

管理员可以对图书进行管理，包括新增图书、编辑图书和删除图书，如图13-2所示。

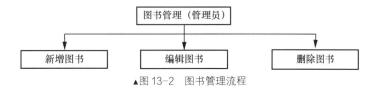

▲图 13-2　图书管理流程

接口需求分析

针对图书管理需求，我们进行接口定义。

图书缩略图查询接口的信息如下。

- 接口名称：/bookImage。利用 GET 方式获取图书缩略图。
- 接口参数：bookId，即图书 ID。
- 返回类型：若查询到指定 bookId 的图片，则返回图书缩略图。

图书搜索接口的信息如下。

- 接口名称：/search。利用 GET 方式获取图书信息。
- 接口参数：用户输入的查询字符串。
- 返回类型：若查询到图书信息，则返回搜索结果页面。

图书信息编辑接口的信息如下。

- 接口名称：/books/edit/{bookId}。利用 POST 方式编辑图书信息。
- 接口参数：bookId，即图书 ID。
- 返回类型：若图书信息修改成功，则返回修改信息后的页面。

图书新增接口的信息如下。

- 接口名称：/books/add。利用 POST 方式添加图书信息。
- 接口参数：Book 类的对象。
- 返回类型：若图书新增成功，则返回 addBook.html 页面。

图书删除接口的信息如下。

- 接口名称：/books/delete/{bookId}。利用 DELETE 方式删除图书。
- 接口参数：bookId，即图书 ID。
- 返回类型：返回 showAllBooks.html 页面。

后端设计及编码

13.3.1　图书域模型设计

在 com.book.shop.model 包下，添加 Book 类，基于 book 表，进行图书域模型的设计，定义 Book 类的对象，实现序列化。

```java
@Entity
@Table(name = "book")
public class Book implements Serializable{
    private static final long serialVersionUID = 1L;
    @Id
    @GeneratedValue(strategy = GenerationType.AUTO)
    @Column(name = "bookid")
    private Long bookId;

    @Column(name = "bookname")
    private String bookName;

    @Column(name = "author")
    private String bookAuthor;

    @Column(name = "isbn")
    private String bookIsbn;

    @Column(name = "publisher")
    private String bookPublisher;

    @Column(name = "description", columnDefinition = "text")
    private String bookDescription;

    @Column(name = "price", precision=5, scale=1)
    private BigDecimal bookPrice;

    @Lob
    @Column(name = "image")
    private byte[] bookImage;

    @Column(name = "image_content_type")
    private String bookImageContentType;

    @Column(name = "inventory")
    private int bookInventory;

    @Column(name = "discount", precision=1, scale=1)
    private BigDecimal bookDiscount;

    @OneToMany(
            mappedBy = "book",
            cascade = CascadeType.ALL,
            orphanRemoval = true
    )
    private List<OrderItems> orders = new ArrayList<>();

    public Long getBookId() {
        return bookId;
```

```
    }

    public void setBookId(Long bookId) {
        this.bookId = bookId;
    }

    public byte[] getBookImage() {
        return bookImage;
    }

    public void setBookImage(byte[] bookImage) {
        this.bookImage = bookImage;
    }

    public String getBookImageContentType() {
        return bookImageContentType;
    }

    public void setBookImageContentType(String bookImageContentType) {
        this.bookImageContentType = bookImageContentType;
    }

    public List<OrderItems> getOrders() {
        return orders;
    }

    public void setOrders(List<OrderItems> orders) {
        this.orders = orders;
    }

    @Override
    public int hashCode() {
        return Objects.hash(bookIsbn);
    }

    @Override
    public boolean equals(Object obj) {
        if (this == obj) return true;

        if (!(obj instanceof Book)) return false;
        Book book = (Book) obj;
        return Objects.equals(bookIsbn, book.bookIsbn);
    }
}
```

13.3.2　图书仓库实现

在 com.book.shop.repository 包下，添加 BookRepository 接口，它继承 JPA 接口 JpaRepository，并增加了两个接口——searchBooks 和 searchByIsbn。

```
public interface BookRepository extends JpaRepository<Book, Long>{
    @Query("select p from Book p where p.bookName like ?1 or p.bookAuthor
    like ?1")
    List<Book> searchBooks(String query);

    @Query("select p from Book p where p.bookIsbn like ?1")
    Book searchByIsbn(String query);

}
```

13.3.3　图书服务接口实现

在 com.book.shop.Webservice 包下，添加 BookService 类，实现与图书增、删、改、查操作相关的逻辑处理。

```
@Service
public class BookService {
    private final BookRepository bookRepository;

    @Autowired
    public BookService(BookRepository bookRepository) {
        this.bookRepository = bookRepository;
    }

     public List<Book> findAllBooks() {//查找所有图书
        return bookRepository.findAll();
    }


    public Book findBookById(Long bookId) {//查找指定图书
        return bookRepository.findById(bookId).get();
    }


    public Book updateBook(Book book) {//更新图书
        return bookRepository.save(book);
    }

    public void deleteBook(Book book) {//删除图书
        bookRepository.delete(book);
    }

    public List<Book> searchBooks(String query){
        return bookRepository.searchBooks("%"+query+"%");

    }

    public Book saveBook(BookForm bookForm) {//新增图书
        byte[] image = null;
        byte[] imagebackup = null;
```

```
        final Book editBook;
        Book book = new Book();

        if (bookForm.getBookImage() != null) {

            try {
                image = bookForm.getBookImage().getBytes();
            } catch (IOException e) {}
            if (image != null && image.length >0) {
                book.setBookImage(image);
                book.setBookImageContentType("image/jpeg");
            }
        }else {
            if (bookForm.getBookId() != null) {
                editBook = bookRepository.findById(bookForm. getBookId()).
                get();
                imagebackup =editBook.getBookImage();
                book.setBookImage(imagebackup);
                book.setBookImageContentType("image/jpeg");
            }
        }
    book = bookForm.toBook(book);
    return bookRepository.save(book);
    }
}
```

13.3.4　图书控制层实现

在 com.book.shop.Webcontroller 包下，添加 BookController 类，用于声明对外提供的图书新增、查询、编辑、删除等 API 功能，并对 API 请求进行处理。

```
package com.book.shop.Webcontroller;
@Controller
public class BookController {

    private final BookService bookService;

    @Autowired
    public BookController(BookService bookService) {
        this.bookService = bookService;
    }

    @GetMapping(value = {"/home", "/"})
    public String listAllBooks(Model model) {
        List<Book> books = bookService.findAllBooks();
        model.addAttribute("books", books);
        return "home";
    }

    @GetMapping("/search")
```

```java
public String searchBooks(@RequestParam(name="q", defaultValue="") String
query,Model model) {
    List<Book> books = bookService.searchBooks(query);
    model.addAttribute("books", books);
    return "search";
}


@GetMapping("/bookImage")
public void bookImage(HttpServletResponse response,
                      @RequestParam("bookId") Long bookId) throws
                      IOException {
    Book book = bookService.findBookById(bookId);
    if (book != null) {
        response.setContentType("image/jpg");
        response.getOutputStream().write(book.getBookImage());
    }
    response.getOutputStream().close();
}


@GetMapping("/books/{bookId:\\d+}")
public String getBook(@PathVariable Long bookId, Model model) throws
Exception{
    Book book = bookService.findBookById(bookId);
    try{
        model.addAttribute("book", book);
    }catch(Exception ex){
        throw new Exception("找不到图书");
    }
    return "book";
}


@GetMapping("books")
@Secured ("ROLE_ADMIN")
public String getBooks(Model model) {
    List<Book> books = bookService.findAllBooks();
    model.addAttribute("books", books);
    return "showAllBooks";
 }

@GetMapping("/books/add")
@Secured ("ROLE_ADMIN")
public String addBookPage(Model model) {
    BookForm bookForm = new BookForm();
    model.addAttribute("bookForm", bookForm);
    return "addBook";
}

@PostMapping("/books/add")
@Secured ("ROLE_ADMIN")
```

```java
public String addBook(@ModelAttribute BookForm bookForm, Model model) {
    Book savedBook = bookService.saveBook(bookForm);
    model.addAttribute("successMessage", "图书创建编号 " + savedBook.
    getBookId());
    return addBookPage(model);
}

@GetMapping("/books/edit/{bookId}")
@Secured ("ROLE_ADMIN")
public String editBookPage(@PathVariable Long bookId, Model model) {
    Book book = bookService.findBookById(bookId);
    model.addAttribute("bookForm", new BookForm(book));
    return "editBook";
}

@PostMapping("/books/edit")
@Secured ("ROLE_ADMIN")
public String editBook(@ModelAttribute BookForm bookForm, Model model) {
    Book savedBook = bookService.saveBook(bookForm);
    model.addAttribute("successMessage", "图书信息编辑成功 " + savedBook.
    getBookId());
    return "editBook";
}

@GetMapping("/books/delete/{bookId}")
@Secured ("ROLE_ADMIN")
public String deleteBook(@PathVariable Long bookId, Model model) {
    Book book = bookService.findBookById(bookId);
    bookService.deleteBook(book);
    model.addAttribute("successMessage", "图书编号"+ bookId + " 删除成功");
    return getBooks(model);
}

@GetMapping("/books/view/{bookId}")
@Secured ("ROLE_ADMIN")
public String viewBook(@PathVariable Long bookId, Model model) {
    Book book = bookService.findBookById(bookId);
    model.addAttribute("book", book);
    return "viewBook";
}
}
```

13.4 前端设计及编码

基于后端接口，本节中我们将开发前端页面并进行接口的调用，完成相应的图书操作调用请求处理。

13.4.1　图书管理

图书管理只有拥有管理员权限的用户才可以进行。图书管理对应的"图书库存明细汇总"页面如图 13-3 所示。

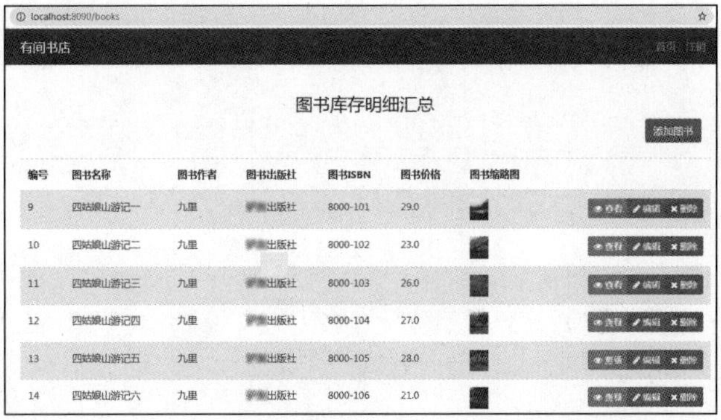

▲图 13-3　"图书库存明细汇总"页面

图书库存明细汇总页面 showAllBooks.html 的实现代码如下。

```
<div th:replace="fragments/header :: navbar"></div>

<div class="container">
    <h3 class="text-center">图书库存明细汇总</h3>
      <div class = "col-12 text-right">
        <a class="btn btn-primary" th:href="@{/books/add}">新增图书 </a>
</div>
<div class="row">
</div>
<br/>
<div class="table-responsive">
    <table class="table table-striped">
        <thead>
        <tr>
            <th><span>编号</span> <span></span></th>
            <th><span>图书名称</span> <span></span></th>
            <th><span>图书作者</span> <span></span></th>
            <th><span>图书出版社</span> <span></span></th>
            <th><span>图书 ISBN</span> <span></span></th>
            <th><span>图书价格</span> <span></span></th>
            <th><span>图书缩略图</span> <span></span></th>
            <th></th>
        </tr>
        </thead>
        <tbody>
        <tr th:each="book : ${books}">
        <td>[[${book.bookId}]]</td>
        <td>[[${book.bookName}]]</td>
        <td>[[${book.bookAuthor}]]</td>
```

```
<td>[[${book.bookPublisher}]]</td>
<td>[[${book.bookIsbn}]]</td>
<td>[[${book.bookPrice}]]</td>
<td>
    <img width="30px" th:src="@{|/bookImage?bookId=
    ${book.bookId}|}"/>
</td>
<td class="text-right">
    <div class="btn-group flex-btn-group-container">
        <a th:href="@{'/books/view/{bookId}'(bookId=
        ${book.bookId})}"
           class="btn btn-info btn-sm">
            <span class="fa fa-eye"></span>
            <span class="d-none d-md-inline">查看</span>
        </a>
        <a th:href="@{'/books/edit/{bookId}'(bookId=
        ${book.bookId})}"
           class="btn btn-primary btn-sm">
            <span class="fa fa-pencil"></span>
            <span class="d-none d-md-inline">编辑</span>
        </a>
        <a th:href="@{'/books/delete/{bookId}'(bookId=
        ${book.bookId})}"
           class="btn btn-danger btn-sm">
            <span class="fa fa-remove"></span>
            <span class="d-none d-md-inline">删除</span>
        </a>
    </div>
</td>
    </tr>
    </tbody>
</table>
```

13.4.2 新增图书

管理员可以通过"图书库存明细汇总"页面新增图书,"新增图书"页面如图 13-4 所示。

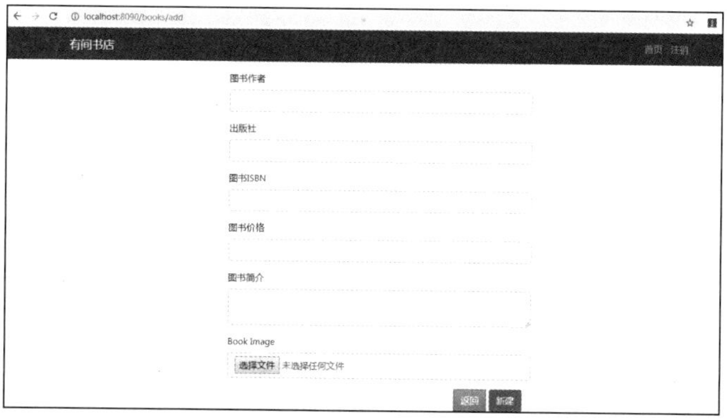

▲图 13-4 "新增图书"页面

"新增图书"页面 addBooks.html 的实现代码如下。

```
<div class="container">
    <h3 class="text-center">新增图书</h3>
<div class="row justify-content-center">
        <div class="col-6">
            <form name="bookForm" role="form" method="post" th:object=
            "${bookForm}" th:action="@{/books/add}" enctype="multipart/form-
            data">

    <div class="form-group">
      <label class="form-control-label" for="field_bookTitle">图书名称</label>
      <input type="text" class="form-control" name="bookName" id=
      "field_bookname" required th:field="*{bookName}"/>
                </div>
                <div class="form-group">
      <label class="form-control-label" for="field_bookAuthor">图书作者</label>
      <input type="text" class="form-control" name="bookAuthor" id=
      "field_author" required th:field="*{bookAuthor}"/>
    </div>
    <div class="form-group">
      <label class="form-control-label" for="field_bookPages">出版社</label>
      <input type="text" class="form-control" name="bookPublisher" id=
      "field_publisher" required
      th:field="*{bookPublisher}"/>
</div>
    <div class="form-group">
        <label class="form-control-label" for="field_bookIsbn">图书
        ISBN</label>
        <input type="text" class="form-control" name="bookIsbn" id=
        "field_isbn" required th:field="*{bookIsbn}"/>
         </div>
    <div class="form-group">
        <label class="form-control-label" for="field_bookPrice">图书价格
        </label>
    <input type="number" class="form-control" name="bookPrice" id=
    "field_price" required th:field="*{bookPrice}"/>
                </div>
    <div class="form-group">
        <label class="form-control-label" for="field_bookDescription">图书简介
        </label>
        <textarea class="form-control" name="bookDescription" id=
        "field_description" required th:field="*{bookDescription}"></textarea>
         /div>
    iv class="form-group">
      bel class="form-control-label" for="field_bookImage">Book Image</label>
        <div>
<img th:if="${edit}" height="100px"
th:src="@{|/bookImage?bookId=${bookForm.bookId}|}"/>
        nput type="file" class="form-control" name="bookImage" id= field_image
              th:field="*{bookImage}" accept="image/*"/>
```

```
            </div>
        iv>

    div class = "col-12 text-right">
            <a type="button" class="btn btn-secondary" th:href="@{/books}">
            返回</a>
                        <button type="submit" class="btn btn-primary">新增
                        </button>
                    </div>
                </form>
            </div>
        </div>
```

13.4.3　图书编辑

　　管理员可以对库存的图书信息进行编辑，"编辑图书信息"页面如图 13-5 所示。在该页面中，管理员可以修改图书的名称、作者、出版社、ISBN、价格、简介和缩略图。

▲图 13-5　"编辑图书信息"页面

"编辑图书信息"页面 editBooks.html 的实现代码如下。

```
<div class="container">
<div class="row justify-content-center">
    <div class="col-6">
        <div class="alert alert-success" th:if="${successMessage}" th:
        utext="${successMessage}">
        </div>

        <form name="bookForm" role="form" method="post" th:object=
        "${bookForm}" th:action="@{/books/edit}" enctype=
        "multipart/form-data">
```

```html
                    <h3 class="text-center">编辑图书信息</h3>
                    <div class="form-group">
                        <label for="id">ID</label>
                        <input type="text" class="form-control" id="id" name="id"
                                th:field="*{bookId}" readonly/>
                    </div>
        <div class="form-group">
         <label class="form-control-label" for="field_bookName">图书名称</label>
         <input type="text" class="form-control" name="bookName" id=
        "field_bookTitle" required th:field="*{bookName}"/>
          </div>
        <div class="form-group">
           <label class="form-control-label" for="field_bookAuthor">图书作者</label>
           <input type="text" class="form-control" name="bookAuthor" id=
          "field_bookAuthor" required th:field="*{bookAuthor}"/>
           </div>
            <div class="form-group">
             <label class="form-control-label" for="field_bookPages">出版社
             </label>
             <input type="text" class="form-control" name="bookPublisher" id=
            "field_bookPublisher" required
             th:field="*{bookPublisher}"/>
                    </div>
            <div class="form-group">
              <label class="form-control-label" for="field_bookIsbn">图书
              ISBN</label>
              <input type="text" class="form-control" name="bookIsbn" id=
              "field_bookIsbn" required th:field="*{bookIsbn}"/>
              </div>
        <div class="form-group">
           <label class="form-control-label" for="field_bookPrice">图书价格</label>
           <input type="number" class="form-control" name="bookPrice" id=
           "field_bookPrice" required th:field="*{bookPrice}"/>
        </div>
         <div class="form-group">
              <label class="form-control-label" for="field_bookDescription">图书
              简介</label>
              <textarea class="form-control" name="bookDescription" id=
              "field_bookDescription" required th:field="*{bookDescription}">
              </textarea>
         </div>
          <div class="form-group">
          <label class="form-control-label" for="field_bookImage">图书缩略图
          </label>
           <div>
           <img height="100px" th:src="@{|/bookImage?bookId=${bookForm.
           bookId}|}"/>
           </div>
           </div>
             <div class = "col-12 text-right">
```

```
            <a type="button" class="btn btn-secondary" th:href=
            "@{/books}">返回</a>
                    <button type="submit" class="btn btn-primary">提交
                    </button>
            </div>
        </form>
        </div>
</div>
```

13.4.4　图书搜索

用户登录系统后，可在首页搜索图书关键字，如图 13-6 所示。

▲图 13-6　图书搜索页面

图书搜索页面 search.html 的实现代码如下。

```
<div class="container">
  <div class="row">
    <div class="col-lg-9">
      <div class="my-4" >
      </div>
      <div class="row">
      <div th:each="book : ${books}" class="col-md-4">
        <div class="card border-light mb-3">
            <div class="card-body">
            <p> <a href="" th:href="@{/books/{bookId}(bookId=
            ${book.bookId})}">
            <img height="300px" src="" th:src="@{|/bookImage?bookId=
            ${book.bookId}|}"/>
            </a>
            </p>
            <h2>[[${book.bookPrice}]] 元</h2>
            <p class="card-text">[[${book.bookName}]]<br>[[${book.
            bookAuthor}]]</p>
                <a class="btn btn-outline-dark border border-white"
        th:href="@{'/order/addBook/{bookId}'(bookId=${book.bookId})}">
                            加入购物车
                </a>
            </div>
```

13.4.5　图书详情

用户登录系统成功后，可通过单击图书图片查看图书详情，如图书简介、图书出版社等。图书详情页面如图 13-7 所示。

▲图 13-7　图书详情页面

图书详情页面 viewBooks.html 的实现代码如下。

```
<div class="container">
    <div class="row justify-content-center">
        <div class="col-md-4 mr-5">
         <p>
            <img width="400px" th:src="@{|/bookImage?bookId=${book.
            bookId}|}" />
         </p>
        </div>

        <div class="col-md-5">
            <h1>[[${book.bookName}]]</h1>
            <dl class="row">
                <dt class="col-6 text-secondary">图书名称</dt>
                <dd class="col-6">[[${book.bookName}]]</dd>

                <dt class="col-6 text-secondary">图书作者</dt>
                <dd class="col-6">[[${book.bookAuthor}]]</dd>

                <dt class="col-6 text-secondary">出版社</dt>
                <dd class="col-6">[[${book.bookPublisher}]]</dd>

                <dt class="col-6 text-secondary">图书 ISBN</dt>
```

```
                    <dd class="col-6">[[${book.bookIsbn}]]</dd>

                    <dt class="col-6 text-secondary">图书价格</dt>
                    <dd class="col-6">[[${book.bookPrice}]]</dd>
                </dl>
                <h4>图书简介</h4>
                <p align="justify">[[${book.bookDescription}]]</p>
            </div>
            <div class = "col-12 text-right">
            <button class="btn btn-info" onclick="history.back()">
                    <span class="fa fa-arrow-left"></span> <span> 返回首页
                    </span>
            </button>
        </div>
        </div>
    </div>
</body>
```

13.5 小结

本章介绍了 LiteShelf 的图书管理模块的设计及编码实现。我们首先分析了图书管理需求，然后对接口进行了定义，并在后端和前端实现了代码。通过分析图书管理模块的源代码，读者可以熟悉图书管理模块的实现过程，并理解 Spring MVC 架构的设计原理。

第14章 订单管理模块设计及编码实现

14.1 订单管理需求

14.1.1 生成订单

用户在浏览并选定图书后，会将其添加到购物车，此时，购物车会显示选定图书的名称、价格和数量等信息。用户可以继续浏览图书并可在选定后将它们添加到购物车中。

当用户确认购物车中的图书并进行结算后，系统会生成订单。生成订单的流程如图 14-1 所示。

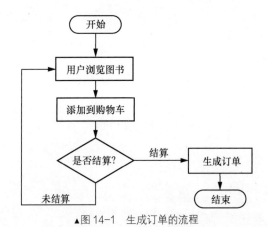

▲图 14-1 生成订单的流程

14.1.2 订单管理

管理员可以对普通用户的订单进行管理，如查询订单、编辑订单和删除订单。而普通用户只可以查询个人订单信息。订单管理流程如图 14-2 所示。

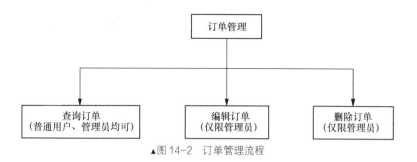

▲图 14-2　订单管理流程

14.2 接口需求分析

针对订单管理需求，我们进行接口概要设计，并定义接口。

添加图书到购物车接口的信息如下。

- 接口名称：/order/addBook/{bookId}。
- 接口参数：用户认证信息。
- 返回类型：返回更新后的购物车页面。

删除购物车中的图书接口的信息如下。

- 接口名称：/order/removeBook/{bookId} 。
- 接口参数：bookId。
- 返回类型：返回更新后的购物车页面。

订单结算接口的信息如下。

- 接口名称：/order/createOrder。
- 接口参数：生成订单信息。
- 返回类型：返回订单结算页面。

查询所有订单信息接口的信息如下。

- 接口名称：/orders/all。
- 接口参数：无。
- 返回类型：返回 showAllOrders.html 页面。

订单明细查询接口的信息如下。

- 接口名称：/order/{orderId}。通过 GET 方式获取指定订单信息。
- 接口参数：orderID，即订单 ID。
- 返回类型：若查询到订单信息，则返回 showOrderItem.html 页面。

删除订单接口的信息如下。

- 接口名称：/order/delete/{orderId}。
- 接口参数：orderID，即订单 ID。

- 返回类型：若指定的订单删除成功，则返回更新后的 showAllOrders 页面。

查询用户的历史订单接口的信息如下。

- 接口名称：/historyOrder。
- 接口参数：用户认证信息。
- 返回类型：返回更新后的 historyOrder.html 页面。

14.3 后端设计及编码

本节主要介绍订单域模型设计、订单仓库实现、订单服务接口实现和订单控制层实现。

14.3.1 订单域模型设计

在 com.book.shop.model 包下，添加类 Order 和类 OrderItems。

类 Order 的定义如下。

```
@Entity
@Table(name = "orders")
public class Order implements Serializable{
    private static final long serialVersionUID = 1L;
    @Id
    @GeneratedValue(strategy = GenerationType.IDENTITY)
    @Column(name = "orderid")
    private Long orderId;

    @NotNull
    @Column(name = "orderdate")
    private Date orderDate;

    @NotNull
    @Column(name = "status", nullable = false)
    private boolean orderStatus;

    @NotNull
    @Column(name = "totalprice", precision=10, scale=2)
    private BigDecimal orderPrice;

    @OneToMany(
            mappedBy = "order",
            cascade = CascadeType.ALL,
            orphanRemoval = true
    )

    private List<OrderItems> books = new ArrayList<>();

    @ManyToOne
```

```java
@JoinColumn(name = "userid")
private User user;

public void addBook(Book book, Long quantity) {
    OrderItems OrderItems = new OrderItems(this, book, quantity);
    books.add(OrderItems);
}

public void removeBook(Book book) {
    OrderItems OrderItems = new OrderItems(this, book);
    book.getOrders().remove(OrderItems);
    books.remove(OrderItems);
    OrderItems.setOrder(null);
    OrderItems.setBook(null);
}

public Long getOrderId() {
    return orderId;
}

public void setOrderId(Long orderId) {
    this.orderId = orderId;
}

public Date getOrderDate() {
    return orderDate;
}

public void setOrderDate(Date orderDate) {
    this.orderDate = orderDate;
}

public boolean isOrderStatus() {
    return orderStatus;
}

public void setOrderStatus(boolean orderStatus) {
    this.orderStatus = orderStatus;
}

public BigDecimal getOrderPrice() {
    return orderPrice;
}

public void setOrderPrice(BigDecimal orderPrice) {
    this.orderPrice = orderPrice;
}

public List<OrderItems> getBooks() {
    return books;
```

```
    }

    public void setBooks(List<OrderItems> books) {
        this.books = books;
    }

    @Override
    public int hashCode() {
        return Objects.hash(orderId);
    }

    @Override
    public boolean equals(Object obj) {
        if (this == obj) return true;
        if (!(obj instanceof Order)) return false;
        Order order = (Order) obj;
        return getOrderId() != null && Objects.equals(getOrderId(),
        order.getOrderId());
    }
```

类 OrderItems 的定义如下。

```
@Entity
@Table(name = "orderitems")
public class OrderItems implements Serializable{
    private static final long serialVersionUID = 1L;
    @Id
    @ManyToOne(fetch = FetchType.LAZY)
    @JoinColumn(name = "orderid")
    private Order order;
    @Id
    @ManyToOne(fetch = FetchType.LAZY)
    @JoinColumn(name = "bookid")
    private Book book;

    @NotNull
    private Long quantity;

    public OrderItems(Order order, Book book) {
        this.order = order;
        this.book = book;
    }

    public OrderItems(Order order, Book book, Long quantity) {
        this.order = order;
        this.book = book;
        this.quantity = quantity;
    }

    public OrderItems() {
    }
```

14.3.2 订单仓库实现

在 com.book.shop.repository 包下，添加 OrderRepository 接口，它继承 JPA 接口 JpaRepository，并增加了两个接口——findByUser 和 findByOrderStatus。

```
public interface OrderRepository extends JpaRepository<Order, Long>{

    List<Order> findByUser(User user);

    List<Order> findByOrderStatus(boolean orderStatus);

}
```

14.3.3 订单服务接口实现

在 com.book.shop.Webservice 包下，增加 OrderService 类，实现与订单的生成、查询、编辑和删除操作相关的逻辑处理。

```
@Service
@Scope(value = WebApplicationContext.SCOPE_SESSION, proxyMode =
ScopedProxyMode.TARGET_CLASS)
public class OrderService {
    private final OrderRepository orderRepository;
    private final UserRepository userRepository;
    private Order order = new Order();

    @Autowired
    public OrderService(OrderRepository orderRepository, UserRepository
    userRepository) {
        this.orderRepository = orderRepository;
        this.userRepository = userRepository;
    }

    public void AddBookToOrder(Book book)   //添加图书到订单
    {
        BigDecimal totalPrice = new BigDecimal(0);
        BigDecimal orderItemPrice = new BigDecimal(0);
        int isFoundDuplidatedBook = 0;
        for (OrderItems orderItem : order.getBooks())
        {
            if(orderItem.getBook().equals(book)){
                isFoundDuplidatedBook = 1;
                orderItem.setQuantity(orderItem.getQuantity()+1);
                break;
            }
        }
        if (0 == isFoundDuplidatedBook) {
            order.addBook(book, 1L);
        }
        orderItemPrice = book.getBookPrice();
        if (order.getOrderPrice()==null) {
            totalPrice = orderItemPrice;
        }else {
```

```
            totalPrice = order.getOrderPrice().add(orderItemPrice);
        }
        order.setOrderPrice(totalPrice);
    }

    public void removeBookFromOrder(Book book) {  //从订单中删除图书
        BigDecimal totalPrice = new BigDecimal(0);
        BigDecimal orderItemPrice = new BigDecimal(0);

        for (OrderItems orderItem : order.getBooks())
        {
            if(orderItem.getBook().equals(book)){
                orderItemPrice = new BigDecimal(orderItem.getQuantity()).
                multiply(book.getBookPrice());
                break;
            }
        }
        order.removeBook(book);
        totalPrice = order.getOrderPrice().subtract( orderItemPrice);
        order.setOrderPrice(totalPrice);
    }

    public void createOrder(String userName) {  //生成订单
        User user = userRepository.findByUserName(userName);
        order.setUser(user);
        order.setOrderDate(Calendar.getInstance().getTime());
        orderRepository.save(order);
    }

    public List<Order> findAllOrders() {  //查询所有订单
        return orderRepository.findAll();
    }

    //查询订单状态
    public List<Order> findByOrderStatus(boolean orderStatus) {
        return orderRepository.findByOrderStatus(orderStatus);
    }

    public Order findOrderById(Long orderId) {  //按订单号查询
        return orderRepository.findById(orderId).get();
    }

    public void updateOrder(Order order) {  //编辑订单
        orderRepository.save(order);
    }

    public void deleteOrder(Order order) {  //删除订单
        orderRepository.delete(order);
    }
    //按用户名查询订单
    public List<Order> findByUserName(String userName) {
        User user = userRepository.findByUserName(userName);
```

```
        return orderRepository.findByUser(user);
    }

    public Order getOrder() {   //查询订单对象
        return order;
    }

    public Order clearOrder() {   //消除订单对象
        order = new Order();
        return order;
    }
}
```

14.3.4 订单控制层实现

在 com.book.shop.Webcontroller 包下，添加 OrderController 类，用于声明对外提供的新增订单、查询订单、编辑订单、删除订单等 API 功能，并对 API 请求进行处理。

```
@Controller
public class OrderController {
    private final OrderService orderService;
    private final BookService bookService;
    private final UserService userService;

    @Autowired
    public OrderController(OrderService orderService, BookService bookService,
    UserService userService) {
        this.orderService = orderService;
        this.bookService = bookService;
        this.userService = userService;
    }

    @GetMapping("/order")   //查询订单信息
    public String getOrder(Model model) {
        model.addAttribute("order", orderService.getOrder());
        return "order";
    }


    @GetMapping("/historyOrder")   //查询历史订单信息
    public String gethistoryOrder(Principal principal, Model model) {
        List<Order> orders = orderService.findByUserName
        (principal.getName());
        model.addAttribute("orders", orders);
        return "historyOrder";
    }


    @GetMapping("/confirmOrder")   //订单信息确认
    public String showOrderConfirmInfo(Principal principal, Model model) {
        Order order = orderService.clearOrder();
        model.addAttribute("orders",order);
        return "orderConfirmInfo";
```

```
    }

    @GetMapping("/order/createOrder")  //新增订单
    public String createOrder(Model model, Principal principal) {
        if (orderService.getOrder().getBooks().isEmpty()) {
            model.addAttribute("errorMessage", "订单为空");
            return getOrder(model);
        }
        orderService.createOrder(principal.getName());
        model.addAttribute("order", orderService.getOrder());
        User user = userService.findByUserName(principal.getName());
        model.addAttribute("user", user);
        return "checkout";
    }

    @GetMapping("/order/addBook/{bookId}")  //添加图书到订单
    public String addBookToOrder(@PathVariable("bookId") Long bookId, Model
    model) {
        orderService.AddBookToOrder(bookService.findBookById(bookId));
        return getOrder(model);
    }

    @GetMapping("/order/removeBook/{bookId}")   //从订单中删除图书
    public String removeBookFromOrder(@PathVariable("bookId") Long bookId,
    Model model) {
        Book bookDel = bookService.findBookById(bookId);
          orderService.removeBookFromOrder(bookDel);
        return getOrder(model);
    }


    @GetMapping("/orders/all")   //查询所有订单信息
    @Secured ("ROLE_ADMIN")
    public String getAllOrders(Model model) {
        List<Order> orders = orderService.findAllOrders();
        model.addAttribute("orders", orders);
        return "showAllOrders";
    }

      @GetMapping("/orders/delete/{orderId}")   //删除订单信息
    @Secured ("ROLE_ADMIN")
    public String deleteOrder(@PathVariable Long orderId, Model model) {
        Order order = orderService.findOrderById(orderId);
        orderService.deleteOrder(order);
        model.addAttribute("successMessage", "订单编号 " + orderId + " 删除成功");
        return getAllOrders(model);
    }

    @GetMapping("/order/{orderId}")   //查询指定订单信息
    public String showOrderItem(@PathVariable Long orderId, Model model) {
        Order order = orderService.findOrderById(orderId);
```

```
        model.addAttribute("order", order);
        return "showOrderItem";
    }
```

14.4 前端设计及编码

基于后端接口，本节中，我们将开发订单管理模块的前端页面并进行接口的调用，完成相应的订单操作调用请求处理。

14.4.1 加入购物车

用户登录系统后，可以通过单击图书下方的"加入购物车"按钮将选定的图书加入购物车，如图 14-3 所示。

▲图 14-3 把图书加入购物车

然后进入结算页面，如图 14-4 所示。

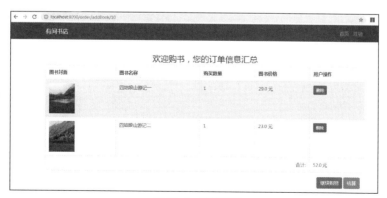

▲图 14-4 结算页面

结算功能在订单页面中调用。订单页面 order.html 的实现代码如下。

```
<div class="container">
    <div class="m-a-1">
        <h3 class="text-center">欢迎购书，你的订单信息汇总</h3>
        <table class="table table-bordered table-striped p-a-1">
            <thead>
            <tr>
                <th>图书封面</th>
                <th>图书名称</th>
                <th>购买数量</th>
                <th>图书价格</th>
                <th>用户操作 </th>
            </tr>
            </thead>
            <tbody>
            <tr th:if="${#lists.isEmpty(order.books)}">
                <td colspan="5" class="text-xs-center">你的订单为空
                </td>
            </tr>
            <tr th:each="orderBook : ${order.books}">
                <td>
                    <img width="90" th:src="@{|/bookImage?bookId=
                    ${orderBook.book.bookId}|}"/>
                </td>
                <td>[[${orderBook.book.bookName}]]</td>
                <td>[[${orderBook.quantity}]]  </td>
                <td class="text-xs-right">
                    [[${orderBook.book.bookPrice}]] 元
                </td>
                <td class="text-xs-center">
                    <a class="btn btn-sm btn-danger"
                        th:href="@{'/order/removeBook/{bookId}'(bookId=
                        ${orderBook.book.bookId})}">删除 </a>
                </td>
            </tr>
            </tbody>
            <tfoot>
            <tr>
                <td colspan="4" class="text-right">合计:</td>
                <td th:unless="${#lists.isEmpty(order.books)}" class=
                "text-xs-right">[[${order.orderPrice}]] 元
                <td th:if="${#lists.isEmpty(order.books)}" class=
                "text-xs-right">[[${order.orderPrice}]] 0.0
                </td>
            </tr>
            </tfoot>
        </table>
    </div>
    <div class = "col-12 text-right">
        <a class="btn btn-primary" th:href="@{/home}">继续购物</a>
        <a class="btn btn-success" th:href="@{/order/createOrder}">结算 </a>
    </div>
</div>

</body>
```

14.4.2 订单确认

在图 14-4 所示的结算页面中，单击"结算"按钮，进入订单确认页面，如图 14-5 所示。

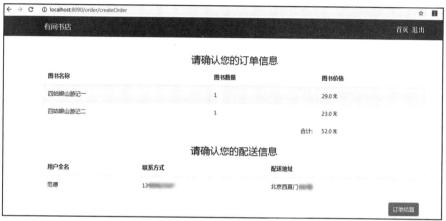

▲图 14-5 订单确认页面

订单确认页面 orderConfirmInfo.html 的实现代码如下。

```html
<div class="container">
        <h3 class="text-center">请确认您的订单信息</h3>
        <table class="table table-bordered table-striped ">
            <thead>
            <tr>
                <th>图书名称</th>
                <th>图书数量</th>
                <th>图书价格</th>
             </tr>
            </thead>
            <tbody>
            <tr th:if="${#lists.isEmpty(order.books)}">
                <td colspan="2" class="text-center">您的订单为空
                </td>
            </tr>
            <tr th:each="orderBook : ${order.books}">
                <td>[[${orderBook.book.bookName}]]</td>
                <td>[[${orderBook.quantity}]]</td>
                <td>[[${orderBook.book.bookPrice}]] 元 </td>
            </tr>
            </tbody>
            <tfoot>
            <tr>
                <td colspan="2" class="text-right">合计:</td>
                <td th:unless="${#lists.isEmpty(order.books)}" class=
                "text-left">
                    [[${order.orderPrice}]] 元
                </td>
```

167

```
            </tr>
        </tfoot>
    </table>

    <h3 class="text-center">请确认您的配送信息</h3>
    <table class="table table-bordered">
        <thead>
        <tr>
            <th>用户全名</th>
            <th>联系方式</th>
            <th>配送地址</th>
        </tr>
        </thead>
        <tbody>
        <tr>
            <td>[[${user.userFullname}]]</td>
            <td>[[${user.userPhone}]]</td>
            <td>[[${user.userAddress}]]</td>
        </tr>
    </table>

    <div class="col-12 text-right">
        <a class="btn btn-success" th:href="@{/confirmOrder}"> 订单结算
        </a>
    </div>
</div>
```

14.4.3　个人历史订单

用户确认订单后，可以进入订单查询页面，即历史订单页面，如图 14-6 所示，查询历史订单信息。

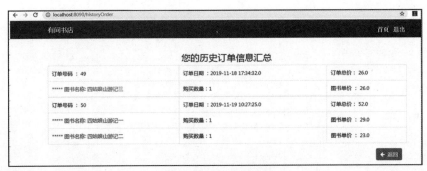

▲图 14-6　查询历史订单

历史订单页面 historyOrder.html 的实现代码如下。

```
<div class="container">
    <h3 class="text-center">您的历史订单信息汇总</h3>
    <div class="row">
```

```
<div class="col-12">
    <table class="table table-bordered ">
        <tbody th:each="order : ${orders}">
        <tr class="active">
            <td class="col-xs-3 ">[[${'订单号码：    ' + order.
            orderId}]]</td>
             <td class="col-xs-6 ">[[${'订单日期：' + order.
             orderDate}]]</td>
            <td class="col-xs-9 ">[[${'订单总价：    '+ order.
            orderPrice}]]</td>
        </tr>
        <tr th:each="orderBook : ${order.books}">
            <td class="col-xs-3"><a th:href="@{'/books/{bookId}'
            (bookId= ${orderBook.book.bookId})}">[[${'***** 图书名
            称：' + orderBook.book.bookName}]]</a></td>
            <td class="col-xs-6">[[${' 购买数量：' + orderBook.
            quantity}]]</td>
            <td class="col-xs-9">[[${'图书单价：    ' + orderBook.
            book.bookPrice}]]</td>
        </tr>
        </tbody>
    </table>
    </div>
    </div>
        <div class = "col-12 text-right">
            <button class="btn btn-info" onclick="history. back()">
            <span class="fa fa-arrow-left"></span> <span>
            返回</span>
            </button>
        </div>
    </div>
```

14.4.4 订单管理

当普通用户提交并确认订单信息后，管理员可以在订单信息汇总页面查询普通用户的订单信息，并对订单进行处理，如图 14-7 所示。

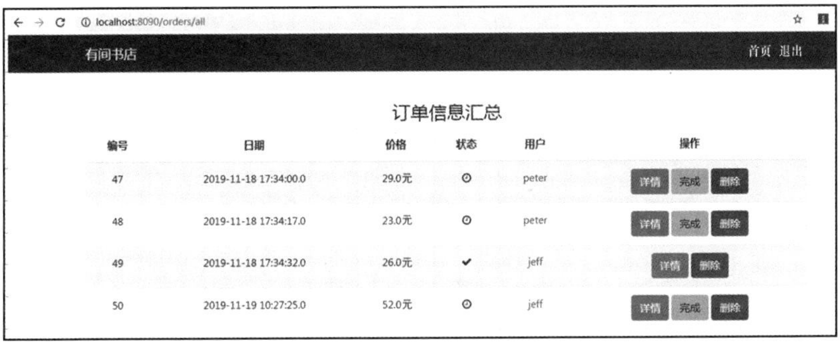

▲图 14-7 订单信息汇总页面（订单状态更新前）

169

订单信息汇总页面 showAllOrders.html 的实现代码如下。

```
<div class="container">
  <h3 class="text-center">订单信息汇总</h3>
<div class="alert alert-success" th:if="${successMessage}" th:utext=
"${successMessage}"></div>
    <table class="table table-striped table-bordered text-center">
        <thead>
        <tr>
            <th>编号</th>
            <th>日期</th>
            <th>价格</th>
            <th>状态</th>
            <th>用户</th>
            <th>操作</th>
        </tr>
        </thead>
        <tbody>
        <tr th:if="${#lists.isEmpty(orders)}">
            <td colspan="7">订单为空</td>
        </tr>
        <th:block th:each="o : ${orders}">
                <tr th:switch="${o.orderStatus}">
                    <td>[[${o.orderId}]]</td>
                    <td>[[${o.orderDate}]]</td>
                    <td>[[${o.orderPrice}]] 元 </td>
                    <td th:case="true"><i class="fa fa-check" aria-hidden=
                    "true"></i></td>
                    <td th:case="false"><i class="fa fa-clock-o" aria-hidden=
                    "true"></i></td>
                    <td><a th:href="@{'/users/edit/{userId}'(userId=
                    ${o.user.userId})}">[[${o.user.userName}]]</a></td>
                     <td>
                        <a class="btn btn-info" th:href=
                    "@{'/order/{orderId}'(orderId=${o.orderId})}">详情</a>
                        <a th:unless="${o.orderStatus}" class="btn btn-
                    warning" th:href="@{'/orders/complete/{orderId}'
                    (orderId=${o.orderId})}">完成 </a>
                        <a class="btn btn-danger" th:href=
                      "@{'/orders/delete/{orderId}'(orderId=${o.orderId})}">
                        删除</a>
                    </td>
                </tr>
        </th:block>
        </tbody>
    </table>
```

14.4.5　订单处理

管理员可以对订单进行处理，如选择图 14-7 中编号为 50 的订单，单击"完成"按钮，确认完成该笔订单。确认后的订单信息汇总页面如图 14-8 所示。

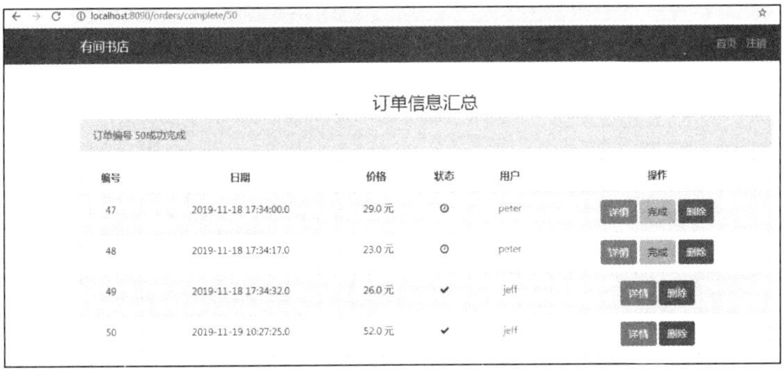

▲图 14-8 订单信息汇总页面（订单状态更新后）

14.4.6 订单详情

管理员在处理订单时，可以查询订单详情。在订单信息汇总页面中，单击"详情"按钮，进入"订单明细信息"页面，如图 14-9 所示。

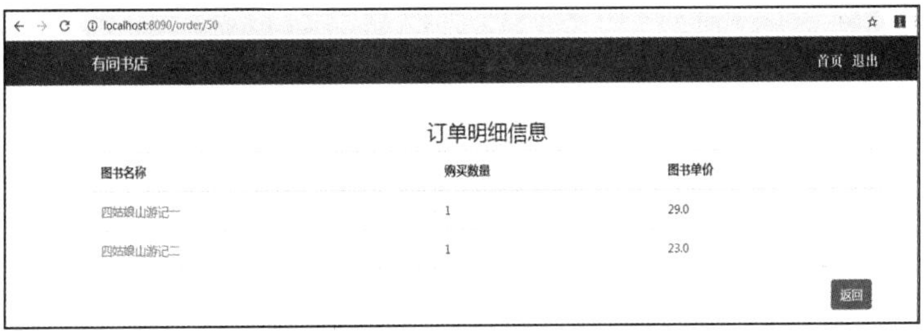

▲图 14-9 "订单明细信息"页面

"订单明细信息"页面 showOrderItem.html 的实现代码如下。

```
<div class="container">
<h3 class="text-center">订单明细信息</h3>
    <div class="row">
        <div class="col-12">
            <table class="table table-bordered ">
              <thead>
                <tr>
                    <th>图书名称</th>
                   <th>购买数量</th>
                  <th>图书单价</th>
                </tr>
              </thead>

            <tr th:each="orderBook : ${order.books}">
                <td class="col-xs-3"><a th:href="@{'/books/{bookId}'
                (bookId=${orderBook.book.bookId})}">[[${orderBook.book.
```

```
                    bookName}]]</a></td>
                <td class="col-xs-6">[[${orderBook.quantity}]]</td>
                <td class="col-xs-9">[[${orderBook.book.bookPrice}]]</td>
            </tr>
          </tbody>
        </table>
      </div>
    </div>
      <div class = "col-12 text-right">
        <a class="btn btn-primary" th:href="@{/orders/all}"> 返回</a>
      </div>
    </div>
</body>
```

14.5　程序打包构建

Spring Boot 提供一种了将整个 Web 应用程序（包括其所有依赖项、资源等）打包在一个复合的可执行 JAR 包中的方式。创建 JAR 包后，执行 JAR 包即可运行 Web 应用程序。

Spring Boot 提供 spring-boot-maven-plugin 组件来构建可执行的 JAR 包，我们可按如下步骤操作。

（1）打开项目工程文件 pom.xml，添加 spring-boot-maven-plugin 组件，该组件可以将所有依赖项（包括嵌入式应用程序服务）打包在一个可执行的 JAR 包中。

```
<build>
    <plugins>
        <plugin>
            <groupId>org.springframework.boot</groupId>
            <artifactId>spring-boot-maven-plugin</artifactId>
        </plugin>
    </plugins>
</build>
```

（2）在 Eclipse 中，右击项目，在弹出的菜单中，选择"Run As"→"Maven build"，在图 14-10 所示的"Edit Configuration"对话框中，在"Goals"文本框中，输入"clean package"，单击"Run"按钮。

（3）若应用程序构建成功，显示的信息如下。打包好的 Web 应用程序的可执行的 JAR 包将在项目的 target 目录下生成。

```
[INFO] ------------------------------------------------------------
[INFO] BUILD SUCCESS
[INFO] ------------------------------------------------------------
[INFO] Total time: 01:52 min
[INFO] Finished at: 2020-06-20T08:22:09+08:00
[INFO] Final Memory: 48M/378M
[INFO] ------------------------------------------------------------
```

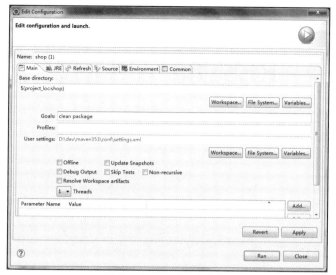

▲图 14-10　Web 应用程序构建

（4）进入命令行状态，在项目的 target 目录下执行以下命令，对项目进行重命名，并启动 Web 应用程序。

```
rename shop -0.0.1-SNAPSHOT.jar liteshelf-web.jar
net start MySQL57
java -jar liteshelf-web.jar
```

（5）Web 应用程序启动成功后，命令行中会显示以下提示信息。

```
2020-06-20 16:51:16.952  INFO 6372 --- [           main]
com.book.shop.ShopApplication            : Starting ShopApplication
v0.0.1-SNAPSHOT on WYA7VH9LRY2WMUZ with PID 6372 (d:\shop\target\Lite
shelf-restapi.jar started by Administrator in D:\shop\target)
2020-06-20 16:51:16.958  INFO 6372 --- [           main]
com.book.shop.ShopApplication            : No active profile set, falling back
to default profiles: default
o.s.b.w.embedded.tomcat.TomcatWebServer  : Tomcat started on port(s): 8090
(http) with context path ''
2020-06-20 16:51:32.142  INFO 6372 --- [           main]
com.book.shop.ShopApplication            : Started ShopApplication in 16.021
seconds (JVM running for 16.935)
```

14.6　小结

　　本章主要介绍了 LiteShelf 的订单管理模块的设计及编码实现。我们首先分析了订单管理需求，然后对接口进行了定义，并在后端和前端进行了代码实现。通过分析订单管理模块的源代码，读者可以熟悉订单管理模块的实现过程并了解 Spring MVC 架构的设计原理。

第 15 章　RESTful API 的设计与实现

15.1　RESTful API 简介

RESTful API 即符合描述性状态转移（REpresentational State Transfer，REST）风格的 API。REST 描述了一个架构样式的网络系统，如 Web 应用程序，是一组架构约束条件和原则。满足这些约束条件和原则的 Web 应用程序或设计就具有 RESTful 风格。它主要用于设计客户端和服务器交互类的软件。基于这个风格设计的软件更简洁、更有层次、更易于实现缓存等机制。

在 Web 应用程序中，客户端和服务器之间的交互在请求时是无状态的。从客户端到服务器的每个请求都必须包含理解请求所需的信息。如果客户端在进行请求时，服务器进行了重启，那么客户端不会得到通知。另外，任何可用服务器都可对无状态请求进行响应，这在云计算环境下能够改善性能。

15.1.1　API 设计准则

RESTful API 由后端服务器提供前端调用的接口。通常，前端通过 HTTP 向后端服务器发起接口请求，后端服务器响应接口请求并将处理结果反馈给前端。

RESTful API 是 Web 服务提供方和使用方之间的"契约"。一个好的 API 会有一个简洁、易懂的名称，具备强大的功能和简单的调用方式。下面介绍设计 RESTful API 的 4 个参考准则。

1. URI（统一资源标识符）命名

我们不但要用一个简洁的名称描述资源，而且要使用具体名称而不是动作动词。数十年来，计算机科学家使用动作动词以 RPC 方式公开服务，如 getUser(1234)、createUser(user)、deleteAddress(1234)。而 RESTful API 使用具体名称命名资源，如 GET/users/ 1234、POST/users、DELETE/addresses/1234。

2. HTTP 方法

我们可以使用 HTTP 方法来描述对资源所要执行的操作。HTTP 方法让开发人员可以方便地处理以下重复的操作。

- GET（SELECT）：从服务器获取一个指定资源或资源集合。
- POST（CREATE）：在服务器上，创建一个资源。
- PUT（UPDATE）：更新服务器上的一个资源。请求中心必须包含完整的资源信息。
- DELETE（DELETE）：移除服务器上的一个资源。

3. HTTP 头字段

HTTP 头字段提供有关请求、响应或消息正文中发送的对象的必需信息，有下列 4 种类型。

- 一般头：这种头字段对请求消息和响应消息均适用。
- 客户端请求头：这种头字段仅适用于请求消息。
- 服务器响应头：这种头字段仅适用于响应消息。
- 实体标题：这种头字段定义了关于实体主体的元信息。如果不存在实体主体，则定义请求标识的资源。

4. HTTP 状态码

在 RESTful API 的设计中，使用正确的 HTTP 状态码非常重要。常用的 HTTP 状态码如下。

- 200：OK，一切正常。
- 201：CREATED，新资源已创建。
- 204：NO CONTENT，资源被成功删除，没有响应正文。
- 304：NOT MODIFIED，返回的日期是缓存数据（数据未更改）。
- 400：BAD REQUEST，请求无效或无法提供。
- 401：UNATHORIZED，请求需要用户认证。
- 403：FORBIDDEN，服务器"理解"请求，但拒绝或不允许访问。
- 404：NOT FOUND，请求的页面不存在、已被删除或无法访问。

15.1.2 REST 实现和 Spring 常用注解

1. REST 实现过程

使用 Spring MVC 实现 REST 非常简单，利用 Spring 的注解即可，基本步骤如下。

（1）使用@RestController 注解把普通的 Java 类变成一个控制器类。@RestController 注解在 Spring MVC 4 中被引入，它是@Controller 注解和@ResponseBody 注解的组合。

（2）使用@RequestMapping 注解，将普通的 Java 类映射到一个 REST 访问的根目录，如@RequestMapping("/api/v1")。

（3）使用@RequestMapping 注解将一个方法映射到一个 REST 访问的功能及调用方法（如 GET、POST），如@RequestMapping(method = RequestMethod.GET)。RequestMethod 是@RequestMapping 注解中的属性，用来标识请求的方法类型。

（4）使用@ResponseBody 注解，访问返回的是一个实体，然后用 JSON 解析器进行编码，最后返回一个 JSON 字符串。

2. 常用注解

1）@RequestMapping

此注解用于将/restapi 等 URL 映射到整个类或特定的处理程序上。这样的类级注解会将特定的请求路径映射到控制器上。RequestMethod HTTP 请求方法的枚举值包括 GET、PUT、POST、DELETE 等。Spring 4.3 中引入了@GetMapping、@PostMapping、@PutMapping、@DeleteMapping，可简化常用的 HTTP 请求方法的映射。

- @GetMapping 是 一 个 组 合 注 解 ，用 于 代 替 @RequestMapping(method = RequestMethod.GET)，其作用是将 HTTP GET 请求映射到特定的处理程序上。
- @PostMapping 用于代替@RequestMapping(method = RequestMethod.POST)，其作用是将 HTTP POST 请求映射到特定的处理程序上。
- @PutMapping 用于代替@RequestMapping(method = RequestMethod.PUT)，其作用是更新信息。
- @DeleteMapping 用于代替@RequestMapping(method = RequestMethod.DELETE)，其作用是删除 URL 映射。

2）@RequestBody

此注解表示把一个方法参数绑定到 HTTP 请求的主体上，基于 HTTP 请求的 Content-TypeHeader 的值来选择 HTTP 消息转换器，借助所选的消息转换器将 HTTP 请求的主体转换为 Java 类的对象，并将 Java 类的对象转换为 HTTP 响应主体。

3）@ResponseBody

此注解表示把一个方法返回值绑定到 HTTP 响应的主体上，它借助所选的 HTTP 消息转换器将返回值添加到 HTTP 响应的主体中。此注解基于 HTTP 请求的 Accept Header 的值来选择 HTTP 消息转换器。

4）@ResponseEntity

此注解从 HTTP 报文内容的实体 HttpEntity 扩展，允许直接将服务器端响应的 HTTP 状态码添加到响应中。@ResponseEntity 注解表示整个 HTTP 响应，我们可以添加标题信息、状态码，并可以将内容添加到正文中。

@RequestBody 注解和@ResponseBody 注解用于将 Java 类的对象转换为 HTTP 请求主体和 HTTP 响应主体。这两个注解都在将 Java 类的对象转换（映射）为 HTTP 请求主体或 HTTP 响应主体的过程中使用已注册的 HTTP 消息转换器。下面解释一下什么是 HTTP 消息转换器，以及为什么使用 HTTP 消息转换器。

一方面，REST 客户端无法在 HTTP 请求的正文中发送 Java 类的对象；另一方面，服务器应用程序无法使用 Java 类的对象来组成 HTTP 响应主体。也就是说，HTTP 请求主体和 HTTP 响应主体不能包含 Java 类的对象的形式。但 HTTP 请求主体和 HTTP 响应主体需要包含 JSON、XML 格式的数据，因此，可以通过 HTTP 消息转换器将 HTTP 请求主体（JSON 或 XML 格式）转换为 Java 类的对象，然后将 Java 类的对象转换为 XML 或 JSON 格式并嵌入 HTTP 响应主体。

　　HTTP 消息转换器是通过检查 HTTP 请求的标头来实现转换的。服务器应用程序通过检查 HTTP 请求主体中的 Content-Type 标头的内容来选择正确的 HTTP 消息转换器，以将 HTTP 请求主体转换为 Java 类的对象。如果 Content-Type 标头是 application/json，那么选择 JSON to Java Object 转换器。如果 Content-Type 标头是 application/xml，那么选择 XML to Java Object 转换器。

　　Accept 标头会通知服务器应用程序可接收的媒体类型中的 HTTP 响应主体。根据 Accept 标头的值，服务器应用程序从可用的 HTTP 消息转换器中选择正确的 HTTP 消息转换器，以将返回的 Java 类的对象转换为请求的媒体类型。如果 Accept 标头是 application/json，那么选择 Java Object to JSON 转换器。如果 Accept 标头是 application/xml，那么选择 Java Object to XML 转换器。

　　添加下列依赖项以配置注册 XML 类型的 HTTP 消息转换器。

```
<dependency>
    <groupId>com.fasterxml.jackson.dataformat</groupId>
    <artifactId>jackson-dataformat-xml</artifactId>
</dependency>
```

15.2　Swagger 简介

　　Spring Boot 使开发 RESTful 服务变得简单，这些服务为前端调用提供了接口支持，能够准确、清晰地定义各个 API 端点及其请求方法、请求参数、请求正文和响应格式，并可对今后的文档进行维护。Swagger 可以集成非常少的代码，为所有程序的 API 创建一个完整的交互式文档。

　　Swagger 是一个开源项目，用于描述和记录 RESTful API。Swagger 2 规范称为 OpenAPI 规范，具有多种实现方式。当前，SpringFox 已取代 Swagger 和 Spring MVC。Swagger 2 与编程语言无关，可以扩展到 HTTP 之外的新技术和协议。Swagger 的当前版本定义了一组 HTML、JavaScript 和 CSS 资源，以便从符合 Swagger 的 API 中动态生成文档。这些文档由 Swagger UI 项目捆绑在一起，以在浏览器上显示 API。除渲染文档以外，Swagger UI 还允许其他 API 开发人员或用户与 API 的资源进行交互，而无须使用任何实现逻辑。

　　本节首先介绍 Swagger 与 Spring 集成的步骤。

1. 添加 Swagger 依赖项

　　Swagger 规范由 SpringFox 的 Java 库实现，我们需要添加 SpringFox 依赖项，将 Swagger 与 Spring 集成。我们将使用 SpringFox 的 Swagger 2 依赖项来获取 Swagger 的最新功能。

　　如果使用 Maven，那么需要将以下依赖项添加到 pom.xml 文件中。

```
<dependency>
    <groupId>io.Springfox</groupId>
    <artifactId>Springfox-swagger2</artifactId>
    <version>2.8.0</version>
</dependency>
```

　　Swagger UI 是 HTML、JavaScript 和 CSS 的操作集合，可以为 Swagger 的 API 动态生成美

观的文档。如果使用 Swagger UI，那么需要将下列依赖项添加到 pom.xml 中。

```
<dependency>
    <groupId>io.Springfox</groupId>
    <artifactId>Springfox-swagger-ui</artifactId>
    <version>2.8.0</version>
</dependency>
```

2. Swagger 配置

在 securityconfig 包的目录下，创建一个配置文件 Swagger2Config.java，配置信息如下。

```java
package com.book.shop.securityconfig;
import org.Springframework.context.annotation.Bean;
import org.Springframework.context.annotation.Configuration;
import Springfox.documentation.builders.ApiInfoBuilder;
import Springfox.documentation.builders.PathSelectors;
import Springfox.documentation.builders.RequestHandlerSelectors;
import Springfox.documentation.service.ApiInfo;
import Springfox.documentation.spi.DocumentationType;
import Springfox.documentation.Spring.Web.plugins.Docket;
import Springfox.documentation.swagger2.annotations.EnableSwagger2;

@Configuration
@EnableSwagger2
public class Swagger2Config {
    @Bean
    public Docket api() {
        return new Docket(DocumentationType.SWAGGER_2)
                .apiInfo(apiEndPointsInfo())
                .select()
                .apis(RequestHandlerSelectors.basePackage("com.book.shop.
                RESTfulapi"))
                .paths(PathSelectors.any())
                .build();
    }

    private ApiInfo apiEndPointsInfo() {

        return new ApiInfoBuilder().title("LiteShelf RESTful API")
                .description("有间书店 RESTful API")
                .version("1.0.0")
                .build();
    }
}
```

首先，在该配置文件的开头，利用@Configuration 注解来将 Swagger2Config 类定义为 Spring 配置类。

然后，利用@EnableSwagger2 注解来声明启用 Swagger 文档的注解。

最后，新建一个 Docket Bean，完成配置。SpringFox Docket 实例为程序的 API 配置提供了合理的默认设置和便捷的配置方法。在配置脚本中，定义 API 的基本信息，包括标题、版本和联系信息等。

Swagger 常用注解如表 15-1 所示。

表 15-1　Swagger 常用注解

注解	说明
@Api	将类标记为 Swagger 的资源
@ApiImplicitParam	表示 API 操作中的单个参数
@ApiImplicitParams	包含多个 ApiImplicitParam 对象
@ApiModel	表示对类进行说明
@ApiModelProperty	添加和操作模型属性的数据
@ApiOperation	描述针对特定路径的操作或 HTTP 请求方法
@ApiParam	为操作参数添加其他元数据
@ApiResponse	描述操作的响应结果
@ApiResponses	允许列出多个 ApiResponse 对象
@Authorization	声明要在资源或操作上使用的授权方案
@AuthorizationScope	描述 OAuth 2.0 授权范围

15.3　RESTful API 实现

以用户管理模块为例，我们针对新建用户账号、查询指定账号信息、修改用户账号和删除账号分别定义访问接口。

15.3.1　用户接口设计

新建用户账号接口如表 15-2 所示。

表 15-2　新建用户账号接口

接口信息	说明
接口名称	新建用户账号
HTTP 方法	POST
URL	/api/v1/user
HTTP 头部	Content-Type:application/json

HTTP 请求内容	{
	　"userId": 0,
	　"userName": "string",
	　"userPassword": "string",
	　"userPhone": "string"
	　"userAddress": "string",
	　"userBankcard": "string",
	　"userFullname": "string",
	}

HTTP 请求返回	200 OK

查询指定账号信息接口如表 15-3 所示。

表 15-3　查询指定账号信息接口

接口信息	说明
接口名称	查询指定账号信息
HTTP 方法	GET
URL	/api/v1/user/{username}
HTTP 头部	Content-Type:application/json
HTTP 请求内容	http://localhost:8090/api/v1/user/jeff

HTTP 请求返回	{
	　　"userId": 31,
	　　"userName": "jeff",
	　　"userPassword": "$2a$10$CU1w04P.QfdGvU3cDPgnL.Ph4NzYYD1rRin520RdQ1IoWWEdhH4qu",
	　　"userFullname": "范德",
	　　"userPhone": "139********",
	　　"userAddress": "北京西直门***号",
	　　"userBankcard": "998883213334****"
	}

修改用户账号接口如表 15-4 所示。

表 15-4　修改用户账号接口

接口信息	说明
接口名称	修改用户账号
HTTP 方法	PUT
URL	/api/v1/user
HTTP 头部	Content-Type:application/json

HTTP 请求内容	{
	　　"userId": 0,
	　　"userName": "string",
	　　"userPassword": "string",
	　　"userPhone": "string"
	　　"userAddress": "string",
	　　"userBankcard": "string",
	　　"userFullname": "string",
	}

HTTP 请求返回	200 OK

删除账号接口如表 15-5 所示。

表 15-5 删除账号接口

接口信息	说明
接口名称	删除账号
HTTP 方法	DELETE
URL	/api/v1/user/{userid}
HTTP 头部	Content-Type:application/json
HTTP 请求内容	http://localhost:8090/api/v1/user/jeff
HTTP 请求返回	

15.3.2 用户接口实现

用户接口的实现如下。

```
@RestController
@Api(value="用户账号控制器接口")
@RequestMapping("/api/v1")
public class ApiUserController {
@Autowired      private UserService userService;
//使用@Autowired注解将UserService自动注入并装配到ApiUserController类中

    //创建一个新用户
    @ApiOperation(value = "创建一个用户")
    @PostMapping("/user")    //定义用户访问接口
    public ResponseEntity<User> createAccount(
        @ApiParam(value = "输入新用户账号信息", required = true)   //输入参数定义
        @RequestBody User user)  throws Exception{
        User newUser = userService.registerUser(user);
        if (newUser!=null ) {
            return new ResponseEntity<User>(newUser, HttpStatus.CREATED);
        }else {
            return new ResponseEntity<User>(HttpStatus.NOT_FOUND);
        }
    }

    //查询用户信息
    @ApiOperation(value = "通过登录账号查询用户信息")
    @GetMapping("/user/{username}")
    public ResponseEntity<User> getAccount(
            @ApiParam(value = "用户账号", required = true)
            @PathVariable("username") String username) throws Exception {
        User account = new User();
        account = userService.findByUserName(username);

        if (account == null)
            return new ResponseEntity<User>(HttpStatus.NOT_FOUND);
            else
```

```
        return new ResponseEntity<User>(account, HttpStatus.OK);
    }

    //修改指定用户信息
    @ApiOperation(value = "更新用户账号信息")
    @PutMapping("/user")
    @ResponseBody
    public ResponseEntity<User> updateAccount(
        @ApiParam(value = "用户账号对象", required = true)
        @RequestBody User account)  throws Exception
    //将HTTP请求的主体绑定到User类的对象上
    {
        userService.updateUser(account);
        return new ResponseEntity<User>(account, HttpStatus.OK);
    }

    //删除用户信息
    @ApiOperation(value = "删除用户")
    @DeleteMapping("/user/{userid}")
    @ResponseBody
    public ResponseEntity<String> deleteAccount(
        @ApiParam(value = "用户 ID", required = true)
        @PathVariable long userid) throws Exception
    {
        userService.deleteUserById(userid);
        return new ResponseEntity<>(HttpStatus.OK);
    }
}
```

15.4　启动 Swagger 查阅 API

15.4.1　生成 API 文档

生成 API 文档的步骤如下。

（1）运行 Spring Boot 应用程序，在命令行中执行 "Java -jar liteshelf-restapi.jar"。

（2）打开浏览器，输入 http://localhost:8090/swagger-ui.html，即可访问程序的 API 文档。

（3）输入用户名和密码，如用户名为 admin，密码为 000000。

（4）出现 Swagger UI 页面，它显示了 API 文档首页，如图 15-1 所示。

15.4.2　新建用户信息

针对用户管理模块，我们可以查看新建用户信息接口文档。新建用户信息接口如图 15-2 所示。

▲图 15-1　API 文档首页

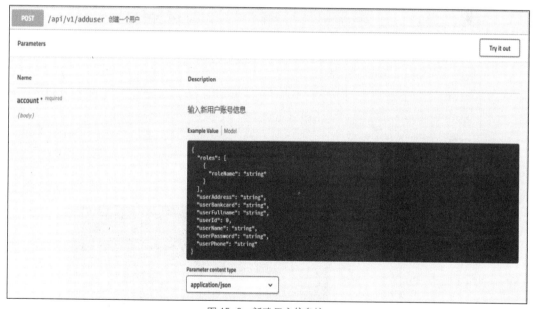

▲图 15-2　新建用户信息接口

15.4.3　查询用户信息

我们可以查看用户账号信息的接口文档。查询用户信息接口如图 15-3 所示。

15.4.4　更新用户信息

我们可以更新用户账号信息的接口文档。更新用户信息接口如图 15-4 所示。

▲图 15-3　查询用户信息接口

▲图 15-4　更新用户信息接口

15.4.5　删除用户信息

我们还可以删除用户账号信息的接口文档。删除用户信息接口如图 15-5 所示。

▲图 15-5　删除用户信息接口

15.4.6　接口测试验证

我们可以单击"Try it out"按钮，执行请求并查看响应。图 15-6 是输入查询用户参数 jeff 后的用户页面。

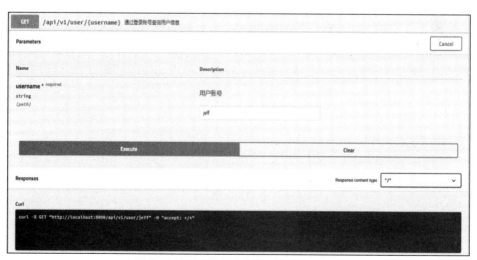

▲图 15-6　输入查询用户参数 jeff 后的用户页面

在输入查询用户参数后，单击"Execute"按钮，响应内容如图 15-7 所示。

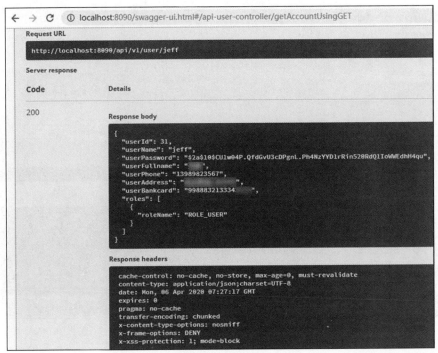

▲图 15-7　响应内容

15.5　小结

　　本章主要介绍了 RESTful API 的设计和实现。本章首先介绍了 RESTful API，接着对 Spring 的常用注解进行了说明，然后介绍了文档生成组件 Swagger，接着针对 LiteShelf 系统进行了接口的简单实现，最后利用 Swagger 的特性生成了接口的使用文档，便于用户查询和测试 RESTful API。

第 16 章　分层测试框架

LiteShelf 中各模块功能和在线购物 Web 应用程序大致相同，因此可以用测试 Web 应用程序的方法来对 LiteShelf 进行测试。通常，在测试一个系统前，我们需要先了解并分析被测系统的需求。需求通常分为功能需求和非功能需求两部分。我们根据需求制订对应的测试方法和测试策略。在这个过程中，对于如何进行单元测试、接口测试、UI 测试才能达到较好的测试效果，值得我们思考。因此，选择合适的测试模型至关重要。本章将对各种测试模型和应用场景进行介绍。

16.1　测试需求

打开 LiteShelf 首页，在熟悉功能的基础上，梳理出业务操作的功能路径。业务导航图见图 9-3，这是可使人全面了解系统功能和业务流程的视图，也是开发测试用例的基础。

LiteShelf 主要功能需求如表 16-1 所示。

表 16-1　LiteShelf 主要功能需求

序号	功能点	描述
1	用户注册	用户首次登录前需要填写信息并注册
2	用户登录	使用个人信息登录系统
3	首页浏览	登录系统后，浏览首页的图书
4	加入购物车	添加图书到购物车
5	订单提交	提交购物车的图书，产生订单信息
6	订单查询	查询提交的订单信息
7	订单支付	提交订单并支付，完成购物

LiteShelf 非功能需求如表 16-2 所示。

LiteShelf 是个简单的 Web 应用程序，在性能方面，我们主要考虑程序负载和可靠性，重点关注业务的响应时间，通过测试获取各项业务的处理时间、服务器资源的使用状态，以满足业务的运营需求。

表 16-2　LiteShelf 非功能需求

序号	非功能点	具体描述	备注
1	关键业务响应时间	在日常典型的业务场景下，业务的响应时间不超过 2s	半年的用户数据规模
2	系统可支持的最大用户数	在满足关键业务响应时间的条件下，找出系统可支持的最大用户数	服务器 CPU 平均使用率不高于 60%，内存平均使用率不高于 60%
3	系统可靠性	系统在最大用户数负载条件下能够稳定运行的时间为 72h	服务器 CPU 平均使用率不高于 85%，内存平均使用率不高于 85%
4	系统安全性	确保交易的安全性	权限和鉴权，以及支付安全

16.2　测试策略

通常，Web 应用程序的测试方法如表 16-3 所示。

表 16-3　测试方法

序号	测试需求	测试方法	备注
1	功能需求	UI 测试	业务级功能逻辑的正确性
		接口测试	模块接口功能逻辑的正确性
		单元测试	代码方法与功能逻辑的正确性
2	非功能需求	性能测试	负载和可靠性测试
		安全测试	权限和交易数据安全

本章中的测试需求分为功能需求和非功能需求，主要从功能的正确性方面进行测试。从严格意义上来说，单元测试是白盒测试，一般由开发人员完成；UI 测试是黑盒测试，由测试人员完成。随着敏捷、精益等开发方法的推广，测试人员和开发人员的职责界限逐步淡化、模糊。从技术的角度来看，测试和开发没有太多区别，代码不应该成为区分的界限。开发人员熟悉测试方法，测试人员熟悉开发方法和代码逻辑，这对提高代码质量和项目交付质量有非常大的帮助。尤其在一些中小型公司，测试人员往往身兼数职。敏捷开发方法也对开发人员和测试人员提出了角色切换的要求。从这个层面来看，我们应把单元测试纳入功能测试的范畴。

16.3　测试金字塔

测试金字塔是由 Mike Cohn 首先提出的。测试金字塔是一种测试思路，如图 16-1 所示。

在测试活动中，我们可使用不同类型的测试组合方法来实现最优的测试效果和收益。

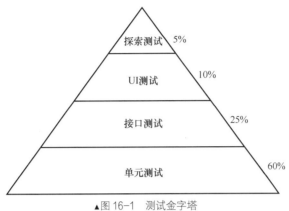

▲图 16-1　测试金字塔

测试金字塔中通常有 4 种测试类型——单元测试、接口测试、UI 测试和探索测试。

16.3.1　单元测试

单元测试位于测试金字塔的最底端，是指对软件中的最小可测试单元进行检查和验证。这个最小可测试单元通常是一个类或方法（函数）。

单元测试的检测点如下。

（1）验证模块中的功能执行路径。

（2）验证模块边界条件。

（3）验证模块的各条错误处理路径。

单元测试是在开发阶段完成的，属于白盒测试，一般由开发人员完成。在每次版本构建之后进行单元测试，能够快速得到反馈。这个阶段进行的测试具有简单、经济、快速的特点，体现了测试驱动开发（Test Driven Development，TDD）思想。在这个阶段进行更多的测试可以让我们随时检查工作成果，立即获得反馈，并让我们明确知道错误发生在哪里。在这个阶段，Bug 处理周期会缩短，可能在非常短的时间内 Bug 就会出现并被修复。但在 UI 测试中，Bug 修复会持续很长时间。

单元测试的好处如下。

（1）从 Bug 修复的周期和成本维度来看，这个阶段中 Bug 修复的成本是最低的。因此，在传统测试中，我们提倡进行较大比例的单元测试，建立快速的反馈机制以降低 Bug 的修复成本。

（2）从快速反馈维度来看，单元测试最初是作为敏捷开发方法提出来的，其设计初衷是建立快速的反馈机制，没有刻意强调测试覆盖率，确保函数或方法的正确性。

（3）从软件的开发周期维度来看，传统软件的开发周期比较长，因此，我们可以针对发布过程中的多个版本反复通过单元测试验证模块基本功能是否正常，程序功能是否出现衰减。

在传统的测试活动中，单元测试的比例达到 60%以上，我们可以从中看出单元测试的重要性。

16.3.2　接口测试

接口测试位于测试金字塔的倒数第二层，在整个测试活动中扮演着重要的角色。

接口测试也称为 API 测试，是针对模块接口的一种测试。接口测试评估模块是否正确地将数据和控制条件传递给外部单元或模块。接口测试是一种黑盒测试，通常借助代码或工具对接口进行调用，通过等价类、边界值等方法构造不同的数据输入，以验证接口的返回值。在测试过程中，接口测试通过收集代码覆盖率提高测试输入数据的有效性和完备性。

在 Web 应用程序中，前端页面通过调用后端接口来获取数据和结果。接口测试或集成测试能够提前验证逻辑实现是否正确，以便尽早发现相关的问题。通常接口测试的关注点如下。

- 正确性验证：验证接口功能流程是否正确。
- 错误性验证：在错误场景下，验证系统的处理和响应能力是否正常。通常输入错误的数据来验证系统的行为和处理逻辑是否正确。
- 业务状态变化：验证业务状态变化后，处理逻辑是否正确。
- 边界值：验证边界值输入后的结果响应。
- 权限访问：验证是否有访问控制权限。

通常，运行所有单元测试并通过后，就进入接口测试阶段，进行接口测试以确保所有集成的组件正常工作。这个阶段不涉及 UI，因此可以在没有 UI 的情况下测试大部分业务逻辑和流程。和 UI 测试的成本相比，这个阶段的测试反馈会更快，成本和代价也会更低。因此，在这个阶段开展自动化测试是最合适的。轻量级的单元测试和 UI 测试以及重量级的接口测试通常有以下 5 个好处。

（1）接口需求明确，容易实现。在编码前，通常已经定义好接口名称、参数类型、参数个数和返回值，不存在二义性，这样能够提前编写相关的接口测试脚本。提交测试之前，开发版本可以快速执行，验证接口涉及的相关功能是否正确。

（2）接口稳定性不受 UI 变化的影响。接口定义之后，一般不会变化，即使有修改，也是向下兼容的，这样，脚本编写完后可以重复执行，有较高的性价比，同时降低了后续维护的成本。

（3）接口测试速度快，我们能够快速得到反馈。

（4）接口测试代码可以由开发人员或测试人员编写，或者由二者共同编写。尤其是开发人员进行模块联调之前，需要自己编写测试代码来验证接口的正确性，以确保联调时的效率。

（5）接口测试可以方便地验证单元测试中耦合度高、依赖紧密的函数或方法。

基于以上特点，接口测试可以实现较高的投入产出比，因此它也成为移动互联网产品的重要测试方法。

16.3.3 UI 测试

UI 测试通过操作或模拟 UI 完成，也称为验收测试。根据产品规格需求说明书、操作产品界面，UI 测试用于模拟和验证客户业务流程，查看产品功能是否满足产品设计和客户使用场景需求，以确保交付满足客户需求的产品。这个阶段的测试主要是基于黑盒的功能测试，可以通过自动化工具提高测试效率。但 UI 测试受用户界面变动的影响较大，会导致自动化测试用例的维护成本居高不下。

在测试过程中，通常在最后阶段进行 UI 测试，并且尽可能少地进行，因为它的成本太高，难以维护，并且需要花费很长时间。这个阶段通常是用户进行端到端验收的阶段，我们需要确保用户界面中所有业务功能需求都得到满足，并且符合产品规格需求说明书的要求。

16.3.4 探索测试

顾名思义，探索测试是以探索为目的，发现软件能做什么，不能做什么，什么情况下工作正常，什么时候不起作用。测试人员需要不断决定接下来要测试什么和在哪里花费时间。探索测试提倡在测试过程中使用发散思维，强调测试人员的自主性、技能和创造力，我们可以在整个项目中以交错的方式执行各种与测试相关的活动。从形式上来说，探索测试是一种特殊的 UI 测试。尤其是在没有产品规格需求说明书或测试时间限制的条件下，探索测试能够融合多种测试技术和方法来快速发现问题。

下面我们分析测试金字塔的局限性。

在测试金字塔的顶端，产品的特性以可视化形式展示给最终用户，此时，测试人员可以看到系统的全貌，测试起来会更有信心，这个阶段的测试也是端到端的测试。从测试金字塔的顶端到底端，测试带给测试人员的信心逐渐降低，因为除顶端以外的其他测试类型只是系统的一部分，并且存在测试限制。

但是，在测试金字塔的顶端，测试用例难以维护，测试速度慢。而底层的单元测试往往更具确定性，执行速度更快，测试代码更容易编写。

在理想的条件下，我们希望实施端到端的测试策略，能够基于最终产品展示的功能特性快速编写测试用例，执行测试并确保测试覆盖率，同时希望这些功能设计是完备的、稳定的、易维护的。但往往事与愿违，因此，我们可以对传统的测试金字塔进行改造，构建最优的测试组合来达到改进目的。

16.4 菱形测试模型

测试金字塔在实际工作中往往以倒金字塔的形态展示。

倒金字塔通常是指在传统的 Web 应用程序测试中大多数测试活动是以 UI 为中心的功能测试，通过 GUI 来探索 Web 应用程序功能，偶尔会有一些较低级别的接口测试和一些单元测试，但团队成员的工作大多停留在上层。从测试脚本的开发周期、人员投入、脚本后期维护与投入产出比来看，这种测试是低效的。

为什么会出现这种现象？首先，当测试人员设计自动化用测试例时，他们的舒适区域是功能测试。大多数自动化测试工具以功能 UI 作为入口点，这种方式是极其不稳定的。尤其是随着应用程序 UI 的变化，自动化测试用例几乎要重新设计，这会导致非常多的更新和高的持续维护成本。同时，受到版本发布时间和人手等因素的限制，测试人员需要在投入自动化测试的时间周期和收益上进行权衡。

其次，开发人员编写代码后，通常不会在接口模块和单元层投入大量的时间进行自动化测试。从他们的角度来看，为确保产品上线发布，编写这些不能直接产出的测试代码几乎没有意义，这也与测试金字塔强调的开发阶段应重点进行单元测试的设计和测试用例代码的编写不符。

受敏捷开发和精益开发思想的影响，软件测试过程也经历了从上到下的改造和变革。为了满足移动互联网产品快速迭代上线的诉求，实现敏捷交付的策略，如持续集成和持续交付，要求团队成员具备自动化测试能力，并且需要建立合理、高效的测试策略来提高测试覆盖率，尽可能地预防 Bug 遗漏。因此，在产品开发之初，制订测试计划时，我们需要提前考虑最优的测试方法组合，以满足高质量、快速交付的要求。通俗来讲，要求交付的过程又快又好。"快"体现测试过程自动化的效果和程度，"好"体现测试的覆盖率和效果。

菱形测试模型展示了改善传统测试策略的方法，并在操作层面进行了一些有效的实践。

首先，整个团队的工作发生了变化，设计自动化测试用例不再只是测试人员的工作，而是整个团队的责任。

其次，开发人员负责单元级自动化测试，测试人员也可以参与并完善测试脚本。

最后，在菱形测试模型的最上层，测试人员可以验证典型的业务场景，并通过编写自动化脚本提高测试效率。

下面分别从单元测试、接口测试、UI 测试来说明测试策略的变化，以及如何改进传统测试金字塔的不足。

16.4.1　轻量级单元测试

在测试金字塔中，单元测试通常占据 60% 的比例。但在移动互联网产品快速迭代发布的背景下，开发人员一般将精力集中在编码上，能够在有限时间内完成功能方面开发已经很不容易了，基本没有时间进行过多的单元测试。不排除部分企业有单元测试覆盖率方面的硬性要求，但持续的版本迭代和功能集成让单元测试处于持续的变更与修改中。同时，编写单元测试代码的时间往往超过开发单元模块本身的时间，这无法满足移动互联网产品快速迭代、快速试错、快速用户反馈等要求。这种移动互联网开发迭代模式决定了它不可能像传统测试策略那样投入较大成本来开发单元测试用例。但是，这并不说明单元测试不再重要。出于版本迭代时间和人力资源的限制，以及快速发布上线的要求，需要对传统测试策略进行优化和改进，基本思路是精准测试和测试上移。

什么是精准测试？即在有限条件下进行高精度的测试，有的放矢，至少要未雨绸缪，若有问题，测试人员能够第一时间给予反馈。针对单元测试的特点，我们从重要程度和接口依赖程度两个维度对它进行分析，得到的单元测试代码区如图 16-2 所示。

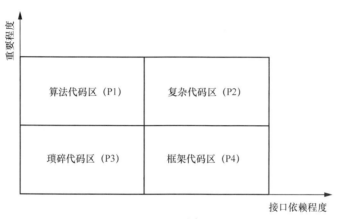

▲图 16-2　单元测试代码区

单元测试代码区分为下列 4 种。

- 具有很小依赖性的算法代码区（P1）。算法代码区的代码要涉及业务规则的算法，逻辑性较强，具有很小的依赖性，通过输入一些固定的数据验证是否能够产生预期输出结果。从成本和收益的角度来看，对此区域的代码进行单元测试的成本是最低的，并且能够获得较高的收益。
- 具有许多依赖关系的复杂代码区（P2）。复杂代码区的代码依赖关系多且逻辑比较复杂。对这个区域的代码进行单元测试的代价较大，但不测试的风险也较大。折中的方案是对该区域的代码进行细分，识别出该区域中的算法逻辑部分，对这部分代码进行单元测试，以降低风险。
- 具有较小依赖性的琐碎代码区（P3）。琐碎代码区的代码没有太多的逻辑和依赖关系，我们基本不用关心这部分代码。从成本效益方面来看，无论是否对这部分代码进行单元测试，都无关紧要，尤其是真正琐碎的代码（如查询操作 getter 和设置操作 setter）。
- 具有许多依赖关系的框架代码区（P4）。框架代码区的代码的主要功能是委托和代理，通常用于协调其他代码单元之间的交互。在编写测试代码时，需要进行模拟并使用自定义的代码替换等操作。一旦代码逻辑被修改，测试代码也要进行相应的修改。从成本效益的角度来看，不建议对该区域的代码进行单元测试，因为测试起来代价很大并且收效甚微。

基于上述单元测试模型，如果待测的程序包括较多的算法逻辑，建议加大对单元测试的投入。单元测试的人员比例、实施比例和时间周期要高于其他测试类型，同时，开发和测试人员需要尽早编写单元测试代码。实际情况是，待测程序往往基于各种开发框架，大部分代码位于框架代码区和琐碎代码区，以及部分复杂代码区。因此，从成本投入和时间周期上来看，我们应对算法代码区的程序进行较多的单元测试，对其他 3 个区的程序进行尽可能少的单元测试，毕竟达到测试覆盖率不是单元测试的最终目的。当代码逻辑和内部实现变动后，通过单元测试，我们能够快速得到反馈和验证，这才是进行单元测试的最终目标。

因为 P2 复杂代码区的代码依赖关系复杂，所以进行单元测试的成本较大，但不进行测试的风险也较大。我们可以从两方面解决此问题：一方面提取出该区的算法部分，进行单元测试；另一方面，对于无法提取的部分，我们将对这部分的测试上移，转移到接口/集成测试层面。

测试上移是指将无法测试或涉及较大测试投入成本的功能或特性转移到上一测试层，以提高测试效率。

单元测试的一个重要原则是测试代码应该涵盖所有业务逻辑代码，业务逻辑代码是代码中出现大多数错误的地方，也是随着用户需求的变更而需要调整的地方，因此，我们应该集中测试此处的代码。如果我们要求单元测试达到 100% 的代码覆盖率，那么有点不切实际，实际的代码覆盖率是 60%～70%，按照二八定律，业务逻辑经常变化的是代码中 20% 关键的部分，我们关注并重视业务逻辑经常变化的代码和接口，就能够获得较高的投入产出比。

16.4.2　重量级接口测试

在移动互联网产品版本快速迭代的情况下，一般不允许在单元测试上投入过多的资源，因此我们构建了单元测试代码区。从单元测试代码区中，我们可以得知，单元测试的重点在算法代码区，这个区主要针对算法，对外部的依赖性较低，具有较高的投入产出比。

在采取轻量级单元测试之后，我们需要避免降低单元测试代码覆盖率带来的缺陷和风险，同时需要考虑处理单元测代码区中转移的依赖程度高的复杂代码，这些也是菱形测试模型要解决的问题。在菱形测试模型中，接口测试是重点，接口测试通常验证模块对外输出的能力，集成测试用于验证模块组合后作为一个整体或服务输出的正确性，需要关注状态变化和事务管理，通常把一些组件或服务作为一个整体进行测试。如果应用程序架构是紧耦合的，那么比较难和 UI 分离；如果应用程序耦合度低，那么很容易隔离其中的一部分。

举个例子，当测试一个 Web 应用程序时，前端是 JavaScript 页面，后端是 Web 服务，在 Tomcat 容器中运行。为了测试后端服务，我们可以配置并使用 H2 数据库，在内存中运行所有测试，以便快速编写和运行测试脚本。在这种情况下，我们需要在集成测试层面增加一些权重和比例。

同时，单元测试需要把重点放在 Web 服务后端的算法代码区内，而不是编写琐碎代码区的单元测试用例。为了避免降低其他 3 个区的单元测试的比例而带来的风险，我们可以使用自动化工具（如 Selenium）进行自动化测试，并通过集成测试验证整个系统在某些情况下工作是否正常。

　　当前移动互联网通常采取微服务架构。在这种架构之下，各个微服务模块是松耦合的，通常手机端或 Web 端应用是基于后端提供的微服务接口调用的。因此，对微服务模块的测试基本就是对微服务对外输出接口的测试。如果我们能够提高后端提供的这些微服务接口的测试覆盖率，则对外就会产生较高的质量输出。

　　基于接口的调用频率和业务的重要程度，我们对接口测试策略进行了分类，指定了接口测试优先级，如图 16-3 所示。

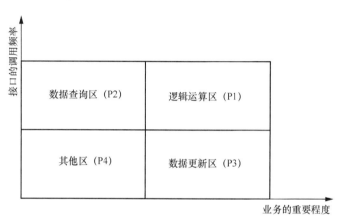

▲图 16-3　接口测试优先级

接口测试优先级分区如下。
- 逻辑运算区（P1）：负责业务逻辑处理，验证业务数据逻辑运算的正确性。
- 数据查询区（P2）：负责业务数据查询，统计类，验证数据信息和结果的正确性。
- 数据更新区（P3）：负责业务数据更新，修改类，验证数据结构信息的正确性。
- 其他区（P4）：负责非功能类操作，如性能和安全类，验证接口的权限和性能。

接口测试策略如下。
- 基于接口测试优先级组织测试，重点测试对数据敏感的接口，验证其正确性。
- 对于接口，原则上要求全覆盖，接口覆盖率达到 100%。
- 重点接口需要进行正确性测试、错误性测试和压力测试。
- 通过输入组合创建测试用例，以获得较高的测试覆盖率。
- 应用等价类划分法、边界值分析法、错误猜测等方法编写接口测试用例。

接口测试一般用于组件之间的数据交换测试，验证组件对外提供服务的能力。如果我们发现有以下特征的测试，那么它们属于接口测试。
- 测试使用数据库。
- 测试使用网络。
- 测试使用外部系统（如队列或服务）。

- 测试读/写文件或执行其他 I/O 的操作。

单元测试在组件内部对函数逻辑代码进行验证，关注的是函数内部实现的正确性。

16.4.3　UI 测试

应用程序的 UI 展示给最终用户，是业务和用户交互的界面，我们需要确保业务流程和功能正常，这在实际情况下需要投入较多的时间和精力。通常，下列 3 个因素会影响 UI 测试。

- 程序复杂度。如果程序的功能简单，即使测试速度相对较慢，那么整个测试也不会花很长时间。因此，测试人员可以用 UI 测试覆盖大部分功能。但对于一个非常复杂的应用程序，这要付出巨大的代价，这几乎是不可能实现的。
- 程序的依赖性和脆弱性。若程序有多个依赖条件和因素限制，则会导致程序测试结果出现不确定性。例如，在不同网络条件下，当连接速度较慢时，Web 应用程序的响应行为可能有所不同。若测试环境发生变化，程序运行在不同配置的应用服务器上，则每次的测试结果可能都不一样。
- UI 变化频率。如果产品经理对业务流程或界面进行了调整或优化，则整个业务流程或界面都需要重新验证，以确保功能没有衰减，这是个巨大的工程。通常，UI 自动化脚本也需要花费许多时间进行更新，这将导致自动化测试的投入产出比大大降低。

移动互联网产品的 UI 测试通常受到上述 3 个因素的影响。加上版本快速迭代、上线时间的要求，因此在 UI 测试层面，不允许投入较多的测试资源和时间。在实际的产品测试过程中，UI 测试通常以手工测试为主，将自动化测试作为一个补充手段。对于新开发的功能，往往以手工测试为主，否则，花费大量精力开发的自动化测试用例，很快就会因为环境或 UI 变化而失效。既有的、稳定的业务至少在短期内不会发生功能变化，我们可以开发少量的自动化测试脚本，尽可能快速产生反馈结果，同时减少测试人员的投入。

传统的软件产品的开发周期较长，UI 稳定，至少不会像移动互联网产品那样进行频繁的调整。在这种条件下，我们可以投入较多的资源和人力来开发 UI 自动化脚本，通过不断积累的测试脚本提高产品自动化测试的效率，降低手工测试的比例，以达到较高的自动化投入产出比。

因此，针对移动互联网产品，UI 的自动化测试通常只覆盖核心的业务流程和典型的用户场景。

在实际中进行 UI 测试时，我们可基于用户的使用频率，以及业务的重要程度和复杂程度，对 UI 测试策略进行分区，设计 UI 测试策略分区，如图 16-4 所示。

UI 测试策略分区如下。

- 功能自动化区（P1）：这个区测试的功能的主要特征是用户的操作频率较高，但业务逻辑复杂度低，如页面数据查询功能。我们可以优先进行自动化测试。
- 探索测试区（P2）：这个区测试的功能的主要特征是用户使用频率较高，业务逻辑复杂度高，依赖程度高，如业务统计功能，我们主要采取探索测试。

- 界面功能测试区（P3）：这个区测试的功能的主要特征是用户使用频率较低，业务逻辑复杂度高，依赖程度高，如支付操作、积分兑换等，我们主要采取 UI 测试。
- 随机测试区（P4）：这个区测试的功能的主要特征是用户操作频率较低，业务逻辑简单，我们可以进行少量测试或不测试，如收藏功能等。

▲图 16-4　UI 测试策略分区

16.5　测试模型及其使用场景

构建分层测试模型是高效测试良好的开始，我们应该根据应用程序的特点构建测试金字塔。在实际测试时，我们要针对不同情况选择或避免使用某种测试方法。

- 使用单元测试测试算法类代码。
- 尽量避免对琐碎代码区的代码进行单元测试。
- 尽量使应用程序可配置，这便于隔离模块并使用集成测试进行测试。
- 对一个程序测试时，我们通常先从 UI 测试入手，熟悉业务逻辑后，增加接口测试，然后识别出算法代码区，增加单元测试。

16.5.1　金字塔测试模型

金融业务中 RESTful API 的测试需求通常包括优惠折扣和支付请求的接口。针对这类业务，我们使用的金字塔测试模型如图 16-5 所示。

- 单元测试比例为 80%。针对算法编写单元测试用例，如果算法代码逻辑更改，就能够快速验证并得到反馈。
- 接口测试比例为 20%。编写一些接口测试用例并验证对外输出功能的正确性。
- UI 测试的比例为 0%，即没有 UI 测试。

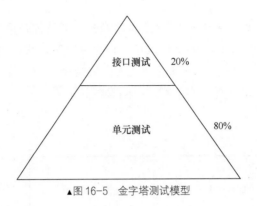

▲图 16-5　金字塔测试模型

16.5.2　冰激凌测试模型

以查询功能为主的 Web 应用程序通常使用表单构建展示页面，主要用于信息的索引和浏览。对于这类程序的测试，我们通常使用冰激凌测试模型，如图 16-6 所示。

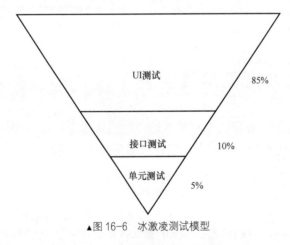

▲图 16-6　冰激凌测试模型

- 单元测试的比例为 5%。Web 表单因其固有的依赖性而难以进行单元测试，因此，我们要尽量提取算法代码来进行单元测试，把其他测试工作转交给上一层。
- 接口测试的比例为 10%。主要针对能够剥离 UI 的功能进行测试。
- UI 测试的比例为 85%。主要通过界面验证业务逻辑。

16.5.3　菱形测试模型

以 JavaScript 编写的 Web 应用程序的后端提供 RESTful API 服务，该类应用程序采用 ORM 框架，通常用于信息查询和更新，对应的菱形测试模型如图 16-7 所示。

- 单元测试的比例为 10%。几乎不涉及算法代码。
- 接口测试的比例为 80%。主要对 RESTful API 进行测试。

- UI 测试的比例为 10%。由于接口测试涵盖了程序对外提供的功能服务，因此 UI 测试只需要涵盖重点的业务流程。

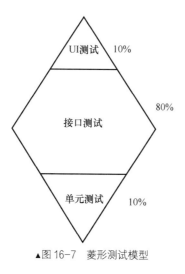

▲图 16-7　菱形测试模型

16.5.4　改进的菱形测试模型

通过在传统的菱形测试模型顶部添加探索测试，我们改进了传统的菱形测试模型。改进的菱形测试模型遵循"重量级接口测试、轻量级 UI 测试、轻量级单元测试、轻量级探索测试"原则。

现今的移动互联网产品往往采用这种改进的菱形测试模型，如图 16-8 所示。改进的菱形测试模型有以下 4 个关键点。

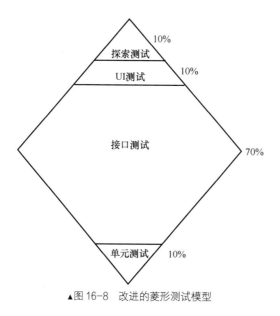

▲图 16-8　改进的菱形测试模型

- 底层的单元测试采用"分而治之"思想，只对那些相对稳定的核心服务和模块开展全面的单元测试，而对应用层或上层业务只做少量的单元测试。
- 以中间层的接口测试为重点做全面的测试。
- 次顶层的 UI 测试只覆盖直接影响主营业务流程的端到端场景。
- 顶层的探索测试通过探索式测试思维，以手工测试的方式发现尽可能多的潜在问题。

上面大致介绍了测试模型的使用场景。在实际情况下，待测试程序之间可能会有一些相似之处。因此，我们应该以产品的实际特点来选择相应的测试模型，可以让测试效率和输出价值最大化。

16.6　自动化测试实施策略

测试需要投入成本。我们应思考如何让测试的价值最大化，以及如何发挥自动化测试的优势来提高测试效率。要想解决上述两个问题，我们先要明确测试的目的。测试是为产品服务的，具体的测试策略需要基于产品所处的阶段制订。下面我们先看一下 Kent Beck 提出的 3X 模型，如图 16-9 所示。

在该模型中，分为 3 个阶段。
- 探索阶段：尝试推出新产品，进行试错。
- 扩展阶段：产品呈指数增长，应扩大产品供应，以满足市场的旺盛需求。
- 成熟阶段：产品最后阶段，产品及其相关市场的收益最大化。

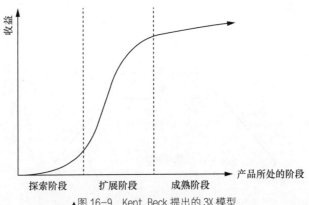

▲图 16-9　Kent Beck 提出的 3X 模型

在产品的不同阶段，我们采取不同的测试策略。在探索阶段——试错阶段，我们应尝试发布产品功能，得到用户的反馈。对于是否能够迎合用户需求，我们不得而知，此时只需要花费少量时间来进行功能测试和冒烟测试。在扩展阶段，产品得到市场验证，此时是产品的快速增长阶段，我们需要加大测试的投入并引入自动化测试来提高测试的效率。在成熟阶段，产品已经进入稳定成熟期，我们可以通过增加功能自动化测试的覆盖率来提高产品回归测试的效率。

16.7 小结

本章主要介绍了分层测试框架，首先，我们从 LiteShelf 的测试需求出发，对测试需求进行了分析；接着，介绍了测试策略；然后，介绍了传统的测试金字塔，并对测试金字塔的优势和局限性进行了分析；接下来，结合当前互联网产品开发周期短和快速迭代的特点，引入了菱形测试模型；接下来，给出多种测试模型及其使用场景，并基于不同的测试场景对传统的菱形测试模型进行了改进；最后，介绍了自动化测试实施策略。

第17章 测试工具选型

自动化工具可以提高测试效率，但实际上，测试不可能完全自动化，需要手动测试和自动化测试齐头并进。我们可以通过选择正确的自动化工具，提高测试效率。

"工欲善其事，必先利其器"，合适的测试工具能够起到事半功倍的效果。在选择测试工具时，我们需要综合考虑相关因素，包括测试环境、学习成本、工具特性、工具可扩展性等。

测试工具通常分为两类——开源工具和商业工具。开源工具的源代码是基于某种开源协议公开发布的，用户可以免费使用或修改原代码。开源工具几乎出现在测试过程的任何阶段，从测试用例管理到 bag 跟踪。与商业工具相比，开源工具的功能也在完善中。

商业工具是为销售或商业目的而开发的工具。一般来说，商业工具的性能更稳定，功能更强大，操作更简单，但需要付费。

本章提到的测试工具都是开源工具。

17.1 自动化测试原理

自动化测试的步骤如下。

（1）获取预期结果。

（2）获取实际结果。

（3）比较预期结果和实际结果，判断测试是否通过。

下面通过用户登录例子进行说明。

首先，获取预期结果。在测试网站的用户登录模块时，如果我们输入正确的账号和密码，那么预期结果是"登录成功"。

然后，获取实际结果。编写自动化测试脚本并执行登录操作，根据页面上显示的文字或数据库里的信息，得知用户是否登录成功。

最后，比较第（1）步和第（2）步的结果。在第（1）步中，预期结果是登录成功。第（2）步中，我们得知登录是否成功。若第（3）步中的预期结果与实际结果相同，测试通过。假如第（2）步中实际登录失败了，则第（3）步的对比结果不同，测试就是失败的。

自动化测试分为 3 种类型，分别是基于代码的测试、基于协议的测试和基于 UI 的测试。

基于代码的测试基于代码定义预期结果，调用被测对象，对比实际结果。

这种测试的难点在于前置条件或环境的准备，以及被测代码中大量异常的检测。

这种测试的优点是原理简单、容易实施，且不需要较高的编程能力。

基于代码的测试的常见工具如下。

- 基于 Java 的 JUnit、TestNG。
- 基于 C#的 NUnit。
- 基于 Python 的 unittest、pytest。

基于协议的测试并不直接调用代码，而模拟用户发送数据包。基于协议的测试需要测试人员在测试时清楚协议的内容，能够通过编写脚本来操作协议。基于协议的测试是典型的接口测试，经常用于功能、安全性、可靠性、性能方面的测试。

基于协议的测试的常见工具如下。

- 基于 HTTP 的 HttpClient、Postman。
- 基于 WebService 协议的 SoapUI。

基于 UI 的测试通常通过获取对象的特征来触发对象动作。在实际测试过程中，若 UI 一直发生变化，则测试人员需要及时更新测试脚本，因此，测试脚本的维护成本较高。

基于 UI 测试的常见工具包括 UFT、Watir、Robot Framework 和 Selenium 等。

17.2　测试工具选型原则

测试工具选型的一个重要原则是满足需求，能够满足需求的测试工具就是好的测试工具，这里从实际需求出发，结合产品的功能、特点，给出下列测试工具选型的参考原则。

首先，识别出开发和测试环境的约束条件，通常包括以下方面。

- 平台。评估测试工具是否支持 Windows 系统、macOS、Linux 系统等，是否支持多平台。对于 Web UI 测试，Selenium 支持多平台。
- 编程语言。确定待测试的应用程序使用何种编程语言。
- 脚本语言。确定测试工具支持用哪些语言编写测试脚本。许多自动化测试工具提供灵活的脚本选项，允许测试团队以熟悉的编程语言编写测试脚本。
- 测试类型。确定测试工具是否支持单元测试、集成测试。

然后，需要识别出资源的约束条件，通常包括以下方面。

- 社区支持。了解测试工具是否有人主动维护。如果测试工具及其文档长时间没有更新，那么可能表示社区不再支持该测试工具了。
- 易学性。了解是否可以轻松地学习和使用工具。其实，大多数测试工具容易上手，但我们需要花费一些时间来学习高级功能,也可能需要额外开发脚本或调用工具的接口来增强功能。

- 编程技能。许多自动化测试工具不需要用户了解编程知识,允许没有编程经验的人进行自动化测试。Selenium 等测试工具提供了自动生成脚本的记录和回放功能。若要对复杂的场景进行测试,我们就需要根据一些编程知识来增强和维护测试脚本。
- 成本。成本通常是选择测试工具时首先考虑的因素。小公司通常没有额外预算,可以选择开源工具。如果有预算,那么可以考虑商用工具。通常,商用工具的功能更强大,用户体验也更好。开源工具经常会增加使用者的学习成本,因为使用者需要花费大量时间来学习和理解测试工具的使用方法。

为了客观地评估一组测试工具,我们需要选择几个维度来对它们进行比较。我们可以使用以上参考原则来定义一组约束标准,通常,大多数测试工具不能完美地满足所有约束标准,因此,我们很难选出最好的测试工具,只能在条件允许时选出最适合相关业务的测试工具。

下面介绍几款当前流行的开源测试工具,并对这些测试工具的功能和特点进行简要描述,用户可综合测试类型、功能场景和成本等因素来考虑选择哪款测试工具。

17.3 单元测试工具

单元测试是测试驱动开发中的常用测试方法,它提倡测试优先的开发方式。单元测试有助于提高测试质量、降低测试成本并缩短测试所需时间。单元测试验证了程序的每个最小单元,并检查各个部分的逻辑是否正确。

选择单元测试工具时需要考虑的因素如下。

- 开发环境的语言依赖。
- 测试工具的学习成本。
- 测试用例的编写时间和周期。

JUnit 和 TestNG 是当前单元测试中常用的 Java 框架。这两种框架在功能方面非常相似,但是 TestNG 提供了更强大的其他功能。下面介绍一下这两种工具的区别。

17.3.1 JUnit

JUnit 是流行的 Java 单元测试框架,它的第一个版本于 1997 年发布。从那时起,它就成为 Java 领域中事实上的测试标准。主要 IDE(如 Eclipse 和 IntelliJ)都进行了 JUnit 集成,这样,用户就可以直接在这些 IDE 中设计和进行单元测试。JUnit 5 版本是对老版本的重构,消除了老版本的诸多限制。

断言测试是单元测试的核心,决定着测试的结果。断言提供的方法可用来判断测试条件。如果断言失败,那么测试会在断言所在的代码行停止,并生成断言失败报告。如果断言成功,那么测试会继续执行下一行代码。常见断言如表 17-1 所示。

表 17-1　常见断言

断言方法	断言说明
assertEquals (expected, value)	对比 expected 和 value，若不相等，则失败
assertNotEquals (expected, value)	对比 expected 和 value，若相等，则失败
assertTrue (value)	验证 value，若为 false，则失败
assertFalse (value)	验证 value，若为 ture，则失败
assertNull (value)	验证 value，若不为 null，则失败
assertNotNull(value)	验证 value，若为 null，则失败

JUnit 4 中引入了注解，注解使 Java 代码更容易理解。通过注解，开发人员可以方便地进行单元测试。同一注解在 JUnit 4 和 JUnit 5 中的命名对比如表 17-2 所示。

表 17-2　同一注解在 JUnit 4 和 JUnit 5 中的命名对比

JUnit 4 中的注解	JUnit 5 中的注解	说明
@RunWith	@ExtendWith	标识为 JUnit 的运行环境
@Test	@Test	声明需要测试的方法
@BeforeClass	@BeforeAll	该注解注释的静态方法会在执行所有测试用例之前调用
@AfterClass	@AfterAll	该注解注释的静态方法会在所有测试用例执行之后调用
@Before	@BeforeEach	被注解的方法将在当前类中的每个由@Test 注解的方法前执行
@After	@AfterEach	被注解的方法将在当前类中的每个由@Test 注解的方法后执行
@Ignore	@Disabled	忽略方法
@Parameters	@ParameterizedTest	用于标识这个方法是一个参数化测试方法
@Category	@Tag	用于对测试类或方法进行分组

JUnit 4 和 JUnit 5 中的测试执行顺序对比如表 17-3 所示。

表 17-3　JUnit 4 和 JUnit 5 中的测试执行顺序对比

执行顺序	JUnit 4 中的测试	JUnit 5 中的测试
1	使用@BeforeClass 注解的方法	使用@BeforeAll 注解的方法
2	使用@Before 注解的方法	使用@BeforeEach 注解的方法
3	使用@Test 注解的方法	使用@Test 注解的方法
4	使用@After 注解的方法	使用@AfterEach 注解的方法
5	使用@AfterClass 注解的方法	使用@AfterAll 注解的方法

接下来，介绍 JUnit 使用方法。具体操作如下。

（1）新建一个 Maven 项目，项目中关于 JUnit 的配置信息如图 17-1 所示。

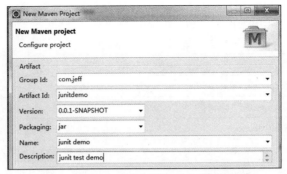

▲图 17-1 Maven 项目中关于 JUnit 的配置信息

（2）在 pom.xml 文件中添加 JUnit 依赖库。

```
<dependency>
        <groupId>junit</groupId>
        <artifactId>junit</artifactId>
        <version>4.12</version>
          <scope>test</scope>
</dependency>
```

（3）创建一个名为 Employee 的待测试的 Java 类。

```java
public class Employee {
    private String empId;
    private String name;
    private int salary;

    public Employee() {
    }

    public String getName() {
        return name;
    }

    public void setName(String name) {
        this.name = name;
    }
    public int getSalary() {
        return salary;
    }

    public void setSalary(int salary) {
        this.salary = salary;
    }
```

（4）创建一个名为 EmployeeTest1 的测试用例类。在 JUnit 4 中，我们必须将带@BeforeClass 和@AfterClass 注解的方法声明为静态方法。TestNG 在方法声明方面更灵活，它没有上述约束。

```java
public class EmployeeTest1 {
    private static Employee p = null;
```

```
    @BeforeClass()
    public static void setUp() {
            p = new Employee();
            p.setEmpId("1");
            p.setName("Neil");
            p.setSalary(6000);
      }

@Test
public void testCase001() {
    Assert.assertEquals(p.getEmpId(), "1");
        Assert.assertEquals(p.getName(), "Neil");
        Assert.assertEquals(p.getSalary(),6000);
}

@Test
public void testCase002() {
    p.setSalary(p.getSalary()+2000);
    Assert.assertEquals(p.getSalary(),8000);
}

@AfterClass()
public static void tearDown() {
        p = null;
}
```

（5）创建一个名为 EmployeeTest2 的测试用例类。

```
public class EmployeeTest2 {
private static Employee q = null;

    @BeforeClass
      public static void setUp() {
            q = new Employee();
            q.setEmpId("2");
            q.setName("Walt");
            q.setSalary(6000);
      }

  @Test
    public void testCase003() {
        q.setSalary(q.getSalary()+1000);
        Assert.assertNotEquals(q.getSalary(),8000);
    }

  @Test
    public void testCase004() {
        q.setName("Lavi");;
        Assert.assertNotEquals(q.getName(),"Walt");
    }
```

```
@AfterClass
public static void tearDown() {
        q = null;
}
}
```

（6）创建一个名为 TestSuite.java 的 Java 文件以执行测试用例。两个测试类 EmployeeTest1
和 EmployeeTest2 将作为数组被传入@Suite.SuiteClasses，然后通过 EmployeeTestSuite 测试套
件来运行。

```
import org.junit.runner.RunWith;
import org.junit.runners.Suite;

@RunWith(Suite.class)
@Suite.SuiteClasses({
    EmployeeTest1.class,
    EmployeeTest2.class
})

public class EmployeeTestSuite {

}
```

（7）为了创建测试运行器类，创建一个名为 TestRunner.java 的 Java 文件，然后在测试运
行器类 TestRunner 中加入测试用例。

```
import org.junit.runner.JUnitCore;
import org.junit.runner.Result;
import org.junit.runner.notification.Failure;
public class TestRunner {
    public static void main(String[] args) {
        Result result = JUnitCore.runClasses(EmployeeTestSuite.class);

        for (Failure failure : result.getFailures()) {
            System.out.println(failure.toString());
        }

        System.out.println(result.wasSuccessful());
    }
}
```

（8）运行 TestRunner.java 文件，测试结果如图 17-2 所示。

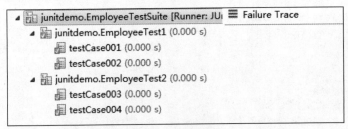

▲图 17-2　测试结果

17.3.2 TestNG

TestNG 是一个开源测试框架。TestNG 中的 NG 表示 Next Generation（下一代）。TestNG 通过注解、分组、排序和参数化提供了强大且灵活的测试用例，从而消除了 JUnit 的局限性。TestNG 可以覆盖的测试类型广泛，如单元测试、集成测试、功能测试等，实现了对测试用例执行的完全控制。它支持多种工具和插件，如 Eclipse、IDEA 和 Maven 等。

JUnit 4 和 TestNG 在功能方面的简单对比如表 17-4 所示。

表 17-4　JUnit 4 和 TestNG 在功能方面的简单对比

功能	JUnit 4	TestNG
测试注解	部分支持	支持
异常测试	支持	支持
忽略测试	支持	支持
超时测试	支持	支持
测试条件	支持	支持
套件测试	不支持	支持
参数化	不灵活	灵活
依赖性测试	不支持	支持
失败重运行	重新执行测试套件的所有测试用例	支持只运行失败测试用例
测试阶段	单元测试	单元测试 功能测试 集成测试

JUnit 和 TestNG 都是基于注解的测试框架，有一些相同的注解，如@ Test、@ BeforeClass 和@ AfterClass。TestNG 提供了 JUnit 不支持的一些特殊注解，包括@ BeforeTest、@ AfterTest、@ BeforeGroups、@ AfterGroups、@ BeforeSuite、@ AfterSuite 等。

JUnit 和 TestNG 在基于 Java 平台的单元测试中是广受欢迎的框架。在 TestNG 出现之前，JUnit 一直是用于单元测试的标准 Java 框架。TestNG 不但具有 JUnit 4 的核心功能，而且提供了更多更强大的功能，如参数化测试、组测试、并行测试、数据驱动测试等。TestNG 的特殊注解在测试的组织和执行方面相当高效。建议读者以 TestNG 作为单元测试框架。

接下来，介绍 TestNG 的安装和使用。

为了安装 TestNG，打开 Eclipse，选择菜单栏中的"Help"→"Install New Software"，弹出"Install"窗口。首先，在"Work with"文本框中，输入 TestNG 官网地址。然后，添加 TestNG 依赖程序，即选中"TestNG"复选框。最后，单击"Finish"按钮，完成安装，如图 17-3 所示。

安装完成 TestNG 后，重启 Eclipse。在 Eclipse 启动后，右击项目，依次选择"new"→"other"，若出现 TestNG 选项，则表示 TestNG 安装成功。

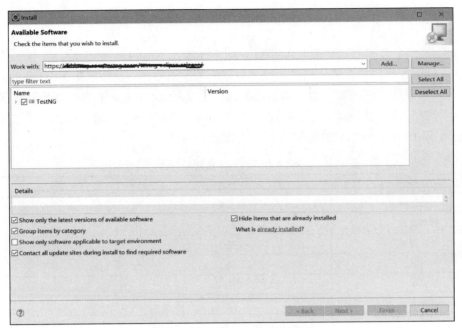

▲图 17-3　添加 TestNG 依赖程序

　　接下来，新建一个 Maven 项目，输入项目基本信息，将 Group Id 设置为"com.jeff"，将 Artifact Id 设置为"demo"，将 Name 设置为"testngdemo"。在"Java Build Path"界面中，单击"Libraries"选项卡，单击"Add Library"按钮，添加库，如图 17-4 所示。

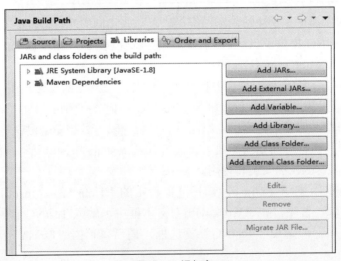

▲图 17-4　添加库

　　接下来，在"Add Library"窗口的列表中，选择 TestNG，添加 TestNG 库，如图 17-5 所示。

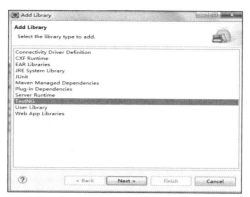

▲图 17-5 添加 TestNG 库

接下来，新建一个名为 Employee 的类，其代码和前面创建的待测试的 Java 类 Employee 的代码相同。

接下来，右击项目名称，在弹出的菜单中，选择"New"→"other"→"TestNG class"，在弹出的"New TestNG class"窗口中，创建测试类 EmployeeTest1，如图 17-6 所示。我们可以用同样的步骤创建测试类 EmployeeTest2。

▲图 17-6 创建测试类 EmloyeeTest1

接下来，在 EmployeeTest1 类中，添加分组 positiveTest。

```
public class EmployeeTest1 {
    private Employee p = null;
    @BeforeClass(alwaysRun = true)
    public void setUp() {    //类数据初始化
            p = new Employee();
            p.setEmpId("1");
            p.setName("Neil");
            p.setSalary(6000);
    }
```

```
@Test(groups = { "positiveTest" })   //创建正常测试分组
public void testCase001() {
      Assert.assertEquals(p.getEmpId(), "1");
        Assert.assertEquals(p.getName(), "Neil");
        Assert.assertEquals(p.getSalary(),6000);
}

@Test(groups = { "positiveTest" })
public void testCase002() {
    p.setSalary(p.getSalary()+2000);
    Assert.assertEquals(p.getSalary(),8000);
}

@AfterClass(alwaysRun = true)
public void tearDown() {
        p = null;
}
```

接下来，在 EmployeeTest2 类中，添加分组 negativeTest。

```
public class EmployeeTest2 {
    private Employee q = null;

    @BeforeClass (alwaysRun = true)     //类数据初始化
      public void setUp() {
            q = new Employee();
            q.setEmpId("2");
            q.setName("Walt");
            q.setSalary(6000);
      }

  @Test(groups = { "negativeTest" })   //异常测试组
    public void testCase003() {
        q.setSalary(q.getSalary()+1000);
        Assert.assertNotEquals(q.getSalary(),8000);
    }

  @Test(groups = { "negativeTest" })
    public void testCase004() {
        q.setName("Lavi");
        Assert.assertNotEquals(q.getName(),"Walt");
    }

  @AfterClass(alwaysRun = true)
  public void tearDown() {
        q = null;
    }
```

接下来，选择测试类 EmployeeTest1 或 EmployeeTest2，进行调试，右击任意一个测试类，在弹出的菜单中，选择 "run as" → "testing test"，若出现如下提示，则说明 TestNG 中和 Maven 相关的类文件之间存在不兼容问题。

```
An internal error occurred during: "Launching TestEmployee".
org.testng.eclipse.maven.MavenTestNGLaunchConfigurationProvider.getClasspath(Lorg/
eclipse/deBug/core/ILaunchConfiguration;)LJava/util/List;
```

解决方案如下：打开 Eclipse，选择菜单栏中的"Help"→"Install New Software"，单击
"What is already installed"链接，选择"Select the TestNG M2E software"，单击"Uninstall"按
钮，卸载 TestNG M2E，如图 17-7 所示。

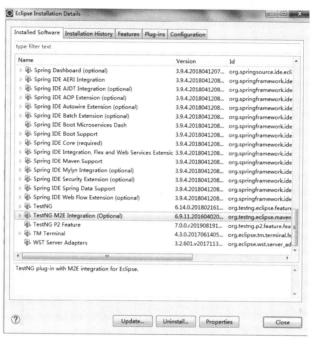

▲图 17-7　卸载 TestNG M2E

再次选择任意一个测试类，右击它，在弹出的菜单中，选择"run as"→"testing test"，
运行 TestNG，结果如图 17-8 所示，表示运行 TestNG 成功。

▲图 17-8　运行 TestNG 成功

TestNG 运行成功之后，产生一个 test_output 目录。我们可以打开该目录下的 index.html
文件，查看 TestNG 测试结果，如图 17-9 所示。

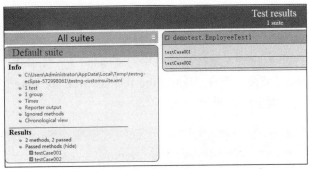

▲图 17-9　TestNG 测试结果

　　TestNG 可以进行复杂的测试用例分组，这是 JUnit 不具备的。TestNG 使用<groups>标签对 Java 文件中的测试用例进行分组。我们可以在 TestNG 的 XML 配置文件中轻松地运行指定的分组，从而实现对测试用例的控制，并且不需要重新编译任何内容。<groups>标签可以在<test>或<suite>标签下找到。TestNG 分组测试结果如图 17-10 所示。

　　我们在 demotest.xml 文件中定义的分组内容如下。

```xml
<?xml version="1.0" encoding="UTF-8"?>
<!DOCTYPE suite SYSTEM "http://testng.org/testng-1.0.dtd" >
<suite name="Suite" parallel="false">
<test name="Test">
 <groups>      //运行分组
    <run>
        <include name="positiveTest" />
        <include name="negativeTest" />
    </run>
</groups>
 <classes>       //测试类定义
    <class name="demotest.EmployeeTest1"/>
    <class name="demotest.EmployeeTest2"/>
</classes>
</test> <!-- Test -->
</suite> <!-- Suite -->
```

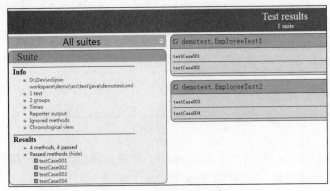

▲图 17-10　TestNG 分组测试结果

　　Maven可以与任何持续集成工具一起使用。我们通过在Maven中增加maven-surefire-plugin并指定要运行的测试配置文件以在代码持续集成时自动运行测试用例。

```xml
<properties>
        <Java.version>1.8</Java.version>
    </properties>
    <build>
        <plugins>
            <!-- Compiler plug-in -->
            <plugin>
                <groupId>org.apache.maven.plugins</groupId>
                <artifactId>maven-compiler-plugin</artifactId>
                <configuration>
                    <source>${Java.version}</source>
                    <target>${Java.version}</target>
                </configuration>
            </plugin>
            <!-- Below plug-in is used to execute tests -->
            <plugin>
                <groupId>org.apache.maven.plugins</groupId>
                <artifactId>maven-surefire-plugin</artifactId>
                <version>2.18.1</version>
                <configuration>

                    <suiteXmlFiles>
                        <!-- TestNG suite XML files -->
                        <suiteXmlFile>demotest.xml</suiteXmlFile>
                    </suiteXmlFiles>
                </configuration>
            </plugin>
        </plugins>
    </build>
<dependencies>
<dependency>
    <groupId>org.testng</groupId>
    <artifactId>testng</artifactId>
    <version>6.14.3</version>
    <scope>test</scope>
</dependency>
  </dependencies>
</project>
```

　　maven-surefire-plugin 是 Maven 中用于执行测试用例的插件。这个插件可以通过运行TestNG 的测试用例，生成测试报告。

　　在命令行中，执行命令“mvn test”，运行结果如下。

```
Running TestSuite
Tests run: 4, Failures: 0, Errors: 0, Skipped: 0, Time elapsed: 0.731 sec - in
TestSuite
Results :
Tests run: 4, Failures: 0, Errors: 0, Skipped: 0。
```

17.3.3　Mockito

　　单元测试的基本策略是对模块进行解耦，在不涉及模块依赖关系的情况下测试代码，以达到模块隔离的目的。Mock 的主要作用是对单元测试的依赖关系进行解耦，允许在没有任何依赖关系的情况下单独测试代码。如果模块的代码依赖一个或多个接口，则通过 Mock 能够实现对这些依赖的模拟。通过模拟行为屏蔽依赖关系，我们可以更好地完成测试活动。

　　Mockito 是一个流行的 Java 开源测试框架。通过和 JUnit 结合使用，Mockito 可以创建模拟对象来简化对外部依赖类的测试。它使用 Java 反射功能来为指定的接口创建模拟对象，模拟对象返回一些虚拟数据。Mockito 通过上述方式模拟真实服务，以帮助开发人员实现测试驱动开发（Test Driven Development，TDD）或行为驱动开发（Behavior Driven Development，BDD）。

　　在测试中，Mockito 的使用步骤如下。

　　（1）模拟外部依赖类并将模拟结果插入测试代码。在下面的代码中，我们通过 Mock 注解进行"打桩"（功能模拟替换）。

```
Mockito.when(mock.action()).thenReturn(true)
BDDMockito.given(mock.action()).willReturn(true)
```

　　（2）执行模拟测试中的代码，对模拟之后的对象进行调用操作并执行测试代码。

　　（3）验证模拟代码是否正确执行，通过与 JUnit 相关的断言对返回结果进行验证。

　　Mockito 的使用示例如下。

　　（1）创建一个 Maven 项目，添加 Mockito 依赖到该 Maven 项目中，构建测试程序。

```
<dependency>
    <groupId>org.mockito</groupId>
    <artifactId>mockito-all</artifactId>
    <version>1.10.19</version>
</dependency>
```

　　（2）编写测试用例的代码，具体如下。

```
package com.example.demo;
import static org.junit.Assert.assertEquals;
import static org.mockito.Mockito.when;
import Java.util.List;
import org.junit.Test;
import org.junit.runner.RunWith;
import org.mockito.Mock;
import org.Springframework.test.context.junit4.SpringRunner;

@RunWith(SpringRunner.class)
public class MockTestDemo {
    @Mock
    private List<String> people;

    @Test
     public void mockTest() {
```

```
            when(people.get(0)).thenReturn("hello Neil Mock");
            when(people.get(1)).thenReturn("hello Walt Mock");
            when(people.get(2)).thenReturn("hello Lavi Mock");

            System.out.println("output:" + people.get(0) );
            System.out.println("output:" + people.get(1) );
            System.out.println("output:" + people.get(2) );

            assertEquals("hello Neil Mock", people.get(0));
            assertEquals("hello Walt Mock", people.get(1));
            assertEquals("hello Lavi Mock", people.get(2));
        }
}
```

（3）执行测试用例代码，结果如下。

```
14:17:54.053 [main] DEBUG org.Springframework.test.context.cache - Spring test
ApplicationContext cache statistics: [DefaultContextCache@9ebe38b size = 1,
maxSize = 32, parentContextCount = 0, hitCount = 1, missCount = 1]
output:hello Neil Mock
output:hello Walt Mock
output:hello Lavi Mock
```

17.4 接口测试工具

17.4.1 Postman

Postman 是一种在 RESTful 中测试 Web 服务和 API 的工具。Postman 最初是 Chrome 的插件，后来，它又推出了 Windows 版本和 macOS 版本。Postman 有免费版和商业版。

Postman 的基本功能如下。

- 支持各种请求类型，如 GET、POST、PUT、PATCH 和 DELETE 等，触发一个 API 请求并验证响应。
- 支持对请求头和请求参数的设置。
- 支持 Basic Auth、Digest Auth、OAuth 1.0、OAuth 2.0 认证机制。
- 支持参数化变量。
- 支持触发一系列 API 请求来模拟一些用户业务流程。
- 支持使用不同的输入触发一个 API 请求并声明预期的响应。
- 支持以一定的延迟重复触发一系列 API 请求来模拟服务器上的负载，从而进行负载测试。
- 运行 Postman 集合来执行基本功能验收测试。

17.4.2 JMeter

JMeter 诞生于 2003 年，是一个纯 Java 编写的桌面应用程序，用于接口测试、压力测试和性能测试。JMeter 支持并发执行和多线程或线程组执行。JMeter 可用于对服务器、网络或对象模拟不同强度的负载，以测试它们在不同负载强度下的整体性能。JMeter 能够对应用程序做功能测试、回归测试，并通过创建带断言的脚本来验证应用程序是否返回正确的结果。

JMeter 的基本功能如下。

- 支持 HTTP、HTTPS、SOAP、REST Web Services 与 TCP 等服务和协议。
- 使用方便的用户界面，能够快速进行测试计划录制和执行。
- 命令行模式（非 GUI 模式）能够为任何兼容 Java 的系统（Linux、Windows、macOS）提供压力测试。
- 提供完整的动态 HTML 测试报告。

17.4.3　REST Assured

Postman 通常在本地进行功能调试和接口验证，很难对大量的 API 进行维护。

开源的 JMeter 的主要优点如下：有 UI，新手容易上手；支持测试用例参数化、多种断言校验。若大批量执行测试用例，那么 JMeter 的响应时间较长，同时对运行环境的资源要求较高。若没有足够的硬件资源来处理过高的 CPU 和内存使用量，那么可能会导致多种问题。例如，若同时执行 100 个以上的线程，硬件资源会相当紧张，JMeter 将占用大量内存和 CPU 资源，脚本运行速度会变得很慢。对于小项目，JMeter 可以作为主要的自动化测试工具。

针对 Postman 和 JMeter 的适用场景与使用限制，若对工具使用的灵活性和脚本的可维护性有较高要求，那么我们可以使用 REST Assured。

REST Assured 是一个是开源 Java 库，是一个由 Java 实现的 RESTful API 测试工具，用于简化对 RESTful Web 服务的测试。它是一个轻量级 RESTful API 客户端，可以通过直接编写代码向服务器发起 HTTP 请求，并验证响应结果。它容易上手，因此成为最受欢迎的 RESTful API 测试工具之一。

REST Assured 可用于测试 Web 服务。REST Assured 可以与 JUnit 和 TestNG 集成，以便为应用程序设计测试用例。

REST Assured 支持 POST、GET、PUT、DELETE、OPTIONS、PATCH、HEAD 请求，并可验证这些请求的响应。它的主要特点如下。

- 开源，任何人都可以将它用于测试脚本开发。
- 提供了一种特定领域语言（Domain Specific Language，DSL）来创建自动化脚本。
- 支持 XML 和 JSON 格式。
- 可使用 REST Assured 库来自定义要发送到服务器的请求。
- 可以测试复杂业务逻辑的各种组合。
- 能够从服务器中获取 HTTP 信息，如状态代码、响应信息、请求标头等。

REST Assured 采用 BDD 风格的测试脚本编写方式，即采用 given-when-then 格式，便于测试人员理解脚本逻辑和测试范围。

17.4.4 OkHttp

OkHttp 是开源项目，是一个 Android 和 Java 应用程序的 HTTP 客户端，它允许所有同主机地址的请求共享同一个 Socket 连接。OkHttp 支持以下功能，这些功能使 OkHttp 成为高效的 HTTP 客户端，能够实现应用程序的快速加载并降低网络带宽。

- 支持 HTTP/2。
- 连接池可用于 HTTP 连接。
- GZIP 压缩可缩减网络数据。
- 缓存可避免网络的重复请求。
- 可以静默地从普通连接问题中恢复。
- 支持同步调用和异步调用。

17.4.5 HttpClient

JDK 的 java.net 包提供了访问 HTTP 的基本功能，但是对于大部分应用程序，JDK 本身提供的功能还不够丰富和灵活。HttpClient 是 Apache Jakarta Common 项目的子项目，提供新的、高效的、功能丰富的支持 HTTP 的客户端编程工具包。

HttpClient 支持的功能如下。

- 实现了所有 HTTP 的请求方法（GET、POST、PUT 和 HEAD 等）。
- 支持自动转向。
- 支持 HTTPS。
- 支持代理服务器等。

17.5 功能测试工具 Selenium

Selenium 是一个开源 Web 自动化测试工具，可与 Maven、Jenkins 等工具集成，实现持续集成，也可以与 TestNG 和 JUnit 等工具集成，用来管理测试用例和生成报告，其主要特点如下。

- 属于开源和可移植的 Web 测试框架。
- 无须安装。Selenium Web 驱动程序不需要进行服务器安装，测试脚本可直接与浏览器交互。
- 支持并行测试执行，减少执行并行测试所花费的时间。
- 支持多种编程语言，如 C#、Java、Python、PHP、Ruby、Perl 和 JavaScript。
- 支持多种操作系统，如 Android、iOS、Windows、Linux、macOS 和 Solaris。
- 支持多种浏览器，如 Chrome、Firefox、Internet Explorer、Edge、Opera、Safari 等。

17.6　小结

　　本章主要介绍了常用的测试工具。针对单元测试、接口测试和功能测试，我们引入了对应的测试工具，并对每个工具进行了功能描述。结合案例代码，读者可加深对测试工具的理解。

第18章 单元测试脚本开发

在进行单元测试之前，我们先思考下列 4 个问题。

- 如何对代码质量进行评估？
- 哪些手段和措施可以保证代码的正确性？
- 是否有能力随时重构代码并有信心保证重构后的代码的正确性？
- 我们是否有信心在没有测试的情况下随时发布代码？

如果你不知如何回答上述问题，那么可能说明你不是非常清楚单元测试的必要性和有效性。

实际上，单元测试可以给代码质量带来多重保障，在 Web 应用程序测试中尤为重要。互联网产品快速迭代，单元测试可以保证上线发布的稳定性，接口测试可以很好地检查代码是否向下兼容。对于各种可能的输入，一旦它被测试用例覆盖，基本上就能得到明确的输出。如果代码改动了，则通过测试结果判断代码的改动是否影响预期的结果。

随着极限编程、测试驱动开发和其他敏捷方法的出现，单元测试已成为几乎所有开发活动中的重要组成部分。程序越来越庞大、越来越复杂，程序段之间、程序模块之间的依赖关系不断增强。因此，确保模块内部功能以及程序段之间、程序模块之间依赖关系的正确性尤为重要。

18.1 测试定义回顾

我们先回顾下列 3 种测试方法。

- 单元测试是指对程序中的最小可测试单元进行检查和验证。一般来说，单元测试中的单元要根据实际情况判定，如 C 语言程序中的单元指一个函数，Java 程序中的单元指一个类，图形化软件中单元指一个窗口或一个菜单。总体来说，单元是程序中最小的功能模块。因此，在实际进行单元测试时，我们需要在应用程序中确定最小的可测试功能模块，并将它与其他代码隔离，然后确定其行为是否符合预期。这样，我们就可以在构建更大的模块之前测试应用程序的新增单元功能，逻辑是否正确。

- 集成测试是单元测试的逻辑扩展。它把两个已经测试的单元组合成一个组件，并测试它们之间的接口。从这一方面来讲，集成是多个单元的聚合。在实际测试中，多个单元组合成一个组件，多个组件又组合成程序的更大部分。
- 接口测试也称 API 测试。它是集成测试的一部分，是一种用于系统组件间接口的测试。它通过直接调用被测试的接口来确定系统在功能性、可靠性、安全性和性能等方面是否达到预期。它主要用于检测系统与外部系统之间，以及内部各子系统之间的交互点。接口测试的重点是检查数据的交换、传递和控制过程，以及系统间的逻辑依赖关系等。

单元测试和接口测试的区别如下。

- 阶段不同。单元测试在编码阶段进行。开发人员在发布新版本之前，需要对每个代码模块进行单元测试，并确保它通过测试。单元测试代码通常作为开发代码的组成部分被提交到代码库。接口测试通常在创建代码之后进行，一般不需要访问源代码，而通过接口调用的方式进行验证。
- 关注点不同。单元测试只针对单个类中的方法，对具体的代码逻辑进行测试。通常，开发人员需要对每个代码模块（通常是类、函数、存储过程或其他一些最小的代码单元）进行单元测试，目的是尽量降低单元集成后出错的可能性。它关注代码层面的质量，通过设计不同的测试用例测试代码路径，以保证代码覆盖率。它是最接近代码底层实现的验证手段。接口测试负责测试一个或多个组件，主要关注功能测试和业务覆盖率。我们可使用等价类划分法和边界分析法等传统测试技术进行测试设计。
- 测试策略不同。单元测试通常由开发人员设计，以验证每个单元代码的功能。单元测试不涉及各个单元的系统级交互，通过模拟的方法屏蔽所有依赖项。开发人员只需要验证隔离的每个单元是否按预期执行。单元测试在软件开发的早期以最低的成本保证局部代码的质量。接口测试通常涉及应用程序内多个不同模块之间的交互，用于验证模块间的调用行为是否正确，一般使用真实环境验证接口功能。
- 测试时间不同。单元测试通常用于快速反馈，需要在几秒内得到响应结果，而接口测试的响应结果可能在数分钟内才出现。

18.2　单元测试设计原则

在设计单元测试时，我们参考下列 4 个原则。这 4 个原则可以帮助我们开发出有效的单元测试脚本，进而输出健壮的应用程序代码。

- 快速反馈。单元测试应该快速执行，否则会缩短软件的开发与部署时间。复杂系统的测试通常涉及上千个单元测试用例。如果有 1000 个单元测试用例，每个测试用例的执时需要 0.6s，那么执行全部测试用例需要 10min。随着测试用例的增加，执行时间不断增加。这样，单元测试的价值会降低，因为它的本来目的是进行全面和快速的结果反馈。

- 避免依赖。单元测试要避免对外部的依赖，比如对数据库、文件和网络调用的依赖。若要快速创建单元测试用例，则使用模拟测试来避免创建这些依赖项。同时，测试用例不能依赖其他测试用例，依赖其他测试用例会导致其他的影响，可能会产生错误的运行结果，并且一旦运行失败，需要花费更多时间来确定具体哪个测试用例导致测试失败。在理想的情况下，我们应该能够以任何顺序随时运行任何一个测试。通过独立测试，我们可以轻松地将测试集中在特定功能上。当此测试失败时，我们可以确切地知道出现了什么问题，在哪里出现了问题，而不需要再调试测试代码。
- 重复。重复意味着每次运行测试用例时能够产生相同的结果。要完成可重复的测试，我们必须将测试用例与外部环境中依赖的内容隔离，通常使用模拟对象来达到这个目的。
- 可验证。测试必须是自我验证的手段，每个测试必须能够确定输出是否是预期的。它必须能确定自己失败或通过，且不能通过人工确认结果，因为人工确认测试结果是一个耗时的过程，也会带来更多风险。

在实际测试过程中，我们可以通过配置内存数据库进行单元测试。通过这种方式，我们可以多次运行测试，而不必担心影响所依赖的环境和数据。

18.3 单元测试策略

单元测试专注于验证单一组件或组件中的一个方法。Spring 的特性包括注入松耦合、依赖注入和接口驱动设计，这些特性极大地简化了单元测试的设计工作。

针对 Spring 项目开发过程中的分层架构，我们制订了对应的单元测试分层测试策略，如表 18-1 所示。

表 18-1 单元测试分层测试策略

分层	测试关注点	测试策略
DAO 层	检测 SQL 语句的正确性	操作数据库的某张表，它映射到某个 Java 对象。由于需要通过连接数据库查询，以检测 SQL 语句的正确性，因此不进行单独的单元测试，通常使用 H2 内存数据库开展测试活动，以避免对生产环境产生影响
Service 层	业务逻辑校验	通过 Mockito 进行功能模拟替换，屏蔽对第三方的依赖
Controller 层	接口调用参数校验、异常处理验证	利用 MockMvc 来测试模拟，在一个近似真实的模拟 Servlet 容器里测试控制器，而不必实际启动应用服务器

18.4 集成测试策略

集成测试涉及众多组件，在集成测试中 Spring 的优势就体现出来了。实际上，如果 Spring

在运行时负责拼装组件，那么 Spring 在集成测试里同样应该肩负这一职责。

Spring 通过 JUnit 类运行器提供集成测试支持，JUnit 类运行器会加载 Spring 应用程序上下文，把上下文里的 Bean 注入集成测试。Spring Boot 在 Spring 的集成测试之上又增加了配置加载器，以 Spring Boot 的方式加载应用程序上下文，包括对外置属性和 Spring Boot 日志的支持。

Spring Boot 还支持在容器内测试 Web 应用程序，让用户能用和生产环境一样的容器启动应用程序。这样一来，在测试应用程序行为的时候，测试环境会更加接近真实的运行环境。

集成测试分层测试策略如表 18-2 所示。

表 18-2　集成测试分层测试策略

分层	测试关注点	测试策略
DAO 层	检测 SQL 语句的正确性	连接数据库后进行查询，以检测 SQL 语句的正确性
Service 层	业务逻辑校验	调用 DAO 层的功能接口，校验业务逻辑的正确性
Controller 层	接口调用参数校验、异常处理验证	利用 TestRestTemplate 类测试 RESTful API，在嵌入式 Servlet 容器（如 Tomcat 或 Jetty）里启动应用程序，在真正的应用服务器里执行测试

18.5　测试代码目录结构

测试代码通常放在 src/test 目录下，测试包的目录规范和待测程序的 src/main 目录需要保持一致。测试代码目录结构如图 18-1 所示。

▲图 18-1　测试代码目录结构

测试代码的分层和项目代码中的数据层、服务层、控制层——对应。下面我们针对每层具体的测试策略编写对应的测试脚本。

DAO 层的测试验证代码中数据库映射和 SQL 语句是否正确,因此该测试需要访问数据库。

在生产环境中,我们通常连接真实的数据库。为了避免对生产环境中的数据产生影响,单元测试通常是针对内存数据库的,这样可以很容易地在运行结束后找出问题。DAO 层的测试如图 18-2 所示。

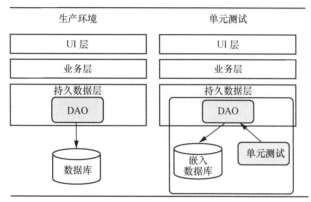

▲图 18-2　DAO 层的测试

数据库测试工具 DBUnit 可以初始化测试数据,并在每次测试结束时验证数据库的内容,以便每次测试都可以针对已知数据集进行。如果程序代码存在数据库方面的问题,那么单独的 DAO 层的测试将更有利于我们发现问题,而不是在 Service 层的测试中才发现问题。

设计良好的单元测试保持测试用例执行后的数据库状态与测试用例执行前的相同。它应该删除所有添加的数据,并回滚所有更新。

H2 是一个开源数据库,用 Java 编写而成。它执行速度非常快,并且小巧。它主要用作内存数据库,数据将存储在内存中,不会存储在磁盘上。H2 不适合用于生产环境,非常适合进行功能快速原型验证。

对于通过 JPA 接口访问数据库的方式,我们可以直接基于类创建数据库,没有必要验证 JPA 的性能,因为这些 JPA 接口都是系统接口,原则上,它们已经过开发社区人员和若干用户的验证与使用。

对于通过 MyBatis 框架访问数据库的方式,我们可以进行 DAO 层的测试,以验证 SQL 语句的正确性。

18.7 Service 层测试脚本开发

在 Service 层的测试中，我们首先需要考虑的是各系统的集成测试，因为在单元测试之后，对于 Service 层，我们更加关注的是某个系统的输入，输出功能是否正确，以及若干系统间的交互是否和业务场景的要求一致。

18.7.1 Service 层单元测试

通常使用 Mockito 进行 Service 层单元测试。Mockito 是一个流行的 Java 模拟框架，可与 JUnit 一起使用，来模拟外部依赖项。

在进行 Service 层测试时，我们需要屏蔽对 DAO 层的依赖，以达到单元测试独立和与依赖项隔离的目的。下面使用 Mockito 屏蔽对 DAO 层的依赖，这可以通过创建单元测试类 UserServiceTest 来实现。

1. UserServiceTest

下面的代码使用 MockitoJUnitRunner 类运行该测试类，并模拟对象 userRepository 和 rolesRepository，然后将模拟对象注入 UserService 类。

我们需要初始化所有模拟对象。在运行任何测试用例之前，模拟对象都需要通过 setUp() 方法进行初始化。

```
@RunWith(MockitoJUnitRunner.class) //使用 MockitoJUnitRunner 类来运行该单元测试类
@FixMethodOrder(MethodSorters.NAME_ASCENDING) //按照测试用例的名称排序执行测试用例
public class UserServiceTest {                  //单元测试类
@Mock
    UserRepository userRepository;              //模拟对象

@Mock
    RolesRepository rolesRepository;            //模拟对象

@Spy                                            //用于监控对象
@InjectMocks                                    //注入模拟对象
UserService userService;

private User user = null;
private String username= "jiahao";
private String userFullname= "刘亮";
private Roles role = null;

@Before
public void setUp() {
        user = new User();
        role = new Roles();
        role.setRoleName("ROLE_USER");
```

```
                    Set<Roles> roles = new HashSet<>();
                    roles.add(role);
                        user.setUserId(1L);
                        user.setUserName(username);
                        user.setUserPassword("000000");
                        user.setUserAddress("四川北路 2008");
                        user.setUserFullname("家浩");
                        user.setUserPhone("139*********");
                        user.setUserBankcard("9999999999");
                        user.setRoles(roles);
    }
```

2. 添加用户接口测试

在下面这段代码中，tc01_AddUserUT()方法模拟 userRepository.save 服务，任何对象调用都返回模拟对象 user，然后 user 对象调用 userService 对象的实际服务方法 registerUser()，并对 user 调用前和调用后的对象信息进行断言对比。

```
@Test
public void tc01_AddUserUT() {
    when(userRepository.save(any())).thenReturn(user);
    User newuser= userService.registerUser(user);
    assertEquals(newuser.getUserName(), user.getUserName());
}
```

3. 获取用户接口测试

在 tc02_GetUserUT()方法中，模拟 userRepository.findByUserName 服务，返回模拟对象 user，并对初始用户名信息和调用对象获取的用户名信息进行断言对比。

```
@Test
public void tc02_GetUserUT() throws Exception {
    when(userRepository.findByUserName(any())).thenReturn(user);
    User newuser= userService.findByUserName(username);
    assertEquals(username, newuser.getUserName());
}
```

4. 更新用户接口测试

在 tc03_UpdateUserUT()中模拟 userRepository.save 服务，任何对象调用都返回模拟对象 User，并将对象的信息进行更新，然后进行断言对比。

```
@Test
public void tc03_UpdateUserUT() throws Exception {
    when(userRepository.findById(any())).thenReturn(Optional.of(user));
    when(userRepository.save(any())).thenReturn(user);
    user.setUserFullname(userFullname);
     User updateUser = userService.updateUser(user);
     Assert.assertEquals(userFullname, updateUser.getUserFullname());
}
```

5. 删除用户接口测试

在 tc04_DeleteUserUT()方法中，模拟 user Service.delete User By Id 服务，使用 Mockito 的 verify()方法验证 deleteUserById()方法是否已至少执行一次。

```
@Test
```

```
public void tc04_DeleteUserUT() throws Exception {

    doNothing().when(userRepository).deleteById((any()));
    userService.deleteUserById(user.getUserId());
    verify(userService, times(1)).deleteUserById(user.getUserId());

}
```

与 Mockit 具有类似功能的有 Spring 注解@Mock 和@InjectMocks。@Mock 注解用于创建测试类测试所需的模拟对象，@InjectMocks 注解用于创建对象并注入模拟的依赖项。我们使用 @RunWith(MockitoJUnitRunner.class) 初始化模拟对象，或者使用 MockitoAnnotations.initMocks(this)触发模拟对象初始化操作。

对于在代码中使用@Autowired 注解声明的对象，@Mock 注解只能生成一个 Mock 对象，但是并不能自动注入其他对象里，要使用@InjectMocks 注解标识需要注入的对象。如果我们使用的是 Spring Boot，则用@MockBean 注解更容易设计出等价的测试用例。

18.7.2　Service 层集成测试

在集成测试中，Service 层的测试直接使用@Autowired 注解注入 user Service 对象，代码如下。

```
@SpringBootTest
@RunWith(SpringRunner.class)
@FixMethodOrder(MethodSorters.NAME_ASCENDING)
public class UserServiceIT {
    @Autowired
    UserService userService;

    @Autowired
    UserRepository userRepository;

    @Autowired
    RolesRepository rolesRepository;

    private String username= "jiahao";
    private String userFullname= "刘亮";

    public User buildUser() {
        User user = new User();
        user.setUserId(1L);
        user.setUserName(username);
        user.setUserPassword("000000");
        user.setUserAddress("四川北路 2008");
        user.setUserFullname("家浩");
        user.setUserPhone("139********");
        user.setUserBankcard("9999999999");
        return userService.registerUser(user);
    }
```

```
    @Test
    public void tc01_AddUserServiceIT() throws Exception {
        User newUser = null;
        newUser = buildUser();
        Assert.assertEquals(username, newUser.getUserName());
        userService.deleteUserById(newUser.getUserId());
    }

    @Test
    public void tc02_GetUserServiceIT() throws Exception {
        User tmp = null;
        tmp = buildUser();
        User getUser = userService.findUserById(tmp.getUserId());
        Assert.assertEquals(username, getUser.getUserName());
        userService.deleteUserById(getUser.getUserId());
    }

    @Test
    public void tc03_UpdateUserServiceIT() throws Exception {
        User tmp = null;
        tmp = buildUser();
        User user = userService.findUserById(tmp.getUserId());
        user.setUserFullname(userFullname);
        User updateUser = userService.updateUser(user);
        Assert.assertEquals(userFullname, updateUser.getUserFullname());
        userService.deleteUserById(updateUser.getUserId());
    }

    @Test
    public void tc04_DeleteUserServiceIT() throws Exception {
        User tmp = null;
        tmp = buildUser();
        userService.deleteUserById(tmp.getUserId());
        Assert.assertNull(userService.findByUserName(username));
    }
}
```

18.8 Controller 层测试脚本开发

针对 Controller 层的测试，我们可以使用@SpringBootTest 注解加载整个上下文。若我们可能不希望在上下文中加载所有 Bean，而希望模拟它们并仅测试单个控制器，则可以使用@WebMvcTest 注解。

18.8.1　Controller 层单元测试

单元测试的关键是将测试范围限制到最小。在下面的单元测试代码中，当只希望测试 ApiUserController 类时，我们可使用 MockMvc 仅启动 ApiUserController 类。

```
@RunWith(SpringRunner.class)
@ComponentScan(basePackages =
{"com.book.shop.RESTfulapi.ApiUserController",
"com.book.shop.Webservice.UserService"})
@WebMvcTest(controllers = ApiUserController.class)
public class ApiUserControllerTest {
    @Autowired
    private MockMvc mockMvc;

    @MockBean
    private UserService userService;

    @Autowired
    private ObjectMapper mapper;

    private User user = null;
    private String username= "jiahao";

    @Before
    public void setUp() {
            user = new User();
            Roles role = new Roles();
            role.setRoleName("ROLE_USER");
            Set<Roles> roles = new HashSet<>();
            roles.add(role);
              user.setUserId(1L);
              user.setUserName(username);
              user.setUserPassword("000000");
              user.setUserAddress("四川北路 2008");
              user.setUserFullname("家浩");
              user.setUserPhone("139********");
              user.setUserBankcard("9999999999");
              user.setRoles(roles);
    }

    @Test
    public void tc01_AddUser() throws Exception {
        String json = mapper.writeValueAsString(user);
        when(userService.registerUser(any())).thenReturn(user);
        mockMvc.perform(post("/api/v1/user")
                    .with(httpBasic("admin", "000000"))
                    .content(json)
                    .contentType(MediaType.APPLICATION_JSON_UTF8))
                    .andExpect(status().isCreated())
                    .andExpect(content().contentType(MediaType.APPLICATION_
```

```
                            JSON_UTF8))
                            .andExpect(jsonPath("$.userName", is
                            (user.getUserName())));
    }

    @Test
    public void tc02_getUnauthorizedUser() throws Exception {
        when(userService.findByUserName(any())).thenReturn(user);
            mockMvc.perform(get("/api/v1/user/" + username)
                    .contentType(MediaType.APPLICATION_JSON_UTF8))
                    .andExpect(status().isUnauthorized());
    }


    @Test
    public void tc03_getUser() throws Exception {
        when(userService.findByUserName(any())).thenReturn(user);
            mockMvc.perform(get("/api/v1/user/" + username)
                    .with(httpBasic("admin", "000000"))
                    .contentType(MediaType.APPLICATION_JSON_UTF8))
                    .andExpect(status().is2xxSuccessful())
                    .andExpect(jsonPath("$.userName", is
                    (user.getUserName())));
    }

    @Test
    public void tc04_getUser() throws Exception {
        when(userService.findByUserName(any())).thenReturn(null);
            mockMvc.perform(get("/api/v1/user/" + username)
                    .with(httpBasic("admin", "000000"))
                    .contentType(MediaType.APPLICATION_JSON_UTF8))
                        .andExpect(status().is4xxClientError());
            verify(userService, times(1)).findByUserName(any());
    }


    @Test
    public void tc05_updatUser() throws Exception {
        user.setUserName("Lavi");
            String json = mapper.writeValueAsString(user);
        when(userService.updateUser(any(User.class))).thenReturn(user);
            mockMvc.perform(put("/api/v1/user")
                .with(httpBasic("admin", "000000"))
                    .content(json)
                .contentType(MediaType.APPLICATION_JSON_UTF8))
                .andExpect(status().is2xxSuccessful())
                .andExpect(jsonPath("$.userName", is("lavi")));
    }


    @Test
    public void tc06_deleteUser() throws Exception {
        when(userService.findByUserName(any())).thenReturn(user);
        doNothing().when(userService).deleteUserById((any()));
```

```
           ResultActions result = mockMvc.perform(delete("/api/v1/user/{id}",
       user.getUserId())
                     .with(httpBasic("admin", "000000"))
                      .contentType(MediaType.APPLICATION_JSON_UTF8))
                     .andExpect(status().isOk());
           verify(userService, times(1)).deleteUserById(user.getUserId());
           String resultString = result.andReturn().getResponse().
           getContentAsString();
           System.out.print("result is: " + resultString);
       }
}
```

当对一个 RESTful 服务进行单元测试时，我们可能只想启动特定的控制器和相关的 MVC 组件。@WebMvcTest 注解用于 Spring MVC 应用程序的单元测试。它禁用完全自动配置，仅应用与 Spring MVC 测试相关的配置。

下面详细介绍上述单元测试代码中出现的注解。

- @RunWith(SpringRunner.class)：SpringRunner 是 SpringJUnit4ClassRunner 的简写，它扩展了 BlockJUnit4ClassRunner，提供了启动 Spring TestContext 框架的功能。

- @WebMvcTest(value = ApiUserController.class)：当单元测试仅针对 Spring MVC 组件时，我们可以使用此方法。在这个单元测试中，我们只想启动 ApiUserController。执行此单元测试时，将不会启动其他控制器。

- @Autowired private MockMvc mockMvc：MockMvc 是服务器端 Spring MVC 支持的主要测试入口点，可以用来模拟客户端发起的请求。

- @MockBean private UserService userService：@MockBean 注解用于将模拟对象添加到 Spring ApplicationContext 上下文中。Spring Boot 在运行时会自动扫描 @MockBean 注解，并将它装配到被测试的控制器里。此时，程序自动创建了一个模拟对象 userService，并将它连接到 ApiUserController 类。

在下面的代码中，调用 MockMvc 的 perform() 方法来执行请求，并对响应结果进行断言对比。

```
mockMvc.perform(get("/api/v1/user/" + username)
                .with(httpBasic("admin", "000000"))
                .contentType(MediaType.APPLICATION_JSON_UTF8))
                .andExpect(status().is2xxSuccessful())
                .andExpect(jsonPath("$.userName", is(user.
                getUserName()))));
```

代码说明如下。

（1）创建一个请求构建器，执行 /api/v1/user/{username} 请求。

（2）提供 HTTP Basic 安全认证方式，需要输入用户名和密码。

（3）设置 contentType 为 "MediaType.APPLICATION_JSON_UTF8"。

（4）andExpect(status().is2xxSuccessful()) 断言返回状态信息，表示是否成功。

（5）检查响应中的相关字段信息，进行断言响应信息的对比。

（6）数据模型转换框架 ObjectMapper 可以将 RequestBody（请求体数据）中的 Java 对象

向 Json 格式进行转换，反之亦然。

18.8.2   Controller 层集成测试

@WebMvcTest(UserController.class)加载单个 Bean（最小单元），这就是单元测试。若使用 @SpringBootTest 注解，就会加载所有 Bean，变成集成测试。

之前的单元测试代码经过调整，就可以变为集成测试代码。

@SpringBootTest 注解有助于我们将之前的单元测试代码变成集成测试代码。它启动嵌入式服务器并完全初始化应用程序上下文，然后在代码中通过@Autowired 注解将依赖项注入测试类。下面是新增用户的集成测试用例代码。

```
@SpringBootTest
@AutoConfigureMockMvc
@RunWith(SpringRunner.class)
@FixMethodOrder(MethodSorters.NAME_ASCENDING)

public class ApiUserControllerIT {
    @Autowired
    private MockMvc mockMvc;

    @Autowired
     private ObjectMapper mapper;

    @Test
     public void tc01_AddUserIT() throws Exception {
        String json = mapper.writeValueAsString(user);
            mockMvc.perform(post("/api/v1/user")
                    .with(httpBasic("admin", "000000"))
                    .content(json)
                    .contentType(MediaType.APPLICATION_JSON_UTF8))
                    .andExpect(status().isCreated())
                    .andExpect(content().contentType(MediaType.APPLICATION_
JSON_UTF8))
                    .andExpect(jsonPath("$.userName", is(user.
getUserName()))));
    }
```

与 Spring 中的 RestTemplate 类似，Spring Boot 提供的 TestRestTemplate 帮助我们在集成测试中发送 HTTP 请求到服务端。

TestRestTemplate 和 RestTemplate 都非常适合开发集成测试脚本，并且可以很好地处理与 HTTP API 的通信。它们为我们提供了相同的访问方法来发起 HTTP 请求。

TestRestTemplate 是 RestTemplate 的一种便捷替代方案，在集成测试中非常有用。我们可以使用普通模板或发送基本 HTTP 身份验证（带用户名和密码）的模板。TestRestTemplate 提供了一个构造函数，通过该构造函数，我们可以创建带指定凭据的模板以进行基本身份验证。下面的代码使用 TestRestTemplate 为所有请求提供凭据以进行身份验证。

```java
@RunWith(SpringRunner.class)
@SpringBootTest(WebEnvironment = WebEnvironment.RANDOM_PORT)
@FixMethodOrder(MethodSorters.NAME_ASCENDING)

public class ApiUserControllerITwithTestRestTemplate {
    @Autowired
    private TestRestTemplate testRestTemplate;

    @LocalServerPort
    private int port;

    private long userid;
    final String baseUrl = "http://localhost:";
    private String username= "jiahao";

    public User createUser(String name) {
        User tmp = new User();
        Roles role = new Roles();
        role.setRoleName("ROLE_USER");
        Set<Roles> roles = new HashSet<>();
        roles.add(role);
        tmp.setUserId(1L);
        tmp.setUserName(name);
        tmp.setUserPassword("000000");
        tmp.setUserAddress("四川北路2008");
        tmp.setUserFullname("家浩");
        tmp.setUserPhone("139********");
        tmp.setUserBankcard("9999999999");
        tmp.setRoles(roles);
        return tmp;
    }

    @Before
    public void setUp() {
        testRestTemplate = new TestRestTemplate("admin", "000000");

    }

@Test
public void tc01_AddUserWithRestTemplate() throws Exception {
    String postUrl = baseUrl + port + "/api/v1/user/";
    HttpHeaders headers = new HttpHeaders();
    headers.setContentType(MediaType.APPLICATION_JSON);

    User user = createUser(username);
    HttpEntity<User> request = new HttpEntity<>(user, headers);
        ResponseEntity<String> response = testRestTemplate
                .postForEntity(postUrl, request, String.class);

        assertThat(response.getStatusCode(), equalTo(HttpStatus.CREATED));
    }
```

```
@Test
public void tc02_getUserWithRestTemplate() throws Exception {
    ResponseEntity<String> response = testRestTemplate.
    getForEntity(baseUrl + port + "/api/v1/user/"+ username, String.class);

    assertThat(response.getStatusCode(), equalTo(HttpStatus.OK));
}

@Test
public void tc03_updatUserWithRestTemplate() throws Exception {

    String postUrl = baseUrl + port + "/api/v1/user";
     HttpHeaders headers = new HttpHeaders();
    headers.setContentType(MediaType.APPLICATION_JSON);
    User newUser = createUser("liulang");
    HttpEntity<User> request = new HttpEntity<>(newUser, headers);

    //创建用户
    final ResponseEntity<User> response = testRestTemplate.exchange(postUrl,
    HttpMethod.POST, request, User.class);

    //更新用户
    User updateUser = createUser("walt");
    updateUser.setUserId(response.getBody().getUserId());
    updateUser.setUserFullname("晓俊");
    System.out.println("**********");
    System.out.println(response.getBody().getUserId());
    System.out.println("**********");

    final HttpEntity<User> requestUpdate = new HttpEntity<>(updateUser,
    headers);
    ResponseEntity<String> resp = testRestTemplate.exchange(postUrl,
    HttpMethod.PUT, requestUpdate, String.class);
    System.out.println("resp output is" + resp);
    assertThat(resp.getStatusCode(), equalTo(HttpStatus.OK));

}

@Test
public void tc04_deleteUserWithRestTemplate() throws Exception {

    ResponseEntity<String> response = testRestTemplate.
            getForEntity(baseUrl + port + "/api/v1/user/"+ username,
            String.class);

      ObjectMapper mapper = new ObjectMapper();
    JsonNode root = mapper.readTree(response.getBody());
    JsonNode id = root.path("userId");
    userid = id.asInt();
```

```
    String delUrl = baseUrl + port + "/api/v1/user/" + userid;
    testRestTemplate.delete(delUrl);

    response = testRestTemplate.getForEntity(baseUrl + port + "/api/v1/user/" + username,
    String.class);
    assertThat(response.getStatusCode(), equalTo(HttpStatus.NOT_FOUND));

}
```

在运行嵌入式 Servlet 容器的集成测试时，尽量使用 WebEnvironment.RANDOM_PORT，以免与其他正在运行的应用程序发生冲突，尤其是在多个并行构建的持续集成（Continuous Integration，CI）环境中。测试用例脚本使用 TestRestTemplate 先发送 POST 请求以创建用户，再发送 GET 请求以获取用户数据，并检查实际响应和预期的是否相同。

18.9 小结

Spring Boot 为应用程序及其各种模块的单元测试和集成测试提供了强大的支持。使用 @MockMvcTest 注解是一种在无须初始化所有应用程序上下文的情况下，就可以测试控制器的好方法。用户只需要初始化所需的 Bean 并模拟其他依赖项。

Spring Boot 只实例化 Web 层，而不是整个应用程序上下文。例如，在具有多个控制器的应用程序中，开发人员甚至可以只请求实例化一个@WebMvcTest(ProductController.class)。因此，Spring Boot 根本不会启动服务器，而仅测试 Web 层。在本章的示例中，只有一个控制器及其依赖项，因为 @SpringBootTest 注解需要所有应用程序上下文，这些测试将比单元测试花费更多的时间。这可能会给程序的构建造成一些延迟。

在集成测试中，我们专注于测试从 Controller 层到 DAO 层的完整请求处理。应用程序将在嵌入式服务器中运行，以创建应用程序上下文和所有 Bean。在测试期间，Bean 中的某些接口可能会被覆盖以模拟某些行为。

第19章　接口测试脚本开发

随着业务系统的复杂度不断提高和程序规模的不断扩大，传统的基于 UI 功能的测试不再满足实际需要。从交付时间和风险控制来看，接口测试可以在有限的时间内充分地检测系统的缺陷，降低上线后交付的风险，因此它得到重视和应用。但是，接口测试可能是软件测试中最具挑战性的工作之一，因为接口测试没有操作界面，处理规则的逻辑复杂，测试的重点是验证模块之间数据传递的正确性。接口测试一般通过调用接口来验证其功能正确性和稳定性。

简单来说，接口测试就是针对模块的服务功能，直接调用接口进行验证，能够帮助我们及早发现问题。

在分层测试模型中，接口测试起着重要作用。接口测试是功能测试的一部分。当编写接口设计文档之后，测试人员可以设计接口测试和开发测试脚本，并将其作为版本持续集成的一部分。版本迭代和每日持续集成能够快速反馈版本的质量状态，提高产品的开发效率和交付。

本章将介绍常用接口的测试工具。

19.1　接口测试的方法及环境

接口测试失败常见的原因如下。
- 程序功能逻辑有缺陷。
- 运行环境有限制或差异。
- 产品功能更新但对应的测试脚本没有更新。
- 功能不稳定和资源抢占等问题。
- 测试脚本的设计有缺陷。

19.1.1　接口测试方法

接口测试一般有下列 4 种方法。
- 正确性测试：验证接口的功能是否正确。正确性测试用于验证接口是否能够根据给定的输入返回正确的结果，当结果超出预期时，抛出错误。

- 异常性测试：验证用户可能提供的各种错误输入、异常参数和边界值等。异常性测试能列出每个接口函数可能具有的参数，并描述这些参数的所有有效组合和它们之间的依赖关系，通常使用边界值分析法和等价划分法两种方法来选择参数集，然后将它作为测试参数，最后使用测试工具读取参数文件以置换被测试软件中的变量，达到提高代码测试覆盖率的目的。
- 性能测试：验证接口调用的负载能力和响应时间等。为了确保接口可以处理预期的负载或更高的负载，我们通过人工创建或模拟接口调用验证其功能和性能，逐步增加虚拟用户数量，以找到接口错误，速度减慢、停止响应。
- 安全测试：验证用户权限控制和访问控制等。验证是否满足安全要求，包括身份验证、权限控制、访问控制。

开发接口测试脚本时需要考虑的一些因素如下。

- 测试接口在输入条件下的各种参数组合。
- 验证各种异常情况，覆盖用户可能产生的各种输入场景。
- 验证接口是否不返回任何结果或返回错误的结果。
- 验证接口是否触发其他事件或调用其他接口。
- 验证接口是否正在更新任何数据结构。
- 检查响应代码和响应主体信息。
- 验证接口是否可以跨设备、跨浏览器和跨操作系统使用。

19.1.2　接口测试环境

本章中运行的程序基于 HTTP 基本验证方式，因此我们首先需要对项目文件 src/main/java/com/book/shop/securityconfig/WebSecurityConfig.java 中的代码进行修改，屏蔽表单认证方式对应的代码。

屏蔽表单认证方式后的代码如下。

```java
@Configuration
@EnableWebSecurity
public class WebSecurityConfig extends WebSecurityConfigurerAdapter {

    private final UserDetailsService userDetailsService;
    private final BCryptPasswordEncoder bCryptPasswordEncoder;

    @Autowired
    public WebSecurityConfig(UserDetailsService userDetailsService,
    BCryptPasswordEncoder bCryptPasswordEncoder) {
        this.userDetailsService = userDetailsService;
        this.bCryptPasswordEncoder = bCryptPasswordEncoder;
    }
```

```
@Bean
public AccessDeniedHandler accessDeniedHandler(){
    return new LoginAccessDeniedHandler();
}

@Override
protected void configure(HttpSecurity http) throws Exception
{
    http.httpBasic()
    .and().authorizeRequests()
    .antMatchers("/api/v1/**").hasRole("USER")
    .antMatchers("/home").hasRole("ADMIN")
     .anyRequest().authenticated()
    .and()
        .csrf().disable();
    }


@Autowired
public void configureGlobal(AuthenticationManagerBuilder auth)
        throws Exception
{
    auth.inMemoryAuthentication().passwordEncoder(new BCrypt
    PasswordEncoder())
    .withUser("admin").password(new BCryptPasswordEncoder().
    encode("000000")).roles("USER", "ADMIN")
     .and()
     .withUser("user").password(new BCryptPasswordEncoder().
     encode("000000")).roles("USER");
    }
}
```

因为 ApiUserControllerTest 类的测试代码中采取 HTTP 基本验证方式,该验证方式只能够通过 "admin" 账号来访问接口,所以我们必须先屏蔽表单认证方式对应的代码,否则执行时会报错。

然后,构建程序,生成可执行 JAR 包。在 Eclipse 中,右击项目,在弹出的菜单中,依次选择 "Run as" → "Maven build",在 "Goals" 文本框中,输入 "clean package",单击 "Run"。

接下来,使用下列命令重命名 JAR 包,启动 MySQL 服务,运行可执行 JAR 包,启动应用程序。

```
rename shop-0.0.1-SNAPSHOT.jar liteshelf-restapi.jar
net start MySQL57
java -jar liteshelf-restapi.jar
```

19.2 Postman

Postman 是当前流行的用于测试 RESTful API 的工具,它能够简化开发和测试过程中的接口测试。

19.2.1　Postman 的安装

Postman 可作为一个应用安装，也可作为 Chrome 的插件安装。下面介绍它作为应用的安装方式，具体步骤如下。

（1）访问 Postman 官网，根据需要选择 macOS、Windows 和 Linux 运行环境对应的版本。由于本章介绍使用的运行环境是 Windows 64，因此选择下载 Postman Version 7.11.0。

（2）运行安装程序。

（3）选择注册账户。若注册账户，则确保集合可以保存并供以后使用。

19.2.2　使用 Postman 进行接口测试

使用 Postman 进行接口测试的基本原理是将请求发送给服务器并接收响应，该响应向发送方反馈请求是否成功。

接下来，我们通过一个实例说明如何使用 Postman 进行接口测试。大致的操作过程如下。

（1）启动 Postman 客户端。

（2）为了创建集合 LiteShelf，依次选择"File"→"Create New"→"Collection"，在弹出的"CREATE A New COLLECTION"对话框中，输入集合名称"LiteShelf"，如图 19-1 所示。

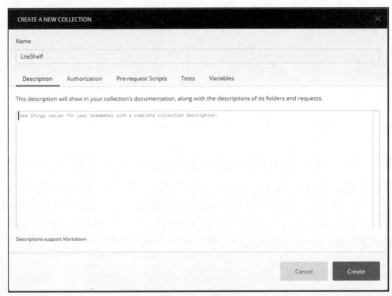

▲图 19-1　创建集合

（3）为了创建 user_post 请求，选中 LiteShelf 集合，右击它，在弹出的菜单中，选择"Add Request"，在弹出的"SAVE REQUEST"对话框中，在"Request name"文本框中，输入请求名称"user_post"，单击"Save to LiteShelf"按钮，如图 19-2 所示。

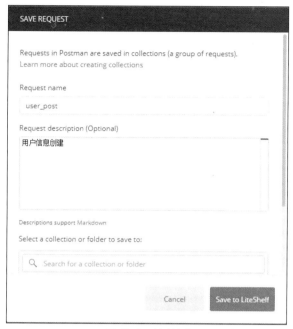

▲图 19-2 创建请求

（4）使用 POST 方法创建用户请求。在用户请求界面下，进行如下设置。

- 选择"POST"，在地址栏中输入"http://localhost:8090/api/v1/user"。
- 设置认证方式、登录用户名和密码，即在"Authorization"选项卡中，在"TYPE"下拉列表框中选择"Basic Auth"，在"Username"文本框中输入"admin"，在"Password"文本框中输入"000000"（选中"Show Password"复选框即可显示），如图 19-3 所示。

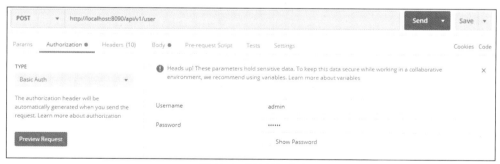

▲图 19-3 设置认证信息

- 添加一个新用户 tom，在"Body"选项卡中选择"raw"单选按钮，并在"GraphQL"后面的下拉列表框中选择"JSON"，创建 POST 请求，如图 19-4 所示。注意，userId 在数据库中是自增长的主键，不需要更新，我们可将它设置为 0。单击"Send"按钮，发送请求。新用户创建后，若状态为 201，则表示已创建成功，并返回新的用户信息。

▲图 19-4　使用 POST 方法创建用户请求

（5）查看 POST 方法中的 HTTP 请求头信息。选择"Headers"选项卡，其中"Temporary Headers"的"Authorization"对应的 VALUE 就是加密的信息，如图 19-5 所示。

▲图 19-5　查看 POST 方法中的 HTTP 请求头信息

（6）使用 GET 方法查询用户接口。参考上面的方法创建 user_get 请求，然后在弹出的界面中，进行如下设置。

- 选择"GET"，在地址栏中输入 http://localhost:8090/api/v1/user/tom。
- 在"Authorization"选项卡中，在"TYPE"下拉列表框中选择"Basic Auth"，在"Username"文本框中输入"admin"，在"Password"文本框中输入"000000"。单击"Send"按钮，发送 GET 请求方法，"Body"选项卡中将显示响应信息，提示状态为"200 OK"，如图 19-6 所示。

▲图 19-6　使用 GET 方法查询用户接口

（7）查看 GET 方法请求的 Cookies 信息。"Cookies "选项卡中已经产生 JSESSIONID，此ID 用于后续接口测试身份验证，如图 19-7 所示。

▲图 19-7　查看 GET 方法请求的 Cookies 信息

（8）使用 PUT 方法更新用户接口。

按照上面的方法创建 user_update 请求，然后在弹出的界面中，完成以下设置。

- 选择"PUT"，在地址栏中输入 "http://localhost:8090/api/v1/user"，按如下内容修改用户电话和地址信息。

```
"userPhone": "139********"
"userAddress": "北京东路 123 号"
```

- 在"Body"选项卡中，输入更新的报文信息。单击"Send"，发送 PUT 请求方法，然后在"Body"选项卡中查看响应信息，此时提示状态为"200 OK"，如图 19-8 所示。

▲图 19-8　使用 PUT 方法更新用户接口

（9）使用 DELETE 方法删除用户接口。按照上面的方法创建 user_delete 请求，然后在弹出的界面中，选择"DELETE"；在地址栏中，输入"http://localhost:8090/api/v1/user/74"（Tom 用户的 Userid 为 74）。单击"Send"，发送 DELETE 请求方法，状态提示为"200 OK"，如图 19-9 所示。

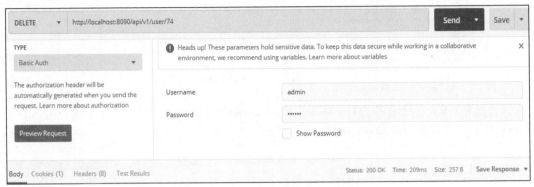

▲图 19-9　使用 DELETE 方法删除用户接口

19.3　JMeter

19.3.1　JMeter 的安装

我们可以在位于 JMeter 官方页面下载最新版本的 JMeter 安装包，然后将下载好的 apache-JMeter 压缩包解压缩到任意目录。

进入 JMeter 安装目录下的 bin 文件夹，单击 JMeter.bat，如果显示 JMeter 操作页面，则说明安装成功。

19.3.2　使用 JMeter 进行接口测试

本节介绍如何使用 JMeter 创建测试计划，编写 LiteShelf 系统用户管理模块中的用户添加、用户查看、用户更新和用户删除脚本。

1. 启动待测应用程序

在命令行状态下，执行下列命令启动待测应用程序。

```
net start MySQL57
java -jar liteshelf-restapi.jar
```

2. 在 JMeter 中建立一个线程组

建立一个线程组，使用线程数量（Number of Threads）和启动时长（Ramp-Up Period）的默认值，如图 19-10 所示。

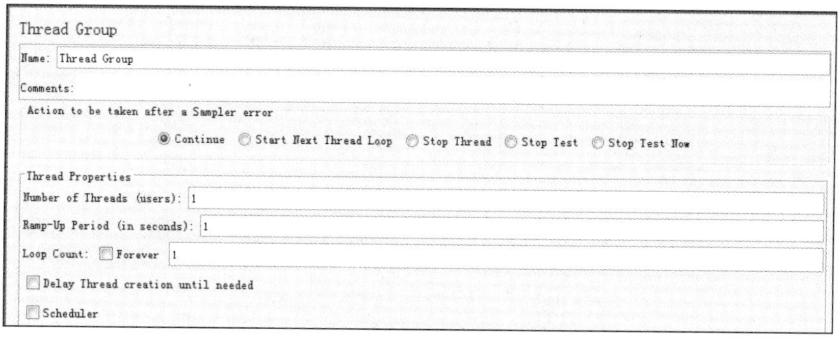

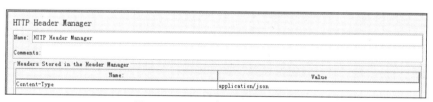

▲图 19-10　设置线程组的信息

在线程组中定义线程数量来模拟用户数量，一个用户对应一个线程数。线程组的主要功能如下。

- 设置线程数量，测试并发的用户数量。
- 设置线程启动时长，运行的线程数达到设置的最大线程数量的时间。如果 10 个线程在 10 秒内启动，则每个线程启动的时间就是 1 秒。
- 设置循环次数（Loop Count），即设置线程执行的次数，默认执行一次。

3. 添加 HTTP 请求头管理器

针对 RESTful API，数据交换采用 JSON 格式，因此，我们需要设置 Content-Type 的信息。右击测试计划并添加配置元素，然后在 HTTP 请求头管理器中添加"Content-Type"，并将其值设置为"application/json"，如图 19-11 所示。

▲图 19-11　HTTP 请求头管理器的信息

4. 配置 HTTP 授权管理器的信息

HTTP 授权管理器用于用户访问配置身份验证，它提供了将相关的认证 HTTP 请求头信息自动添加到后续 HTTP 请求的功能。HTTP 授权管理器的配置信息如图 19-12 所示。

- "Clear auth on each iteration？"复选框：不选。
- Base URL：http://localhost:8090。
- Username：admin。
- Password：000000。
- Domain：空。
- Realm：空。
- Mechanism：BASIC_DIGEST。

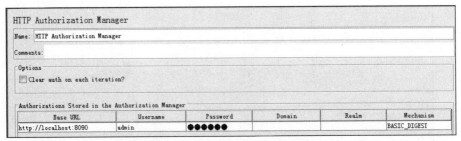

▲图 19-12　HTTP 授权管理器的配置信息

5. 创建查询用户接口

在 JMeter 的测试计划中，添加 HTTP 采样器，输入用户查询接口信息，具体的配置信息如图 19-13 所示。

- Protocol [http]：http。
- Server Name or IP：localhost，用户可以将它修改为实际部署的地址。
- Method：GET。
- Path：/api/v1/user/mike（系统中存在 mike 用户）。

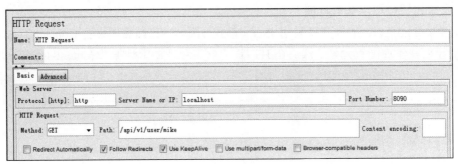

▲图 19-13　创建查询用户接口

6. 确认用户接口响应断言

确认用户接口响应断言是否成功，如果成功，则 HTTP 状态码返回 200，如图 19-14 所示。

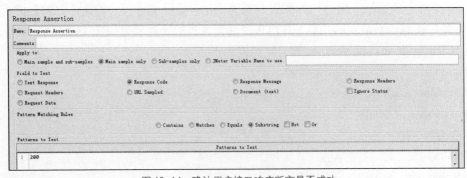

▲图 19-14　确认用户接口响应断言是否成功

7. 添加测试结果树，并运行测试

添加结果树，进行结果的监控，然后运行测试，测试结果如图 19-15 所示。

▲图 19-15 测试结果

8. 查看请求头信息

查看请求头信息（包括连接方式、内容类型、主机信息、用户代理、认证方式），如图 19-16 所示。

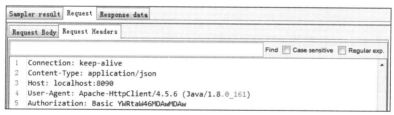

▲图 19-16 查看请求头信息

9. 查看报文响应信息

查看报文响应信息（包括 Cookies 信息等），如图 19-17 所示。

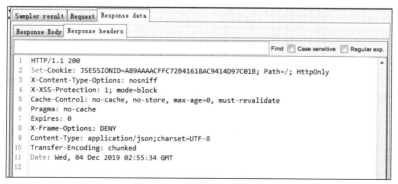

▲图 19-17 查看报文响应信息

10. 禁用 HTTP 授权管理器

在 JMeter 界面中，我们选择 HTTP 授权管理器并右击它，在弹出的菜单中，选择"Disable"，

禁用它,然后再次进行用户接口测试,服务器按预期返回了 HTTP 状态码 401,表示未经授权,如图 19-18 所示。

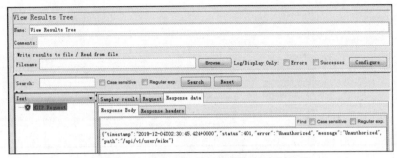

▲图 19-18　禁用 HTTP 授权管理器后的测试结果

11. 配置参数化请求信息

在测试计划中,添加一个 CSV 格式的数据集文件,用于读取测试时输入的参数。CSV 数据的配置如图 19-19 所示。

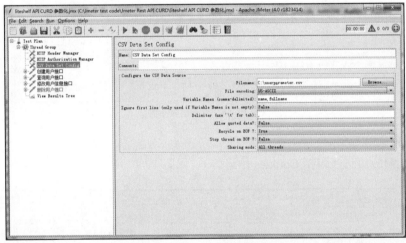

▲图 19-19　CSV 数据的配置

- Filename:选择 CSV 格式的文件 userparameter.csv,具体测试数据如下。

```
"test1","测试 1"
"test2","测试 2"
"test3","测试 3"
"test4","测试 4"
"test5","测试 5"
```

- File encoding:选择 US-ASCII。
- Variable Names:测试数据文件中的变量名称。
- Allow quoated data:指定是否允许使用双引号来表示数据。

- Recycle on EOF：指定是否允许循环取值。
- Stop thread on EOF：指定读取完 CSV 格式的文件中的记录后，是否停止运行线程。
- Sharing mode：设置是否允许所有线程共享参数。

12. 创建用户接口

在"Method"下拉列表框中，选择"POST"方式，在"Content encoding"文本框中，输入"utf-8"，在"Body Data"选项卡中，对 userName 和 userFullname 进行参数化，即分别通过${name}、${fullname}来引用数据文件中的参数，创建用户接口，如图 19-20 所示。

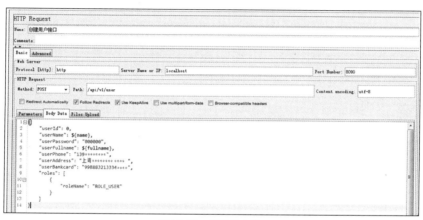

▲图 19-20　创建用户接口

一旦用户接口创建成功，响应报文会返回创建的用户的信息，我们可以从中提取相关的值作为后续操作的请求参数，执行更新和删除操作。

13. 添加 JSON Extractor

我们通过添加 JSON Extractor 来提取创建的用户的信息，并将它们作为后续查询、删除和更新操作的参数。此处，我们提取 username，并将它作为后续修改用户和删除用户接口时传递的参数，如图 19-21 所示。

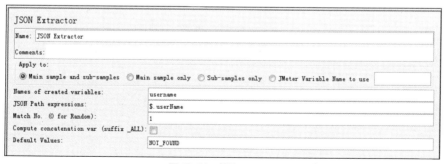

▲图 19-21　提取 username

部分设置说明如下。

- JSON Path expressions："$"表示引用 JSON 路径表达式中的根元素，"userName"是根元素的直接子元素，所以可以使用$.userName 来访问它。
- Math No.（0 for Random）：匹配数指要匹配第几个元素，如果想要匹配一个数组中的所有值，那么匹配数应该是−1。
- Default Values：默认值，即没有匹配时设置为 NOT_FOUND。

14. 修改用户接口

在图 19-22 所示的界面中，在"Method"下拉列表框中，选择"PUT"方式，在"Content encoding"文本框中，输入"utf-8,"，在"Body Data"选项组中，对 userId 和 userName 参数化，即分别通过${userid}、${name}来引用上述 CSV 格式的文件中的参数，将用户对应记录的数据进行重置。

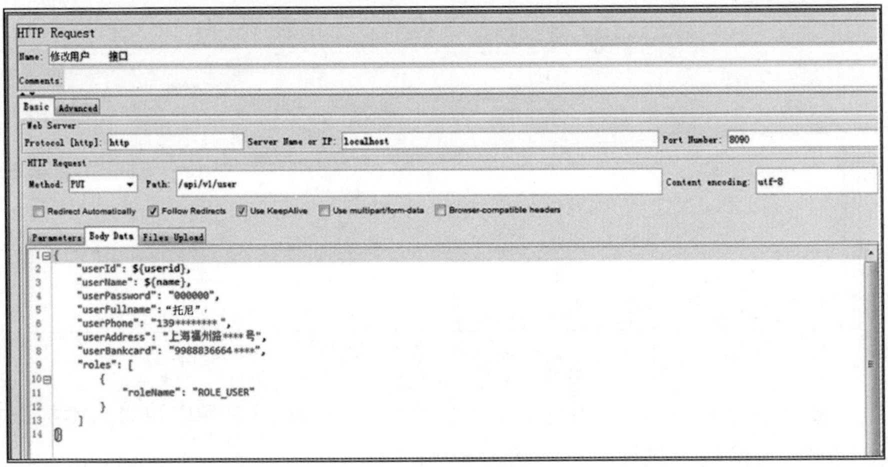

▲图 19-22　重置数据

JMeter 4.0 中新增了 JSON Assertion，利用此断言，我们可以方便地验证查询接口中的相关信息是否有变更。在"Assert JSON Path exists"文本框中，输入"$.userPhone"，在"Expected Value"文本框中，指定参数，如图 19-23 所示。

▲图 19-23　JSON 断言的配置

15.　删除用户接口

当需要调用删除用户接口删除指定用户的信息时，在"HTTP Request"选项区域中，在"Method"下拉列表框中，选择"DELETE"，在"Path"文本框中指定接口地址并使用${userid}对用户进行信息参数化，如图19-24所示。

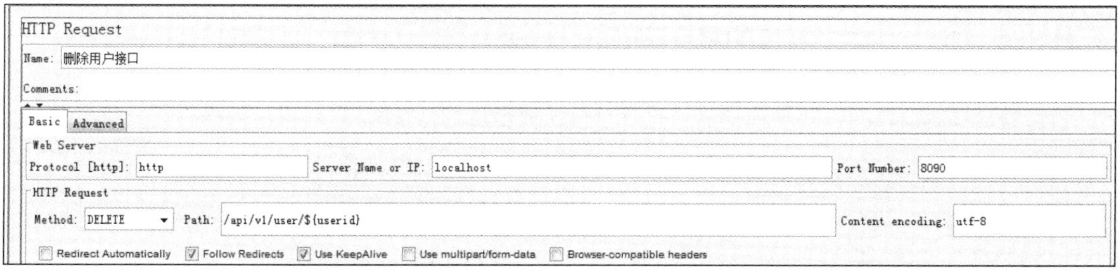

```
HTTP Request
Name: 删除用户接口
Comments:
Basic  Advanced
Web Server
Protocol [http]: http          Server Name or IP: localhost              Port Number: 8090
HTTP Request
Method: DELETE  ▼  Path: /api/v1/user/${userid}                        Content encoding: utf-8
☐ Redirect Automatically  ☑ Follow Redirects  ☑ Use KeepAlive  ☐ Use multipart/form-data  ☐ Browser-compatible headers
```

▲图19-24　DELETE 接口的设置

19.4　REST Assured

19.4.1　REST Assured 的使用

首先，创建一个 Maven 项目。然后，添加如下 REST Assured 依赖项。

```
<dependencies>
        <dependency>
            <groupId>io.rest-assured</groupId>
            <artifactId>rest-assured</artifactId>
            <version>3.1.0</version>
            <scope>test</scope>
        </dependency>
        <dependency>
            <groupId>org.testng</groupId>
            <artifactId>testng</artifactId>
            <version>6.11</version>
            <scope>test</scope>
        </dependency>
    </dependencies>
```

REST Assured 可以与现有的单元测试框架（如 JUnit 和 TestNG）结合使用。在本章的代码中，我们组合使用 REST Assured 与 TestNG。

在测试代码中，我们把 REST Assured 支持库导入测试类，就可以创建第一个 REST Assured 测试用例。

```
import static io.restassured.RestAssured.*;
import static org.hamcrest.Matchers.*;
```

1.　基本语法

REST Assured 的基本语法类似于行为驱动开发中的语法，即代码拥有 given-when-then 语法格式，从而使测试用例易于阅读。

- given()：参数条件参数，指定操作上下文配置参数。
- when()：请求方法和请求 URL，定义要做的具体操作。
- then()：断言、提取器，对比操作执行后的结果。

常用接口调用方法如下。

- GET 方法：可以从相应的端点获取信息，而无须输入数据。此方法可以接收响应报文代码或响应报文体消息。该方法是常用方法。
- POST 方法：在发送请求之前，用于在请求正文中输入请求信息来将新信息发送给服务器。此方法通常用于在现有数据库中创建新记录。
- PUT 方法：仅用于更新现有数据，并且仅在系统中包含已存在且可更新的数据时才返回结果。
- DELETE 方法：用于从系统中删除现有数据。此方法是不可逆的。

2. 示例

下面以订单查询为例说明如何使用 REST Assured 来编写一个测试用例。

- given()：数据库中存在一笔订单（订单号为 1）。
- when()：发送订单请求接口来获取编号为 1 的订单信息。
- then()：若该订单存在，则返回查询成功的状态码。

```
public void getOrderRequest() {
given().
    when().
        get("http://localhost:8090/api/v1/order/1 ").
    then().
        assertThat().statusCode(200).
}
```

该示例使用 GET 方法，然后在该方法中指定服务端访问地址和预期结果对应的条件。在这种情况下，响应状态码为 200，表示测试应该通过。

POST 请求稍微复杂一些，它包括请求报文内容、请求内容类型、请求服务端地址和接口，以及期望返回的状态码，代码如下。

```
public void postRequest() throws Exception {
  given()
    .body("{ \"id\": " + orderId + ", \"quantity\": 1}")
    .header("Content-Type", "application/json")
    .when().post( "http://localhost:8090/api/v1/order ")
    .then().assertThat().statusCode(200);
}
```

3. 验证响应数据

REST Assured 不仅可以验证响应正文内容，还可以检查响应数据的正确性，如 HTTP 响应状态码、响应内容类型和其他请求头信息，代码如下。

```
@Test
public void test_usern_get() {
```

```
given().
 when().
    get("http://localhost:8090/api/v1/user/jack ").
 then().
    assertThat().
    statusCode(200).
 and().
    contentType(ContentType.JSON).
}
```

上述代码检测 HTTP 响应状态码是否为 200，以及响应内容类型是否为"Content Type.JSON"。

4. 参数化测试

为了提高测试的灵活性和重用性，我们可以通过创建一个参数化测试来实现参数的预置，如在代码中增加 userName 变量来传递用户参数，具体代码如下。

```
@Test
public void test_usern_get() {
    String userName = "jack";
    given().
pathParam("username",userName).
    when().
        get("http://localhost:8090/api/v1/user/{username} ").
    then().
        assertThat().
        statusCode(200).
    and().
        contentType(ContentType.JSON).
}
```

RESTful API 通过外部测试数据集来支持数据驱动模式。使用 TestNG，我们要做的就是创建一个包含所需测试数据的 dataProvider 对象。

```
@DataProvider(name="username")
    public Object[][] userTestData() {
        return new Object[][]{
            {"jack"},
            {"peter"},
            {"rose"}
        };
    }

    @Test(dataProvider="username")
    public void test_UserParameter_get(String userParameter) {
        Response response = given().
            filter(sessionFilter).
          pathParam("username",userParameter).
            when().
                get("http://localhost:8090/api/v1/user/{username} ");

        response.then().
```

```
                    assertThat().
                    statusCode(200).
            and().
                    contentType(ContentType.JSON);
        System.out.println(response.asString());
        }
```

5. 访问安全的 API

通常，我们使用某种身份验证机制来保护 API。REST Assured 支持基本身份验证、摘要身份验证、表单身份验证和 OAuth 身份验证。下面的示例展示了如何调用已使用基本身份验证保护的 RESTful API（该 API 的使用者每次调用该 API 时都需要提供有效的用户名和密码组合）。

```
@Test
public void test_APIWithBasicAuthentication_ShouldBeGivenAccess() {

    given().
        auth().
        preemptive().
        basic("username", "password").
    when().
        get("http://******/secured/api").
    then().
        assertThat().
        statusCode(200);
}
```

6. 表单身份验证

服务器"希望"用户填写"username"和" password"字段，然后单击"submit"按钮，登录。 REST 可以测试受到表单身份验证保护的服务，代码如下所示。

```
given().
        auth().form("username", "password").
when().
        get("http://******/login");
then().
        statusCode(200);
```

7. 在测试之间传递参数

通常，在测试 RESTful API 时，我们可能需要创建复杂的测试方案。在这种情况下，我们需要从一个 API 调用的响应中捕获值，并在后续调用中重用它。REST 使用 extract()方法支持此功能，采取 jsonPath()方法来读取响应字段的内容。

```
username = response.jsonPath().getString("userName");
```

19.4.2　使用 REST Assured 进行接口测试

使用 REST Assured 进行接口测试的基本原理是将请求发送到服务器并接收响应，该响应向发送方指示请求是否发送成功。

接下来，创建一个工程实例来说明如何使用 REST Assured 进行接口测试。具体操作如下。

（1）在 Eclipse 中，创建一个 Maven 项目，并添加 REST Assured 和 TestNG 依赖项。

（2）新建一个测试类 RestParameterTest，用于参数化查询用户信息。

（3）编写测试代码。

```java
public class RestParameterTest {
    private static String ROOT_URI = "http://localhost:8090";
    private static SessionFilter sessionFilter;
    private static RequestSpecification spec;
    private static ResponseSpecification resp_CodeAndType;

    @BeforeClass
    public static void initSession(){
        sessionFilter = new SessionFilter();
        //表单登录/login
        given().auth().basic("admin", "000000").filter(sessionFilter).
        //用于 HTTP Basic 认证方式
        when().get(ROOT_URI).
    then().statusCode(200);
    }

@BeforeClass
    public static void initSpec(){      //请求参数设置
        spec = new RequestSpecBuilder()
                .setContentType(ContentType.JSON)
                .setBaseUri(ROOT_URI)
                .build();
    }

    @BeforeClass
    public static void initResp(){      //响应参数设置
        resp_CodeAndType = new ResponseSpecBuilder().
                expectStatusCode(200).
                expectContentType(ContentType.JSON).
                build();
    }

    @DataProvider(name="username")    //参数化
    public Object[][] userTestData() {
        return new Object[][]{
            {"jack"},
            {"peter"},
            {"rose"}
        };
    }

    @Test(dataProvider="username")
    public void test_UserParameter_get(String userParameter) {
        Response response =
given().filter(sessionFilter).pathParam("username",userParameter).spec(spec).when().get(
"/api/v1/user/{username} ");
```

```
        response.then().assertThat().spec(resp_CodeAndType);

        System.out.println(response.asString());
    }
```

（4）启动服务端程序。

① 在命令行状态下，输入如下命令，启动 MySQL。启动成功后，会出现提示 "MySQL57 服务已经启动成功"。

```
net start MySQL57
```

② 输入如下命令，启动服务端程序。

```
Java -jar Lite shelf-restapi.jar
```

（5）运行测试程序。

在 Eclipse 中，选择测试类文件，右击它，在弹出的菜单中，依次选择 "Run as" → "TestNG Test"，运行测试。TestNG 测试结果如图 19-25 所示。

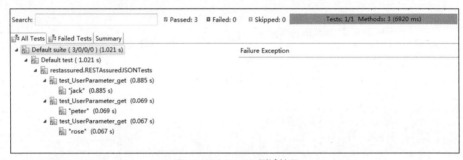

▲图 19-25   TestNG 测试结果

添加一个测试类 RestCrudTest，该类实现用户管理模块数据的添加、查询和删除操作。

```
public class RestCrudTest {
private static String ROOT_URL = "http://localhost:8090";
private static SessionFilter sessionFilter;
private static RequestSpecification spec;
private static ResponseSpecification resp_CodeAndType;
private String userid;
private  String username;

@BeforeClass
public static void initSession(){
    sessionFilter = new SessionFilter();
        given().auth().basic("admin", "000000").filter(sessionFilter).
    when().get(ROOT_URL).then().statusCode(200);
}

@BeforeClass
public static void initSpec(){
    spec = new RequestSpecBuilder().setContentType(ContentType.JSON).
    setBaseUri(ROOT_URL).build();
}
```

```java
@Test(priority = 1)
public void Test_User_Post_Negtive()
{
    String userInfo = "{"
            + "\"userId\":1,"
            + "\"userName\":\"william\","
            + "\"userPassword\":\"000000\","
            + "\"userFullname\":\"test\","
            + "\"userPhone\":\"129000000\","
            + "\"userAddress\":\"test\","
            + "\"userBankcard\":\"777777777"
            + "\"}";

    Response response =given().filter(sessionFilter).contentType("application/json").
    body(userInfo).when().post("http://localhost:8090/api/v1/user");

    System.out.println(response.asString());
}

@Test(priority = 2)
public void Test_User_Post()
{
    RestAssured.baseURI = ROOT_URL + "/api/v1";
    RequestSpecification request = RestAssured.given();
            User user = new User();
            Roles role = new Roles();
            role.setRoleName("ROLE_USER");
            Set<Roles> roles = new HashSet<>();
            roles.add(role);
              user.setUserId(0);
              user.setUserName("jiahao");
              user.setUserPassword("000000");
              user.setUserAddress("四川北路 2008");
              user.setUserFullname("家浩");
              user.setUserPhone("139********");
              user.setUserBankcard("9999999999");
              user.setRoles(roles);
 request.body(user);
 request.filter(sessionFilter);
 request.contentType(ContentType.JSON);

 Response response = request.post("/user");
 Assert.assertEquals(response.getStatusCode(), 201);
 username = response.jsonPath().getString("userName");
 userid = response.jsonPath().getString("userId");
 response.then().body("userName", Matchers.is("jiahao"));
}

@Test(priority = 3)
```

```
public void Test_User_Get()
{
    Response response =given().contentType(ContentType.JSON).filter(sessionFilter).
    when().get(ROOT_URL + "/api/v1/user/"+username);
    response.then().body("userName", Matchers.is(username));
}

@Test(priority = 4)
public void Test_User_Delete()
{
    RestAssured.baseURI = ROOT_URL + "/api/v1";
    RequestSpecification request = RestAssured.given();

    Response response =request.filter(sessionFilter).when().delete("/user/"+ userid);
    //是否删除用户成功
    Response resp =request.filter(sessionFilter).when().get("/user/"+username);
    Assert.assertEquals(resp.getStatusCode(), 404);
    }
}
```

19.5 OkHttp

OkHttp 是开源项目，它是一个 Android 和 Java 应用程序的 HTTP 客户端，允许所有同主机地址的请求共享同一个 Socket 连接。OkHttp 支持 Android 5.0+（API 级别 21+）和 Java 1.8+。

19.5.1　OkHttp 的使用

首先，创建一个 Maven 项目，并创建 OkHttp 项目，如图 19-26 所示。

▲图 19-26　创建 OkHttp 项目

然后，将库作为依赖项添加到 pom.xml 文件中。

```
<dependency>
    <groupId>com.squareup.okhttp3</groupId>
    <artifactId>okhttp</artifactId>
```

```
            <version>3.4.2</version>
</dependency>
```

19.5.2　使用 OkHttp 进行接口测试

首先，创建测试用户类 User，代码如下。

```
package okhttp.model;
import Java.util.HashSet;
import Java.util.Set;

public class User {
    private long userId;
    private String userName;
    private String userPassword;
    private String userFullname;
    private String userPhone;
    private String userAddress;
    private String userBankcard;
    private Set<Roles> roles = new HashSet<>();

    public User(long userId,String userName,String userPassword,
    String userFullname,
        String userPhone,String userAddress,String userBankcard) {
        super();
        this.userId = userId;
        this.userName = userName;
        this.userPassword = userPassword;
        this.userFullname = userFullname;
        this.userPhone = userPhone;
        this.userAddress = userAddress;
        this.userBankcard = userBankcard;
    }
    public User() {
    }
//省略 getter、 setter 的操作代码
```

然后，验证用户的添加、删除、修改、查询功能，代码如下。

```
public class OkHttpCrud {
    public static final MediaType MediaTypeJSON = MediaType.parse
    ("application/json; charset=utf-8");
    private static final String URl_USER = "http://localhost:8090/api/v1/user";
    private long userid;
    private String username;
    private User updatedUser = null;
```

接下来，新建用户测试用例，代码如下。

```
@Test(priority=1)
public void createUser() throws Exception {
    User createdUser = null;
    OkHttpClient httpclient = new OkHttpClient();
    User user = new User(0, "alex", "000000", "test", "111111", "test",
```

```
    "111111");

    ObjectMapper mapper = new ObjectMapper();
    String jsonUser = mapper.writeValueAsString(user);
```

接下来，使用基本身份验证凭据来执行 POST 请求，并将 jsonUser 作为请求的正文发送，代码如下。

```
    Request request = new Request.Builder().url(URl_USER)
                        .addHeader("Authorization",
                        Credentials. basic("admin", "000000"))
                        .post(RequestBody.create(jsonUser,
                        MediaType JSON)).build();
    try (Response response = httpclient.newCall(request).execute()) {
        if (response.isSuccessful()) {
            createdUser = mapper.readValue(response.body().bytes(),
            User.class);
            userid = createdUser.getUserId();
            username = createdUser.getUserName();
            Assert.assertEquals(response.code(), 201);
            Assert.assertTrue(createdUser != null &&  userid > 0);
        }
    }
}
```

通过 newCall()方法创建一个新的调用对象后，再调用 execute()方法同步执行 HTTP 请求。

接下来，查询用户测试用例，代码如下。

```
@Test(priority=2)
public void getUser() throws Exception {
    OkHttpClient httpclient = new OkHttpClient();
    Request requestGet = new Request.Builder().url(URl_USER +"/" + username)
                    .addHeader("Authorization", Credentials.basic ("admin", "000000"))
                    .get().build();
    try (Response response = httpclient.newCall(requestGet).execute()) {
        ObjectMapper mapper = new ObjectMapper();
        //获取更新对象的信息
        updatedUser = mapper.readValue(response.body().bytes(), User.class);
        Assert.assertEquals(response.code(), 200);
        Assert.assertTrue(updatedUser != null && updatedUser.getUserId() > 0 );
    }
}
```

接下来，修改用户测试用例，代码如下。

```
@Test(priority=3)
public void updateUser() throws Exception {
    OkHttpClient httpclient = new OkHttpClient();
    ObjectMapper mapper = new ObjectMapper();
    String userPhone = "1990000000";
    updatedUser.setUserPhone(userPhone);
    String jsonUser = mapper.writeValueAsString(updatedUser);
    Request requestUpdate = new Request.Builder().url(URl_USER)
            .addHeader("Authorization", Credentials.basic("admin", "000000"))
```

```
            .put(RequestBody.create(jsonUser,MediaTypeJSON)).build();
    try (Response response = httpclient.newCall(requestUpdate).execute()) {
        if (response.isSuccessful()) {
            User newUser = mapper.readValue(response.body().bytes(),
            User.class);
            Assert.assertEquals(response.code(), 200);
            Assert.assertEquals(newUser.getUserPhone(),userPhone);
        }
    }
}
```

最后，删除用户测试用例，代码如下。

```
@Test(priority=4)
public void deleteUser() throws Exception {
    OkHttpClient httpclient = new OkHttpClient();
    Request request = new Request.Builder().url(URl_USER + "/" + String.
    valueOf(userid))
    .addHeader("Authorization", Credentials.basic("admin", "000000")).delete().build();

    try (Response response = httpclient.newCall(request).execute()) {
        Assert.assertEquals(response.code(), 200);
        }
    }
}
```

19.5.3 异步调用

OkHttp 除支持常用的同步 HTTP 请求调用以外，还支持异步 HTTP 请求调用。在使用同步调用时，当前线程会被阻塞，直到 HTTP 请求完成。当同时发出多个 HTTP 请求时，同步调用的性能比较差。这个时候，我们可以通过异步调用提高调用的整体性能。

对于异步调用，OkHttp 在利用 newCall()方法创建一个新的调用对象之后，不是通过 execute()方法来同步执行 HTTP 请求，而是通过 enqueue()方法将 HTTP 请求添加到执行队列中。在调用 enqueue()方法时，我们需要提供一个 Callback 接口的实现。在该接口的实现中，onResponse()和 onFailure()方法分别处理响应与错误。

19.6 HttpClient

HttpClient 是 Apache 的一个开源项目。它实现了 HTTP 标准中客户端的所有功能。它能够轻松地进行 HTTP 信息的传输。很多测试工具（如 JMeter）是基于 HttpClient 的。

19.6.1 HttpClient 的使用

我们首先创建一个 Maven 项目，然后在 pom.xml 文件中添加与 HttpClient 相关的依赖项。

```
<dependency>
```

```
        <groupId>org.apache.httpcomponents</groupId>
        <artifactId>httpclient</artifactId>
        <version>4.4</version>
    </dependency>
```

19.6.2　使用 HttpClient 进行接口测试

使用 HttpClient 发送一个 HTTP 请求的步骤如下。

（1）创建用户基本身份验证凭据。

（2）根据 HTTP 请求类型，创建 httpGet、httpPost、httpPut、httpDelete 实例。

（3）使用 addHeader()方法添加所需的标头，如 User-Agent、Accept-Encoding 等，并将自定义标头附加到代码请求中。

（4）GET 请求没有请求正文。对于 POST 请求，我们可以把请求主体设置为 JSON 格式的数据以进行传输，并将对象序列化。

（5）设置标头 Content-type 为 "application/json"。由于请求主体包含 JSON 格式的请求信息，因此当向服务器发出请求指令时，需要将请求主体表示为 JSON 格式并应进行相应解析以处理请求。

（6）执行所需的 HTTP 方法。

（7）执行 HttpGet 或 HttpPost 请求，获取 HttpResponse，从响应中获取所需的详细信息，如状态代码、错误信息和响应对象等。捕获响应对象并将它解析为 JSON 对象，然后以 JSON 或 XML 格式对响应进行反序列化。

（8）验证各种键和响应状态码。

- 验证各种响应中存在响应主体的键。
- 验证响应状态码（如 200、400 等）。

使用 HttpClient 进行接口测试的步骤如下。

（1）创建添加、删除、修改、查询的测试代码。

```
public class HttpClientCrud {
    private static final String USER_AGENT = "Chrome/14.0.*.*";
    private static final String POST_URL = "http://localhost:8090/api/v1/user";
    private long userid;
    private String username;
    private User updatedUser = null;
    private HttpClient client;
```

（2）创建用户基本身份验证凭据。

```
public void userBasicAuth() {
    client = null;
    CredentialsProvider provider = new BasicCredentialsProvider();
    UsernamePasswordCredentials credentials
     = new UsernamePasswordCredentials("admin", "000000");
     provider.setCredentials(AuthScope.ANY, credentials);
    client = HttpClientBuilder.create()
            .setDefaultCredentialsProvider(provider)
```

```
            .build();
    }
```

其中，创建 BasicCredentialsProvider 类的对象 provider，该对象扩展了 CredentialsProvider 接口，该接口的工作是维护用户基本身份验证凭据的集合。

（3）创建用户测试用例。

```
@Test(priority = 1)
public void createUser()  throws Exception {
    User createdUser = null;
    userBasicAuth();
        HttpPost httpPost = new HttpPost(POST_URL);
        User user = new User(0, "jeffman", "000000", "test", "111111",
        "test","111111");
    ObjectMapper mapper = new ObjectMapper();
    String jsonUser = mapper.writeValueAsString(user);
    StringEntity entity = new StringEntity(jsonUser);
    entity.setContentEncoding("UTF-8");
    httpPost.setEntity(entity);
    httpPost.addHeader("User-Agent", USER_AGENT);
    httpPost.setHeader("Accept","application/json");
    //发送 JSON 格式的数据要设置 Content-type
    httpPost.setHeader("Content-type", "application/json");
    HttpResponse httpResponse = client.execute(httpPost);
    Assert.assertEquals(httpResponse.getStatusLine().getStatusCode(),201);
}
```

（4）查询用户测试用例。

```
@Test(priority = 2)
public void getUser() throws Exception {
    userBasicAuth();
    HttpGet httpGet = new HttpGet(POST_URL +"/" + username);
    httpGet.addHeader("User-Agent", USER_AGENT);
    HttpResponse httpResponse = client.execute(httpGet);
    ObjectMapper mapper = new ObjectMapper();
    updatedUser = mapper.readValue(httpResponse.getEntity().getContent(),
    User.class);
    Assert.assertEquals(httpResponse.getStatusLine().getStatusCode(), 200);
}
```

（5）更新用户测试用例。

```
@Test(priority = 3)
public void updateUser() throws Exception {
    userBasicAuth();
    HttpPut httpPut = new HttpPut(POST_URL);
    ObjectMapper mapper = new ObjectMapper();
    String userPhone = "133*********";
    updatedUser.setUserPhone(userPhone);
    String jsonUser = mapper.writeValueAsString(updatedUser);
    StringEntity entity = new StringEntity(jsonUser);
    entity.setContentEncoding("UTF-8");
    httpPut.setEntity(entity);
    httpPut.addHeader("User-Agent", USER_AGENT);
```

```
httpPut.setHeader("Accept","application/json");
httpPut.setHeader("Content-type", "application/json");
HttpResponse httpResponse = client.execute(httpPut);
Assert.assertEquals(httpResponse.getStatusLine().getStatusCode(), 200);
}
```

（6）删除用户测试用例。

```
@Test(priority = 4)
public void deleteUser() throws Exception {
    userBasicAuth();
    HttpDelete httpDelete = new HttpDelete(POST_URL +"/" + userid);
    HttpResponse httpResponse = client.execute(httpDelete);
    Assert.assertEquals(httpResponse.getStatusLine().getStatusCode(),
200);
    }
}
```

（7）运行测试用例。HttpClient 测试脚本的执行结果如图 19-27 所示。

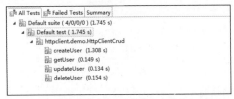

▲图 19-27　HttpClient 测试脚本的执行结果

19.7　小结

本章首先介绍了接口测试的方法和环境，然后，选用业界使用较多的 5 款测试工具——Postman、JMeter、REST Assured、OkHttp、HttpClient，针对 LiteShelf 系统的用户管理模块开发了添加、删除、修改、查询测试脚本。

- Postman 容易上手，用户可以使用它进行本地调试和接口测试，不需要有太多开发测试脚本的技能。
- 用户可以利用 JMeter 快速开发测试脚本。
- REST Assured 可以与 JUnit 和 TestNG 集成，以提供更多的功能。它需要用户有一定的测试脚本开发能力，不适合初学者。
- OkHttp 是一个用于 Android 和 Java 应用程序的高效 HTTP 客户端，支持很多高级特性，通过连接池和缓存来避免网络的重复请求，并支持同步请求和异步请求等方式。
- HttpClient 是最早支持 HTTP 的客户端编程支持库，是 JMeter 的 HTTP 采样器的默认协议支持库。

第 20 章　功能测试脚本开发

功能测试主要用于验证一个软件的功能是否能满足用户需求，通常通过向软件提供一些相关输入来验证软件功能输出结果是否符合产品需求说明。

传统软件是基于 C-S 架构的程序，功能测试都是在本地完成的。随着移动互联网的蓬勃发展，移动设备、可穿戴设备和物联网彻底改变了应用程序的使用方式。软件功能通常位于应用程序的后端，前端主要获取后端数据并展示给最终用户。

JMeter 是一款用于后端接口测试的开源工具。JMeter 最初用于负载测试和性能测试，但随着测试场景的需要，它开始提供后端功能测试。

JMeter 通过采样协议向服务的接口发送数据请求来验证后端服务接口功能的正确性。

本章将介绍如何开发 JMeter 脚本以完成后端功能测试。我们将模拟各种输入，并将它们作为对页面的请求，检查对这些输入的页面响应是否正确。我们将在测试脚本中添加断言，以验证页面响应内容的正确性。

20.1　功能测试场景

20.1.1　测试环境

在执行功能测试之前，我们首先需要启动数据库程序，然后运行案例程序。在命令行下，进入程序可执行 JAR 包，执行以下命令。

```
net start MySQL57
java -jar liteshelf-web.jar
```

20.1.2　测试场景

下面以 LiteShelf 为例来说明如何开发测试脚本以模拟典型用户的操作，包括浏览、注册、登录、加入购物车、创建订单、订单确认和退出登录等。一个典型的用户场景测试用例如表 20-1 所示。

表 20-1　典型的用户场景测试用例

序号	用户场景	场景描述
TC-1	首页浏览	用户登录首页 浏览图书 返回登录页面
TC-2	用户注册	用户登录首页 进行用户注册 填写注册信息 提交注册信息 返回登录页面
TC-3	登录	用户登录首页 填写用户名、密码 提交登录信息 进入系统主页
TC-4	添加一本书到购物车	用户登录首页 提交用户名、密码进行登录 选择一本书，并将其添加到购物车中 返回首页 选择另一本书，并将其添加到购物车中
TC-5	创建订单	进入购物车页面 用户确认购物车中商品的名称和数量 提交订单
TC-6	订单确认	进入支付页面 确认支付信息和地址信息 支付确认
TC-7	退出登录	进入系统主页 退出登录

20.2　基于 JMeter 的后端功能测试

1．创建测试计划

创建测试计划，如图 20-1 所示。在该测试计划中，添加一个变量"user"，初始值设置为"tonny"，作为后续创建用户的数据。

2．创建一个线程组

我们可以创建一个线程组，并为该线程组起一个容易识别的名称，便于后期脚本维护。创建线程组，如图 20-2 所示。

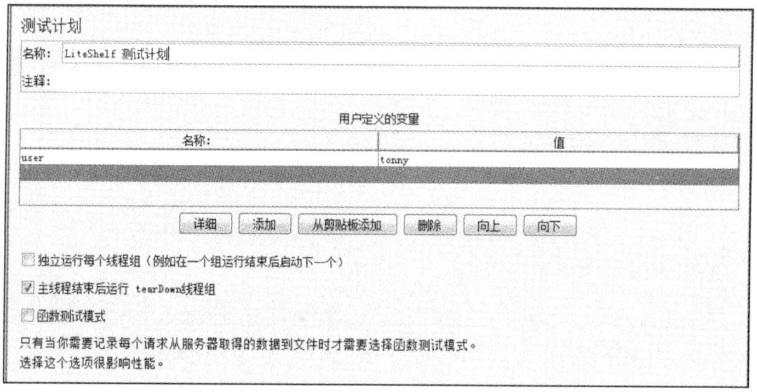

▲图 20-1　创建测试计划

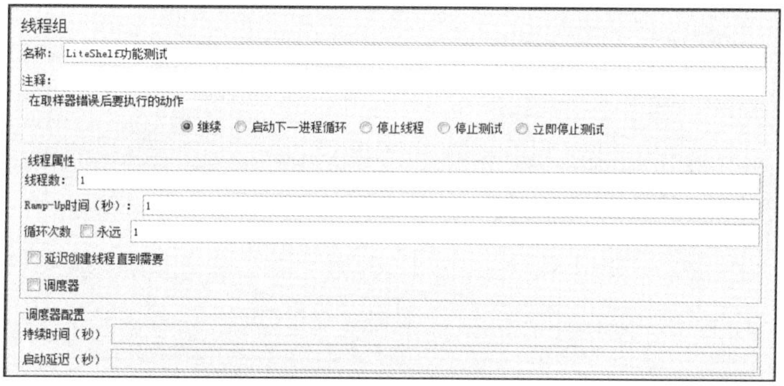

▲图 20-2　创建线程组

JMeter 通过线程组定义线程数量来模拟用户数量，一个用户就对应一个线程。线程组中线程属性介绍如下。

- "线程数"：测试并发的用户数量。
- "Ramp-up 时间"：表示达到最大线程需要的时间。如果 10 个线程在 10 秒内启动，则每个线程启动的时间间隔就是 1 秒。
- "循环次数"：用于设置线程执行次数，默认为 1。

3.　编写测试脚本

用户场景 TC-1 用于实现首页浏览。在测试脚本中，创建名为"首页浏览"的 HTTP 请求，如图 20-3 所示。

- 单击测试计划，添加线程组，添加 HTTP 请求。
- 配置"服务器名称或 IP"为"localhost"，"端口号"为"8090"，"路径"为"/home"。
- 添加响应断言。"响应断言"对话框如图 20-4 所示，在"Apply to"选项区域中，选择响应断言模式"Main sample only"，在响应代码中匹配"200"。此处，HTTP 请求返回数中包含"200"，这表示返回成功。

用户场景 TC-2 用于实现用户注册。在测试脚本中，添加名为"用户注册"的 HTTP 请求，如图 20-5 所示。

▲图 20-3　创建名为"首页浏览"的 HTTP 请求

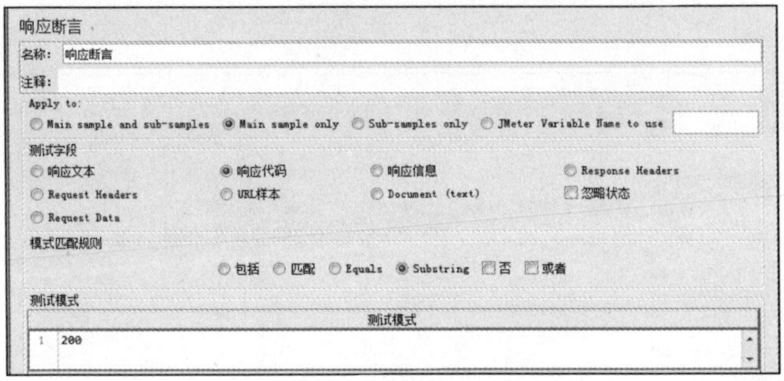

▲图 20-4　"响应断言"对话框

▲图 20-5　创建名为"用户注册"的 HTTP 请求

图 20-5 中的"参数"是指向服务器发送请求时携带的方法或函数的变量的值，此处为注册用户信息。本例通过"${}"的方式来引用用户变量"user"。

用户场景 TC-3 用于实现登录。在测试脚本中，添加名为"登录"的 HTTP 请求，如图 20-6 所示。

图 20-6 中部分选项的说明如下。

- "参数"选项卡：在向服务器发送请求时，提供登录用户名和密码。
- "自动重定向"复选框：可以自动转到目标页面，JMeter 不会记录重定向过程中的所有请求和响应，无法对响应内容进行关联。
- "跟随重定向"复选框：当 HTTP 请求的响应状态码为 301 或 302 时，自动跳转到目标页面，而且 JMeter 会记录重定向过程中的所有请求和响应，可以对响应内容进行关联。

- "使用 KeepAlive"复选框：客户端和服务器之间采用 Keep-Alive 方式进行 HTTP 通信。

▲图 20-6　登录请求

用户场景 TC-4 用于添加一本书到购物车。本例中添加 ID=9 的一本书到购物车中。

在测试脚本中，创建一个名为"添加一本书到购物车"的 HTTP 请求，如图 20-7 所示。

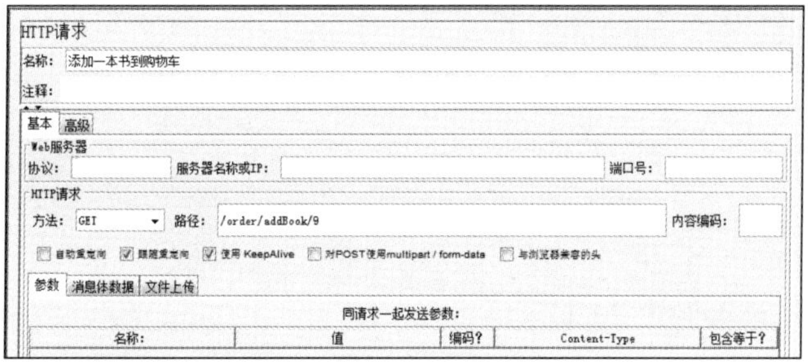

▲图 20-7　创建名为"添加一本书到购物车"的 HTTP 请求

用户场景 TC-5 用于创建订单。在测试脚本中，添加名为"创建订单"的 HTTP 请求，如图 20-8 所示。

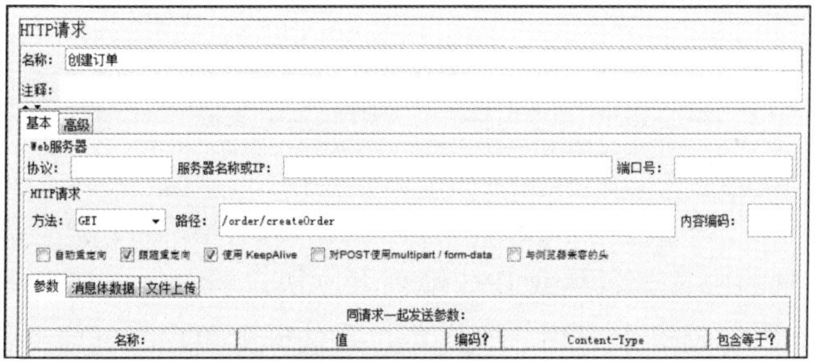

▲图 20-8　创建名为"创建订单"的 HTTP 请求

用户场景 TC-6 用于确认订单。在测试脚本中，添加名为"订单确认"的 HTTP 请求，如图 20-9 所示。

▲图 20-9　创建名为"订单确认"的 HTTP 请求

在对创建的订单进行确认后，数据库将自动创建订单信息和订单详情。

用户场景 TC-7 用于退出登录。在测试脚本中，添加名为"退出登录"的 HTTP 请求，如图 20-10 所示。

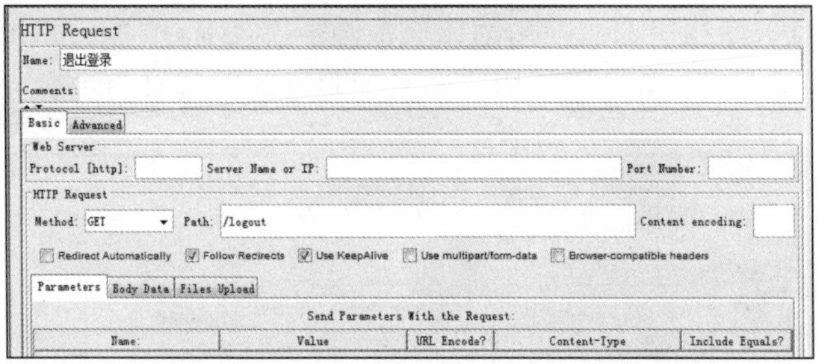

▲图 20-10　创建名为"退出登录"的 HTTP 请求

HTTP 请求的默认设置如图 20-11 所示。

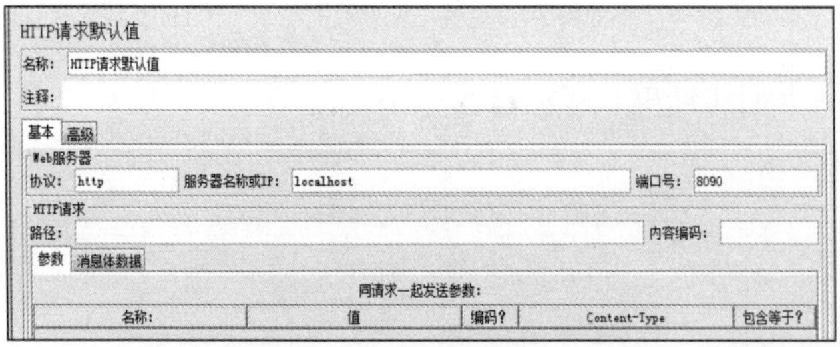

▲图 20-11　HTTP 请求的默认设置

"HTTP 请求默认值"对话框用于设置其作用范围内的所有 HTTP 请求的默认值，可设置的内容包括 HTTP 请求的服务器名称或 IP、端口号、协议等。如果使用 JMeter 同时执行多个 HTTP 请求任务，就需要创建多个 HTTP 取样器，而且每个 HTTP 取样器都需要手动填写服务器信息和端口号，这会非常消耗时间。解决方法是在设置 JMeter 的 HTTP 请求默认值，配置服务器 IP 地址和端口号后，新建一个 HTTP 取样器，不填写服务器信息。该配置作用于整个线程，对线程内的所有 HTTP 请求都有效。

HTTP Cookie Manager 用于管理测试运行时的所有 Cookie，如图 20-12 所示。它可以自动存储服务器发送给客户端的所有 Cookie，并在发送后续 HTTP 请求时附加合适的 Cookie。同时，用户可以在 HTTP Cookie Manager 中手工添加一些 Cookie，这些手工添加的 Cookie 会在发送 HTTP 请求时自动附加到 HTTP 请求中。

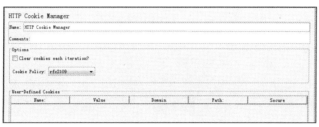

▲图 20-12　HTTP Cookie Manager

4. 运行和结果分析

启动测试程序，单击"线程组"，添加监听器"查看结果树"，执行测试脚本，查看结果树中的结果如图 20-13 所示。

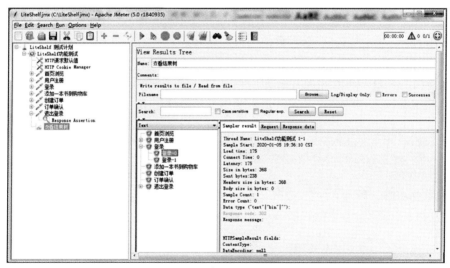

▲图 20-13　查看结果树中的结果

查看结果树的响应内容说明如下。

- Thread Name：线程组名称。
- Sample Start：启动开始时间。
- Load time：加载时长。
- Connect Time：连接时间。
- Latency：等待时长。

- Size in bytes：发送数据的整体大小。
- Headers size in bytes：发送数据的请求头的大小。
- Body size in bytes：发送数据的主体的大小。
- Sample Count：发送数据统计。
- Error Count：交互错误统计。
- Response code：响应状态码。
- Response message：返回信息。

20.3　基于 Selenium 的前端功能测试

20.3.1　元素定位

Selenium 的定位方法提供了一种从网页访问 HTML 元素的途径。Selenium 可以使用定位方法对文本框、链接、复选框和其他 Web 元素执行定位操作。

例如，Chrome 可以借助其开发者工具来快速识别页面元素。选择要识别的页面元素并右击，在弹出的菜单中，选择"检查"，或者按快捷键 Ctrl+Shift+I，查看元素定位信息。

Selenium 提供了 8 种定位方法来查找网页上的元素。下面介绍它们。

1. 使用 ID

在理想情况下，ID 属性是页面对象的唯一引用，但实际情况是 ID 可能重复。我们需要定义开发规范，要求开发工程师遵守开发规范来避免重复，使用 ID 是最快速的定位方法。示例代码如下。

```
<input id="test" class="required" type="text">
WebElement item = driver.findElement(By.id("test"));
```

2. 使用 name

每个表单都有唯一的输入字段 name，name 在大多数时候是唯一的，但页面中也会存在重复情况。若同一页面中有多个相同的 name，则需要使用其他定位方法进行唯一定位。示例代码如下。

```
<input name="username" id="stripes--1462667940" type="text">
WebElement locator = driver.findElement(By.name("username"));
```

3. 使用 linkText

选择包含匹配文本的元素。示例代码如下。

```
<a href="http://www.*****.com">How to identify locators?</a>
WebElement item = driver.findElement(By.linkText("How to identify locators?"));
```

4. 使用 PartialLinkText

选择包含部分匹配文本的元素。示例代码如下。

```
WebElement item = driver.findElement(By.PartialLinkText("locators?"))
```

5. 使用 tagName

元素的 DOM 标记名称可用于在 WebDriver 中查找该特定元素，借助这种方法处理表格非常容易。示例代码如下。

```
WebElement table = driver.findElement(By.id("producttable"));
List<WebElement> row = table.findElements(By.tagName("tr"));
int rowcount = row.size();
```

6. 使用 className

借助 className()和特定的类属性获取网页上的第一个元素。示例代码如下。

```
WebElement element =driver.findElement(By.className("test"));
```

7. 使用 cssSelector

使用 CSS 识别 Web 对象。示例代码如下。

```
WebElement login = driver.findElement(By.cssSelector("input.login"));
```

8. 使用 Xpath

XPath 是一种遍历网页 DOM 结构的技术，因此，它可以保证使用 XPath 表达式在页面上定位任何元素。示例代码如下。

```
WebElement signin = driver.findElement(By.xpath("//*[@id=\"MenuContent\"]/a[2]"));
```

20.3.2　WebDriver 常用函数

在编写测试脚本的过程中，我们经常使用的 WebDriver 函数如下。

- driver.get("URL")：打开指定的网页链接。
- element.sendKeys("inputtext")：发送的文本信息。
- element.clear()：清空文本框中的内容。
- element.click()：单击按钮以确认。
- select.deselectAll()：在页面上，取消选择所有选项。
- driver.close()：关闭与驱动程序关联的当前浏览器。
- driver.quit()：退出驱动程序并关闭其所有关联窗口。
- driver.refresh()：页面刷新。

20.3.3　Selenium 测试脚本开发

下面介绍如何使用 Maven 配置 Eclipse 来开发 Selenium 测试脚本。

（1）在 Eclipse 中，从菜单栏中选择"File"→"New"→"Other"，选择"Maven Project"选项，创建 Maven 项目，如图 20-14 所示，然后单击"Next"按钮。

（2）在图 20-15 所示的窗口中，勾选"Create a simple project"复选框，创建一个简单的项目，然后单击"Next"按钮。

（3）在图 20-16 所示的窗口中，指定"Group Id"和"Artifact Id"，确认完成。

▲图 20-14　创建 Maven 项目

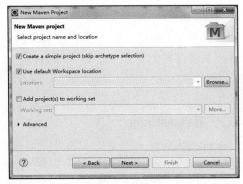

▲图 20-15　选中 "Create a simple project" 复选框

▲图 20-16　配置项目

（4）在 pom.xml 文件中，导入 Selenium 的依赖包。

```
<dependency>
    <groupId>org.seleniumhq.selenium</groupId>
    <artifactId>selenium-Java</artifactId>
    <version>3.8.1</version>
</dependency>
```

（5）选择 seleniumliteshelf 项目并右击，在弹出的菜单中，依次选择 "New" → "Other" → "TestNG class"，创建 TestNG 类 LiteshelfTest，如图 20-17 所示。

▲图 20-17　创建 TestNG 类 LiteshelfTest

（6）查看当前使用的 Chrome 的版本，下载对应的驱动程序，并将其解压到 src\test\resources 目录中。

（7）我们以功能测试场景 TC-1（首页浏览）为例编写测试脚本，步骤如下。

① 在地址栏中，输入 http://localhost:8090/login 并访问。

② 在"用户名"文本框中输入"jeff"。

③ 在"密码"文本框中输入"000000"。

④ 单击"登录"按钮。

⑤ 若登录成功，页面包括"退出"关键字，断言验证不为空。

在 Selenium WebDriver 中，启动 UI 自动化并不是一项艰巨的任务，只需要查找元素，并对它执行操作。"首页浏览"测试场景的测试代码如下。

```java
package com.jeff.seleniumliteshelf;
import org.testng.annotations.Test;
import org.testng.annotations.BeforeClass;
import org.openqa.selenium.By;
import org.openqa.selenium.WebDriver;
import org.openqa.selenium.WebElement;
import org.openqa.selenium.chrome.ChromeDriver;
import org.testng.Assert;
import org.testng.annotations.AfterClass;

public class LiteshelfTest {
private WebDriver driver;

    @BeforeClass
    public void beforeClass() {
        System.setProperty("Webdriver.chrome.driver",
        "src/test/resources/ chromedriver.exe");
        driver = new ChromeDriver();
        driver.manage().window().maximize();
        driver.get("http://localhost:8090/login");
    }

    @Test
    public void loginTest() throws InterruptedException {
        WebElement username = driver.findElement(By.name("username"));
        username.clear();
        username.sendKeys("jeff");
        WebElement password = driver.findElement(By.name("password"));
        password.clear();
        password.sendKeys("000000");
        WebElement signon = driver.findElement(By.xpath("/html/body/div/
        div[1]/div/form/div[3]/button"));
        signon.click();
        Thread.sleep(3000);
        WebElement signout = driver.findElement(By.xpath("/html/body/
        nav/ul/li/a"));
```

```
            Assert.assertNotNull(signout.getText());
    }

    @AfterClass
    public void afterClass() {
        driver.quit();
    }
}
```

（8）运行测试脚本有下列 3 种方式。

- 右击 LiteShelfTest.java，在弹出的菜单中，依次选择"Run as"→"TestNG Test"。
- 使用 XML 配置方式。首先，在 liteshelf1.xml 文件中配置测试类名称，此处为 LiteshelfTest，然后，右击 liteshelf1.xml 文件，在弹出的菜单中，选择运行方式"TestNG Suite"。

```xml
<?xml version="1.0" encoding="UTF-8"?>
<!DOCTYPE suite SYSTEM "http://testng.org/testng-1.0.dtd" >
<suite name="Suite" parallel="false">
  <test name="Test">
    <classes>
      <class name="com.jeff.seleniumliteshelf.LiteshelfTest"/>
    </classes>
  </test> <!-- Test -->
</suite> <!-- Suite -->
```

- 在利用 pom.xml 文件运行测试脚本前，我们需要先添加"maven-compiler-plugin"和"maven-surefire-plugin"依赖项。在添加上述两个依赖项后，右击 pom.xml 文件，在弹出的菜单中，依次选择"Run as"→"Maven Test"。通过这种方式，我们将可以利用持续集成工具 Jenkins 运行测试代码。

```xml
<build>
    <plugins>
        <!-- Compiler plug-in -->
        <plugin>
            <groupId>org.apache.maven.plugins</groupId>
            <artifactId>maven-compiler-plugin</artifactId>
            <configuration>
                <source>${Java.version}</source>
                <target>${Java.version}</target>
            </configuration>
        </plugin>
        <!-- Below plug-in is used to execute tests -->
        <plugin>
            <groupId>org.apache.maven.plugins</groupId>
            <artifactId>maven-surefire-plugin</artifactId>
            <version>2.18.1</version>
            <configuration>

                <suiteXmlFiles>
                    <!-- TestNG suite XML files -->
                    <suiteXmlFile>liteshelf1.xml</suiteXmlFile>
                </suiteXmlFiles>
```

```
            </configuration>
        </plugin>
    </plugins>
</build>
```

（9）测试结果如下。

```
Tests run: 1, Failures: 0, Errors: 0, Skipped: 0, Time elapsed: 14.923 sec -
in TestSuite
Results :
Tests run: 1, Failures: 0, Errors: 0, Skipped: 0
[INFO] ------------------------------------------------------------------------
[INFO] BUILD SUCCESS
[INFO] ------------------------------------------------------------------------
[INFO] Total time: 26.815 s
[INFO] Finished at: 2020-02-02T11:36:56+08:00
[INFO] Final Memory: 16M/119M
[INFO] ------------------------------------------------------------------------
```

（10）在运行过程中，测试代码可能出现以下错误信息。经过分析可知，这是因为 TestNG 版本不匹配，在 pom.xml 文件中，配置 TestNG 为 6.11，Selenium-Java 为 3.8.1。

```
ava.lang.NoSuchMethodError: org.testng.TestRunner.addListener (LJava/lang/
Object;)V
    at org.testng.remote.support.RemoteTestNG6_9_10$1.newTestRunner
    (RemoteTestNG6_9_10.Java:32)
    at org.testng.remote.support.RemoteTestNG6_9_10$Delegating
    TestRunnerFactory.newTestRunner(RemoteTestNG6_9_10.Java:61)
    at org.testng.SuiteRunner$ProxyTestRunnerFactory.
    newTestRunner(SuiteRunner.Java:713)
    at org.testng.SuiteRunner.init(SuiteRunner.Java:260)
```

20.3.4　Page Object 测试模式

在 20.3.3 节编写的 Selenium 测试脚本中，代码的主要任务是通过 WebDriver API 和 Web 页面进行交互。获取页面元素之后，利用各种断言来验证结果。对于复杂的测试，这种方式中的测试用例的可读性较差。如果对测试的 Web 页面进行了内容调整，则会对测试产生较大影响，甚至导致测试失败。测试脚本中获取元素的代码需要更新，否则测试时将会出错。如果测试代码冗余，那么可能无法在模块间重用。

为了解决上述问题，引入页面对象（Page Object）模式，该模式的职责是封装 Web 页面元素和页面交互的相关操作。当页面修改时，只需要进行代码更新。它实际是一个抽象层，用于解耦页面元素和测试的关联。通过这种模式，在编写测试代码时，首先，创建一个待测页面对象，这个页面对象可以是整个页面或其中的重要部分。然后，在后续测试代码中，利用对页面对象的引用来获取页面元素和操作。在测试脚本中，直接操作页面对象，这样当页面变化时，就不需要对测试代码进行修改。页面对象模式如图 20-18 所示。

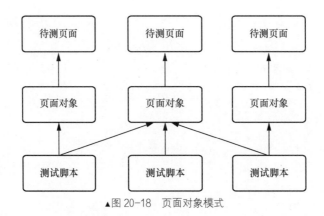

▲图 20-18　页面对象模式

页面对象模式是 Selenium WebDriver 中的对象存储库设计模式，是一种通过引入一系列页面对象来将测试脚本与正在测试的 Web 页面分离的模式。页面对象负责与待测 Web 页面进行交互，它通过与 WebDriver 相关的接口来查找、定位页面元素。

在采用这种模式之前，如果有 10 个不同的测试脚本使用相同的页面元素，那么当页面修改后，需要对相关的 10 个测试脚本进行更新，这费时且容易出错。而在采用页面对象模式之后，创建一个独立的类，在该类中查找、填充或验证 Web 页面元素。测试脚本中可以引用这个独立的类来完成页面测试，如果 Web 页面发生更改，则只需要在一个类文件而不是 10 个不同的测试脚本中进行更改。这种方法称为页面对象模型（Page Object Model，POM），它使代码更具可读性、可维护性和可重用性。

如何实现页面对象模型？我们可以采取页面对象存储库和测试方法相分离的方式，其中待测试的页面对象和在页面中操作元素的方法都保存在类文件中，验证之类的任务作为测试方法单独进行处理。

实现过程如下。

（1）实现一个基类来创建和维护程序生命周期，代码如下。

```
package com.jeff.seleniumliteshelf;
import Java.util.concurrent.TimeUnit;
import org.openqa.selenium.WebDriver;
import org.openqa.selenium.chrome.ChromeDriver;
import org.testng.annotations.AfterClass;
import org.testng.annotations.BeforeClass;

public class LiteShelfBase {
        protected static WebDriver driver;
        @BeforeClass
        public static void setUp(){
            System.setProperty("Webdriver.chrome.driver",
            "src/test/ resources/chromedriver.exe");
            driver = new ChromeDriver();
            driver.manage().window().maximize();
            driver.manage().timeouts().implicitlyWait(10, TimeUnit.SECONDS);
```

```
        }

        @AfterClass
        public static void tearDown(){
            driver.manage().deleteAllCookies();
            driver.close();
        }
    }
```

（2）分别创建登录页面对象和首页页面对象。在页面对象类中，使用@FindBy 注解查找 Web 页面元素，使用 PageFactory 的 initElements()方法初始化 Web 页面元素。

① 登录页面对象的代码实现如下。

```
package com.jeff.seleniumliteshelf;
import org.openqa.selenium.WebDriver;
import org.openqa.selenium.WebElement;
import org.openqa.selenium.support.FindBy;
import org.openqa.selenium.support.PageFactory;

public class LoginPage {
    WebDriver driver;
    @FindBy(name="username")
    private WebElement username;

    @FindBy(name="password")
    private WebElement password;

    @FindBy(xpath ="/html/body/div/div[1]/div/form/div[3]/button")
    private WebElement signon;

    public LoginPage(WebDriver driver){
        this.driver = driver;
        //initElements()方法将创建所有的页面元素
        PageFactory.initElements(driver, this);
    }

    public void login(String name, String pwd) throws Exception{
        this.username.sendKeys(name);
        this.password.sendKeys(pwd);
    }

}
```

② 首页页面对象的代码实现如下。

```
package com.jeff.seleniumliteshelf;
import org.openqa.selenium.WebDriver;
import org.openqa.selenium.WebElement;
import org.openqa.selenium.support.FindBy;
import org.openqa.selenium.support.PageFactory;
import org.testng.Assert;

public class HomePage {
```

```
    WebDriver driver;

    @FindBy(xpath ="/html/body/nav/ul/li/a")
    private WebElement signout;

    public HomePage(WebDriver driver) {
        this.driver = driver;
        PageFactory.initElements(driver, this);
    }

    public void verifyLogin() throws Exception{
        System.out.println("getText is:" + signout.getText());
        Assert.assertNotNull(signout.getText());
    }

    public void signOut() throws Exception{
        signout.click();
    }
}
```

（3）编写测试代码，实现用户登录操作验证。

```
package com.jeff.seleniumliteshelf;
import org.testng.annotations.Test;

public class LoginPageTest extends LiteShelfBase{

    @Test
      public void tc001_login() throws Exception {
        driver.get("http://localhost:8090/login");
        LoginPage loginPage = new LoginPage(driver);
        loginPage.login("jeff", "000000");

        driver.get("http://localhost:8090/home");
        HomePage homePage = new HomePage(driver);
        homePage.verifyLogin();
        homePage.signOut();
    }
}
```

　　上面的测试代码已经删除了直接对页面元素的 WebDriver 调用，因此当页面中的 username 元素名称变化时，不需要在测试脚本中修改，只需要在登录页面对象中修改。

20.4　数据驱动测试

　　数据驱动测试是一种测试的设计和执行策略。数据驱动测试框架如图 20-19 所示。采取测试脚本和测试数据分离的方式，测试脚本通过参数化方法从测试数据（CSV 格式的文件或 Excel 文件）中读取测试数据，测试程序 AUT（软件自动化测试）调用测试脚本实现测试自动化。而传统的脚本驱动测试方式将测试数据与测试脚本耦合，由测试程序 AUT 直接调用，这样会产生很大的脚本维护工作量。

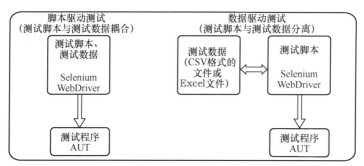

▲图 20-19 数据驱动测试框架

当需要对多组测试数据执行相同的测试脚本时，我们应采用数据驱动测试。数据驱动测试的优势如下。

- 代码可重用。
- 测试覆盖率高。
- 执行速度快。
- 可以减少维护的工作量。

下面以登录 LiteShelf 系统为例说明数据驱动测试过程。大致步骤如下。

（1）创建基于 Maven 的数据驱动测试项目，如图 20-20 所示。

▲图 20-20 创建基于 Maven 的数据驱动测试项目

（2）添加 Excel 依赖库 Apache POI。在数据驱动测试框架中，所有的测试数据都是从外部文件（如 Excel 文件、CSV 格式的文件、XML 格式的文件和数据表）中读取的。为了使用 Selenium 从 Excel 工作表中读取数据和向其中写入数据，我们需要添加 Apache POI。Apache POI 是由 Apache 发布的开源库，它提供的接口可用于读取和写入 XLS 格式的文件和 XLSX 格式的文件（XLS 和 XLSX 是 Excel 文件的两种格式）。当读取 XLS 格式的文件时，使用 Apache POI 中的 HSSF 接口。当需要读取 XLSX 格式的文件，则使用 XSSF 接口。要实现这些功能，我们只需要在 pom.xml 文件中加入 Apache POI。

```
<dependency>
    <groupId>org.apache.poi</groupId>
```

```
        <artifactId>poi</artifactId>
        <version>4.1.0</version>
</dependency>

<dependency>
        <groupId>org.apache.poi</groupId>
        <artifactId>poi-ooxml</artifactId>
        <version>4.1.0</version>
</dependency>

<dependency>
        <groupId>org.apache.poi</groupId>
        <artifactId>poi-ooxml-schemas</artifactId>
        <version>4.1.0</version>
</dependency>
```

（3）准备测试数据。创建一个 Excel 文件并将它命名为 logindata.xls，然后将它放到项目目录中。在 Excel 文件中，创建一些测试登录操作的数据，它们将被传递给测试脚本。

```
username        password
jeff            000000
peter           000000
mike            000000
wahaha          111111
```

（4）新建一个名为 pageObject 的包，在该包下创建文件 BasePage.java，然后扩展两个 POM 类文件，一个文件的名称为 LoginPage.java，另一个文件的名称为 HomePage.java。在代码中，使用@FindBy 注解来获取页面元素，并编写相应的方法来操作页面元素。

① BasePage.java 中的代码如下。

```
package pageObject;
import org.openqa.selenium.WebDriver;
import org.openqa.selenium.support.ui.WebDriverWait;

public class BasePage {
    public WebDriver driver;
    public WebDriverWait wait;

    public BasePage (WebDriver driver, WebDriverWait wait){
        this.driver = driver;
        this.wait = wait;
    }
}
```

② HomePage.java 中的代码如下。

```
package pageObject;
import org.openqa.selenium.WebDriver;
import org.openqa.selenium.WebElement;
import org.openqa.selenium.support.FindBy;
import org.openqa.selenium.support.PageFactory;
import org.openqa.selenium.support.ui.WebDriverWait;
import org.testng.Assert;
```

```
public class HomePage extends BasePage{
    WebDriver driver;

    @FindBy(xpath ="/html/body/nav/ul/li/a")
    private WebElement signout;

     public HomePage (WebDriver driver, WebDriverWait wait) {
            super(driver, wait);
            PageFactory.initElements(driver, this);
        }
    public void verifyLogin() throws Exception{
        Assert.assertNotNull(signout.getText());
    }

    public int checkLogoutLable() {
        System.out.println("sing out text is:"+ signout.getText());
        if (signout.getText().equals("退出"))
            return 1;
        else
            return 0;
    }


    public void signOut() throws Exception{
        signout.click();
    }
}
```

③ LoginPage.java 中的代码如下。

```
package pageObject;
import org.openqa.selenium.WebDriver;
import org.openqa.selenium.WebElement;
import org.openqa.selenium.support.FindBy;
import org.openqa.selenium.support.PageFactory;
import org.openqa.selenium.support.ui.WebDriverWait;

public class LoginPage extends BasePage{

    WebDriver driver;

     public LoginPage(WebDriver driver, WebDriverWait wait) {
            super(driver, wait);
            PageFactory.initElements(driver, this);
        }

    @FindBy(name="username")
    private WebElement username;

    @FindBy(name="password")
    private WebElement password;
```

```
@FindBy(xpath ="/html/body/div/div[1]/div/form/div[3]/button")
private WebElement signon;

public void login(String name, String pwd) throws Exception{
    this.username.clear();
    this.username.sendKeys(name);
    this.password.clear();
    this.password.sendKeys(pwd);
    this.signon.click();
}

}
```

（5）新建 utility 包，并在该包下添加 Excel 读取类文件 ExcelTools.java，该类文件中的代码如下。

```
public class ExcelTools {
    public static final String currentDir = System.getProperty("user.dir");
    public static String testDataExcelFileName= currentDir + "\\logindata.xlsx";
    public static XSSFWorkbook excelWBook = null;
    public static XSSFSheet excelWSheet = null;
    public static XSSFCell cell = null;
    public static XSSFRow row;
    public static int rowNumber;
    public static int columnNumber;

    public static void setRowNumber(int pRowNumber) {
        rowNumber = pRowNumber;
    }

    public static int getRowNumber() {
        return rowNumber;
    }

    public static void setColumnNumber(int pColumnNumber) {
        columnNumber = pColumnNumber;
    }

    public static int getColumnNumber() {
        return columnNumber;
    }

    public static void setExcelFileSheet(String sheetName) throws Exception {

        try {
            //打开Excel文件
            FileInputStream ExcelFile = new FileInputStream (testDataExcelFileName);
            excelWBook = new XSSFWorkbook(ExcelFile);
            excelWSheet = excelWBook.getSheet(sheetName);
        } catch (IOException e) {
```

```
                e.printStackTrace();
            }
        }

    public static String getCellData(int RowNum, int ColNum) throws Exception {
        try {
            cell = excelWSheet.getRow(RowNum).getCell(ColNum);
            DataFormatter formatter = new DataFormatter();
            String cellData = formatter.formatCellValue(cell);
            return cellData;
        } catch (Exception e) {
            return "";
        }
    }

    public static XSSFRow getRowData(int RowNum) {
        try {
            row = excelWSheet.getRow(RowNum);
            return row;
        } catch (Exception e) {
            return null;
        }
    }

    public static void setCellData(String value, int RowNum, int ColNum) {
        try {
            row = excelWSheet.getRow(RowNum);
            cell = row.getCell(ColNum);
            if (cell == null) {
                cell = row.createCell(ColNum);
                cell.setCellValue(value);
            } else {
                cell.setCellValue(value);
            }
            FileOutputStream fileOut = new FileOutputStream (testDataExcelFileName);
            excelWBook.write(fileOut);
            fileOut.flush();
            fileOut.close();
        } catch (Exception e) {
            e.printStackTrace();
            }
        }

public static int getRowCount (String xl, String Sheet)
{
  try{
        FileInputStream fis = new FileInputStream(xl);
        Workbook wb = WorkbookFactory.create(fis);
        return wb.getSheet(Sheet).getLastRowNum();
```

```
        } catch (Exception e){
          return 0;
        }
    }

    public static String getCellValue(String xl, String Sheet, int r, int c)
    {
        try {
            FileInputStream fis = new FileInputStream(xl);
            Workbook wb = WorkbookFactory.create(fis);
            Cell cell = wb.getSheet(Sheet).getRow(r).getCell(c);
            return cell.getStringCellValue();
        }catch (Exception e){
            return "";
        }
    }

}
```

（6）新建 TestCase 包，在该包下添加测试脚本 DDTLoginTest.java，然后从 Excel 工作表中读取测试数据，并将测试结果写回表中。

```
package TestCase;
import org.testng.annotations.BeforeTest;
import org.testng.annotations.Test;
import pageObject.HomePage;
import pageObject.LoginPage;
import utility.ExcelTools;

public class DDTLoginTest extends LiteShelfBase{

    public static final String currentDir = System.getProperty("user.dir");

    @BeforeTest
        public void setupTestData () throws Exception {
            ExcelTools.setExcelFileSheet("Sheet1");
        }

    @Test
     public void tc001_login() throws Exception {
        driver.get("http://localhost:8090/login");
        LoginPage loginPage = new LoginPage(driver,wait);
        String xlsx = currentDir + "\\logindata.xlsx";
        int rowCount = ExcelTools.getRowCount(xlsx, "Sheet1");
        for (int i=1;i<=rowCount;i++)
        {
            String username = ExcelTools.getCellData(i, 0);
            String password = ExcelTools.getCellData(i, 1);
            loginPage.login(username, password);
            ExcelTools.setRowNumber(i);
            ExcelTools.setColumnNumber(2);
```

```
            driver.get("http://localhost:8090/home");
            HomePage homePage = new HomePage(driver,wait);
        if (homePage.checkLogoutLable() > 0)
            ExcelTools.setCellData("PASSED", i, 2);
        else
            ExcelTools.setCellData("FAILED", i, 2);

            homePage.signOut();
        }
    }
}
```

（7）执行测试脚本，打开 Excel 文件并检查结果，结果如下。

```
username      password      result
jeff          000000        PASSED
peter         000000        PASSED
mike          000000        PASSED
wahaha        111111        FAILED
```

20.5 关键字驱动测试

关键字驱动测试也称为表驱动测试或基于动作词的测试，它使用外部数据文件来包含与正在测试的应用程序相关的关键字，这些关键字描述了执行特定步骤所需的一组操作。

关键字驱动测试包含高级关键字和低级关键字，它们还包括关键字参数，可以描述测试用例的操作。在关键字驱动测试中，首先需要确定一组关键字，然后关联与这些关键字相关的操作（或功能）。浏览器的打开和关闭，以及单击以及按键等操作都可以通过 open、click 等关键字来描述。

关键字驱动测试框架包括下列要素。

- 工作表。识别关键字并将它们存储在 CSV 格式的工作表中。
- 功能库。功能库包含业务流程的功能。当执行测试时，它将从 CSV 格式的工作表中读取关键字并调用相应的功能。
- 数据表。数据表存储将在应用程序中使用的测试数据。
- 对象存储库。在关键字驱动测试中，我们可以使用对象存储库。
- 测试脚本。为每个手动测试用例或单个驱动程序提供测试脚本。

关键字驱动测试的优势如下。

（1）有助于降低维护成本。
（2）较高的代码可重用性，可避免重复开发。
（3）更多地重用模块脚本。
（4）更好的测试支持能力和可移植性。
（5）测试过程简洁，可维护且灵活。

关键字驱动测试的流程如下。

（1）识别业务场景中的关键字。

（2）将关键字实现为可以独立执行的脚本。

（3）构建不同场景下的测试用例。

（4）准备测试数据。

（5）执行自动化测试脚本。

关键字驱动测试将测试脚本的实现与测试用例的设计分开，我们可以为应用程序的每个业务操作或功能创建关键字。它以特定的顺序调用这些功能，执行业务工作流程。

下面以 LiteShelf 系统为例说明如何识别关键字。我们可以使用一个已经注册的账号登录系统、查看图书信息、加入购物车和支付等。关键字及其描述如表 20-2 所示。

表 20-2　关键字及其描述

关键字	描述
VisitHome	浏览首页
Login	用户登录
AddBook	添加图书到购物车中
OrderCreate	创建订单
OrderConfirm	确认订单信息
Logout	退出

基于关键字创建测试用例，如表 20-3 所示。

表 20-3　关键字驱动测试的测试用例

测试用例 ID	测试描述	关键字
TC-01	用户登录	Login
	退出	Logout
TC-02	用户登录	Login
	选择一本书，添加到购物车中	AddBook
	退出	Logout
TC-03	用户登录	Login
	订单创建	OrderCreate
	确认订单信息	OrderConfirm
	退出	Logout
TC-04	用户登录	Login
	选择一本书，添加到购物车中	AddBook
	订单创建	OrderCreate
	确认订单信息	OrderConfirm
	退出	Logout

基于 JMeter 实现关键字驱动测试，步骤如下。

（1）创建一个测试用例，添加测试片段。

（2）添加 Switch 控制器，用于选择功能测试片段，如图 20-21 所示。

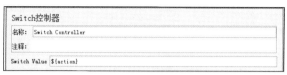

▲图 20-21　添加 Switch 控制器

（3）添加事务控制器，如图 20-22 所示，为每个业务操作创建一个独立的关键字来标记。首先，将这些业务操作放在 Switch 控制器下，然后，以事务控制器的名称作为"关键字"，执行特定的业务操作。

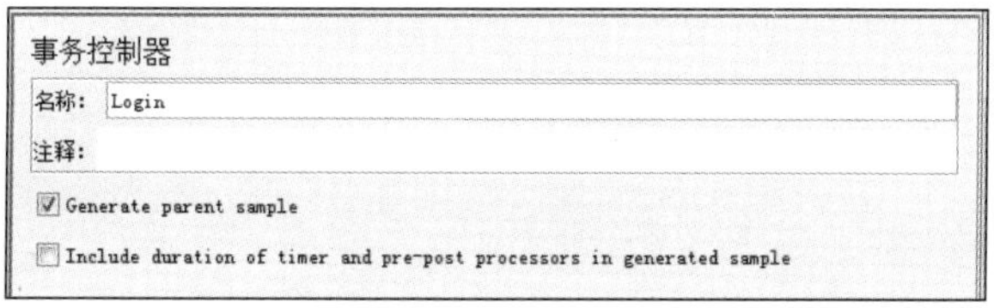

▲图 20-22　添加事务控制器

（4）在相应的事务控制器下，添加功能请求，作为关键字响应的请求动作，并添加 HTTP 请求，如图 20-23 所示。

▲图 20-23　添加 HTTP 请求

（5）依次创建 Login、AddBook、OrderCreate、OrderConfirm 和 Logout 的事务控制器与功能请求，结果如图 20-24 所示。

（6）添加名为"关键字驱动测试"的线程组，如图 20-25 所示，作为测试执行程序。

（7）添加 HTTP Cookie 管理器。

（8）创建 CSV 数据集配置以从 CSV 格式的文件中读取测试用例，如图 20-26 所示。

▲图 20-24　创建 Login 等的事务控制器与功能请求

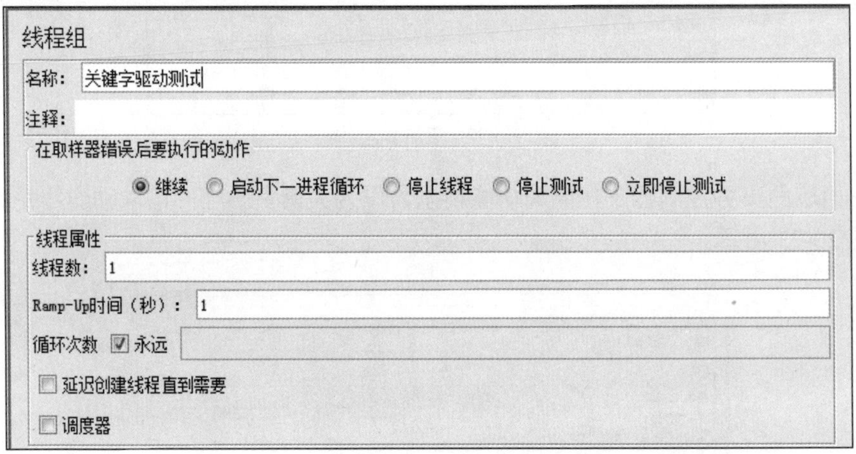

▲图 20-25　添加线程组

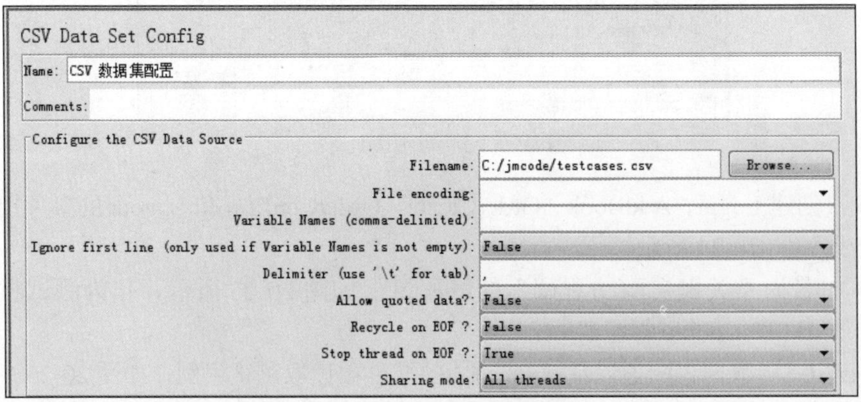

▲图 20-26　创建 CSV 数据集配置

（9）更新测试用例文件 testcase.csv 中的内容。

（10）在图 20-27 中，Keywords 是要执行的所有关键字的列表，我们需要将它们分割并存储在不同变量（keyword）中，以便可以逐个调用这些关键字来执行测试用例。

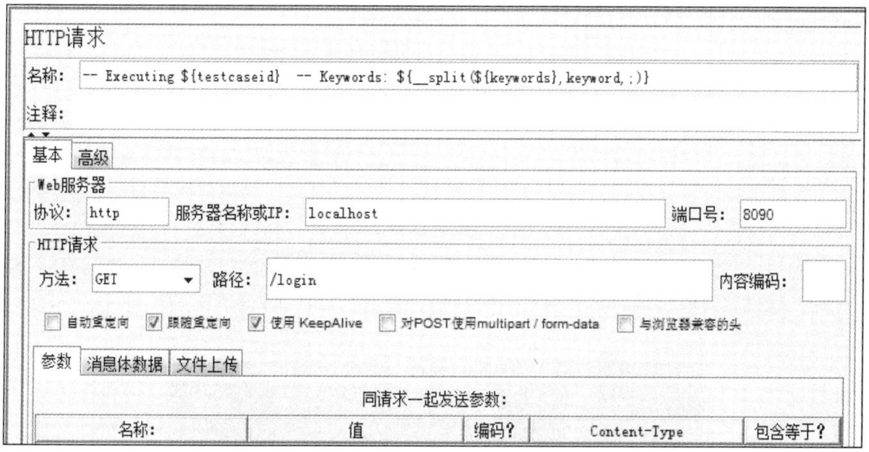

▲图 20-27　关键字分割

例如，"keywords= Login;AddBook;Logout"可以定义关键字功能，包括登录、加入购物车和退出。JMeter 的分割函数 split()（${__split(${keywords},keyword,;)}）可用于分割关键字。分割函数 split()将创建如下新变量。

- keyword_1=Login。
- keyword_2=AddBook。
- keyword_3=Logout。

（11）添加 ForEach 控制器（见图 20-28）以遍历测试用例和模块控制器中的所有关键字，以便通过测试片段中的 Switch 控制器调用关键字。

▲图 20-28　ForEach 控制器

（12）添加模块控制器，并且选中"Switch Controller"作为执行的元件，如图 20-29 所示。

▲图 20-29　模块控制器

（13）执行测试脚本。在命令行中，输入命令"net start MySQL57"，启动 MySQL。进入测试 JAR 包的目录，运行命令"java -jar liteshelf-web.jar"，启动程序如图 20-30 所示。

▲图 20-30　启动程序

（14）若出现程序启动成功的提示信息，执行 JMeter 测试脚本，然后查看结果树的信息，如图 20-31 所示，同时对比数据库，检查相关的记录是否创建成功。

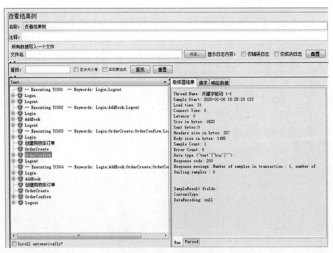

▲图 20-31　运行结果

（15）JMeter 根据 testcase.csv 文件中提到的关键字读取测试用例，并按给定顺序执行特定事务。如果需要在更多场景或不同组合下使用，则需要重新排列关键字或更新测试数据。

20.6 小结

本章首先介绍了常用的功能测试工具 JMeter 和 Selenium，然后对它们进行了功能描述，最后结合案例代码说明如何开展数据驱动测试和关键字驱动测试。通过对本章的学习，读者可以加深对功能测试工具的理解。

第21章 探索测试

在移动互联网时代，敏捷开发和精益开发成为主流的开发方式。快速迭代的产品版本让开发团队面临测试时间有限和上线风险的双重挑战。同时，多变的客户需求已经成为常态。

若测试人员没有软件操作文档或说明书，只有一个待测程序，那么往往不知如何下手。此时，若测试人员能找到一个方法来快速了解程序提供的所有功能和程序"全貌"，则对后续开展有效的专项测试提供极大的帮助。

对于上述问题，探索测试（exploratory testing）给了我们答案。本章介绍探索测试及其优势和不足，以及探索测试的方法与应用场景。

21.1 探索测试的定义

探索测试是一种自由风格的软件测试方法，强调测试人员同时开展测试学习、测试设计、测试执行和测试结果评估等活动，以持续优化测试工作。

探索测试将测试学习、测试设计和测试执行整合在一起，形成一种测试方法。在测试设计和测试执行同步操作的过程中，测试人员只需要进行最低限度的测试计划和最高限度的测试执行。它没有很多实际的测试方法、测试技术和测试工具，却是所有测试人员都应该掌握的一种测试思维。探索测试强调测试人员的主观能动性，抛弃了繁杂的测试计划和测试用例设计过程，强调在遇到问题时及时改变测试策略。

探索测试还强调测试设计和测试执行的并行，这是相对于传统软件测试过程中严格的"先设计，后执行"来说的。测试人员通过测试不断"学习"被测软件系统，同时把学到的关于软件系统的更多信息进行综合整理和分析，挖掘更多关于测试的想法。

探索测试强调的是思维发散，测试过程必须遵循 SMART 原则，在一定的时间周期内围绕测试目标做探索测试，并根据测试结果进行分析，不断优化、调整测试方向。因此，探索测试是一种带"反思"的学习、优化和快速迭代的测试。

21.2　探索测试的优势和不足

对于测试团队，探索测试是一种有效的补充。

探索测试的优势如下。

（1）探索测试可以帮助测试人员定位常规测试没有覆盖的问题，可以加深测试人员对被测系统的了解。

（2）鼓励团队的所有成员参与。开发人员、测试人员、设计人员和分析人员都可以进行探索测试。每个人的观点可能不同，可能会发现更多的缺陷。

（3）促进基于测试用例和基于场景的测试，鼓励参与人员实时思考以发现更多缺陷。

（4）有最小化的文档，并且没有任何特定的测试用例。

（5）如果当前需求不稳定，那么探索测试可能有助于团队在限定时间内对新需求进行测试。

探索测试的不足如下。

（1）探索测试取决于测试人员的经验、技能和知识。

（2）探索测试取决于测试人员对系统功能的了解程度。

21.3　探索测试的方法

在初次对一个产品进行测试时，若测试人员之前没有接触过类似的产品，那么可以尝试使用下面类似的方法进行探索测试。

（1）查看产品说明书或操作文档。

（2）快速操作一遍页面菜单，大概了解它们的功能。

（3）使用"抓包"功能截取接口报文，了解调用的主要接口和操作逻辑。

（4）向产品经理或开发人员请教。

探索测试的类型如图 21-1 所示。

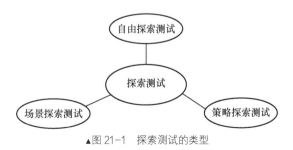

▲图 21-1　探索测试的类型

1. 自由探索测试

在自由探索测试中，测试人员可以完全自由地测试自己喜欢的东西，没有过多的、固定的测试标准或准则。

测试人员想要快速熟悉应用程序或进行快速基本功能验收测试时会使用此类型的测试。

2. 场景探索测试

在场景探索测试中，测试人员测试特定的场景或功能。场景探索测试从真实用户的方案、端到端方案或测试方案开始，在初始测试后，测试人员可以根据他们的学习和观察情况注入变化。

场景就像探索测试期间的常规指南，鼓励测试人员在执行场景探索测试时探索多种可能的路径，以确保覆盖功能的所有可能路径。测试人员还应确保从不同类别中收集尽可能多的场景。

- 猜测：用于查找系统中可能有更多错误的部分。类似于产品、软件、技术工作方面的经验有助于猜测。
- 体系结构图和测试用例：体系结构图描述了不同组件和模块之间的交互作用与关系；测试用例可以从最终用户的角度展示产品的用法。
- 过去的缺陷：研究之前版本中报告的缺陷，有助于理解产品中预期具有最大缺陷的那些功能。
- 错误处理：在代码发生任何错误时，采取适当的措施处理错误。
- 错误的风险：基于错误风险，给出风险的优先顺序，执行探索每种风险的测试。

3. 策略探索测试

在策略探索测试中，使用诸如决策表、边界值分析法、等效技术、因果图等对系统进行测试。想要执行此类测试，测试人员应熟悉系统的功能和工作原理。

下面介绍探索测试的方法。

探索测试的方法主要有"基于经验的测试方法"和"错误推测法"。James A. Whittaker 在《探索式软件测试》一书中提出了多种探索测试方法。

- 卖点法：针对产品的主要功能，模拟典型用户使用产品的步骤。
- 指南法：按照产品的需求文档、用户手册或测试建议进行测试，检查产品的功能是否按照预期实现。
- "反叛"法：输入最不可能的数据或已知的恶意数据，检查程序对异常输入数据的处理能力。该方法的输入包括非法输入内容和错误的输入顺序。
- "强迫症"测试法：重复场景中的每个步骤 2～3 次，或者反复操作更多次。
- 极限测试法：查看系统的处理能力，包括数据极限、操作极限和时间极限。
- "深巷"法：使用最不可能被使用或最不吸引用户的功能进行测试。
- "通宵"测试法：重复、长时间地运行测试程序。
- "地标"法：把程序的功能作为"地标"，尝试在不同的"地标"之间进行操作。
- 取消法：启动操作后再停止它。针对比较耗时的操作，检查系统的"自我清除"能力，要求重新启动操作能正常开始并结束。

- "破坏"法：先"破坏"系统运行的环境、数据、资源或权限，再执行相关的操作，检查系统的表现。
- "懒汉"法：测试人员做尽量少的工作，接受所有默认值或空值，测试系统处理默认值和空值的能力。
- "快递"法：在到达"目的地"之前，尽量多在系统中"穿行"，确认特性所使用的内部数据，通过操作系统得到该数据，遍历其相关特性，测试人员使用该方法时应重点关注数据的流动是否始终正确。
- "恶邻"法：查找 bug 多的相关模块。
- 上一版本法：测试上一版本支持的场景在新版本中的表现。
- 兼容性测试法：检查在不同的环境下是否能够正常运行或显示。
- 访问权限法：按照角色身份，查看是否可以访问某些受限制的信息。

21.4　探索测试实践

探索测试通常在下列情况中使用。

- 在刚开始对一个模块进行测试时，如果测试人员对被测功能的认知还不够，那么不妨先进行一次探索测试。这有助于了解系统，从探索测试中获得的经验对准备测试脚本和在软件开发生命周期的后期进行其他测试非常有价值。
- 在敏捷开发环境中，Scrum（迭代式增量软件开发过程）周期短，可用于正式测试设计和开发测试脚本的时间很少。探索测试非常适合敏捷开发，因为它可以适应较短的 Scrum 周期。
- 在常规测试设计已经比较完备的情况下，探索测试可以提高测试的完整性，提升当前测试的覆盖度和深度。
- 在对 bug 进行验证时，如果适当加入围绕被测功能点的探索测试，那么可以及时发现可能由修复 bug 带来的新问题，从而减轻后期大规模回归测试的压力。

探索测试就是一种测试思维、测试经验，不需要罗列具体的测试步骤。测试管理者在分配任务的时候，可以指出测试的切入点，以及可能出现的问题点，测试人员按照探索测试的思维导图中的测试点进行测试。探索测试分为检查和探索两个步骤，"检查"主要检查产品功能是否按需求实现，"探索"主要按照功能浏览的测试方法探索软件的各种路径和应用场景。

在迭代时间周期内，测试章程提供了探索测试的操作参考。在此参考的基础上，根据前一步的操作结果，指导下一步的活动。黑盒测试和白盒测试可以与探索测试一起使用。

测试章程可能包括以下信息。

- 用户：系统的场景用户。
- 目的：测试章程的主题，包括每个参与者的目标，即测试条件。
- 设置：测试执行的环境。
- 优先级：此测试章程相对于相关用户场景的优先级或风险级别的相对重要性。
- 参考：规范（如用户场景）、风险或其他信息源。
- 数据：测试期间收集的任何数据，如屏幕记录或屏幕截图。
- 活动：参与者可能对系统进行操作的想法列表。
- 评估：如何评估产品，以确定正确的结果。
- 变化：替代活动和评估，以补充活动中描述的想法。

探索测试还可以采取测试"头脑风暴"的会议形式开展，通常要求明确以下问题。

- 系统的关键要素是什么？
- 系统在什么情况下可能发生故障？
- 如果……会发生什么？
- 客户的需求、要求和期望是否得到满足？
- 系统是否可以在所有受支持的升级路径中进行安装？

下面以 LiteShelf 系统中的登录功能为例开展探索测试。

（1）输入已注册的用户名和正确的密码，验证登录是否成功。

（2）输入已注册的用户名和不正确的密码，验证登录是否成功，以及提示信息是否正确。

（3）输入未注册的用户名和任意密码，验证登录是否失败，以及提示信息是否正确。

（4）不输入用户名和密码，验证登录是否失败，以及提示信息是否正确。

（5）用户名或密码为空，验证登录是否失败，以及且提示信息是否正确。

（6）验证用户名和密码是否区分英文大小写。

（7）验证输入的密码是否加密显示。

（8）验证用户名和密码的长度是否有限制。

（9）若用户登录成功但会话超时，验证继续操作是否会重定向到用户登录页面。

（10）对于不同级别的用户，如管理员和普通用户，检查它们登录系统后的权限是否正确。

（11）若登录成功，单击浏览器中的回退按钮，验证是否可以继续操作。

（12）在不同浏览器环境下，验证登录页面的显示和功能是否正确。

（13）在不同移动设备的不同浏览器下，验证登录页面的显示和功能是否正确。

（14）在不同分辨率下，验证登录页面的显示和功能是否正确。

（15）验证抓包工具抓到的请求包中的密码信息是否加密。

（16）在浏览器中，直接输入登录后的 URL，验证是否会重新定向到用户登录页面。

（17）在用户名和密码的文本框中，输入 SQL 注入字符串，验证系统是否可以防御。

（18）在用户名和密码的文本框中，输入 XSS（跨站脚本）攻击代码，验证系统是否可以防御。

（19）在连续多次登录失败时，验证是否有登录限制。

（20）在长时间大量用户连续登录和退出时，验证服务器是否存在内存泄漏。

涉及的探索测试方法如图 21-2 所示。

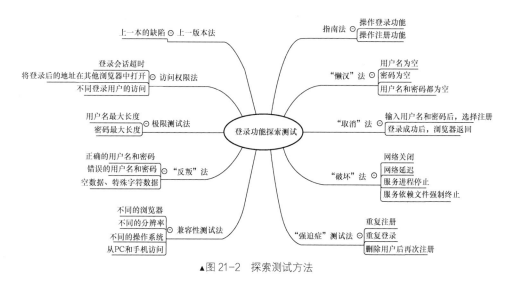

▲图 21-2　探索测试方法

21.5　小结

本章首先介绍了探索测试，然后围绕常用的登录功能介绍了探索测试的实践过程，以加深读者对探索测试的理解。

附录 A 案例的架构和测试框架

图 A-1 展示了案例架构。

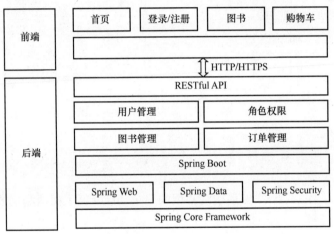

▲图 A-1 案例架构

图 A-2 展示了案例测试框架。

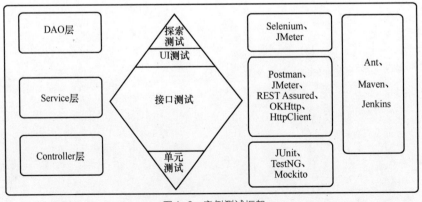

▲图 A-2 案例测试框架